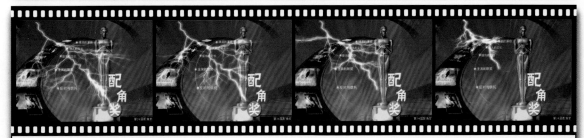

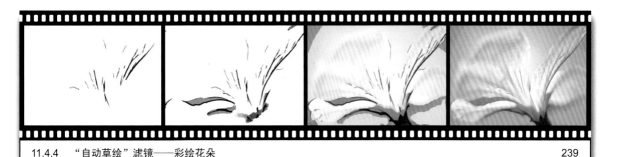

第19章　结婚相册——《爱情誓言》　370

第20章　旅游相册——《蝶谷漂流》　381

第21章　生活留念——《烟花盛宴》　392

光 盘 使 用 说 明

 如果您的计算机不能正常播放视频教学文件，请先单击"视频播放插件安装"按钮❶，安装播放视频所需的解码驱动程序。另外，在附赠视频目录中，有个别标题的视频链接当鼠标指针移上时以红色文字显示，表示单击该链接会打开另一个浏览器窗口对视频进行播放。

[主界面操作]

1. 单击可安装视频所需的解码驱动程序
2. 单击可进入本书多媒体视频教学界面
3. 单击可打开书中实例的素材文件
4. 单击可打开书中实例的最终效果源文件
5. 单击可进入附赠的视频操作界面
6. 单击可打开附赠的会声会影叠加素材、新转场效果素材、边框修饰效果素材、婚纱模板、音乐、Flash素材、透明动画以及常见问题解答等资源文件
7. 单击可浏览光盘文件
8. 单击可查看光盘使用说明

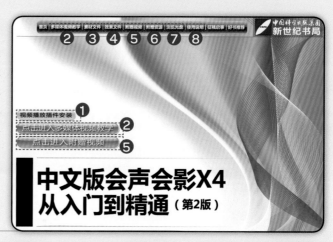

[播放界面操作]

1. 单击可打开相应视频
2. 单击可播放/暂停播放视频
3. 拖动滑块可调整播放进度
4. 单击可关闭/打开声音
5. 拖动滑块可调整声音大小
6. 单击可查看当前视频文件的光盘路径和文件名
7. 双击播放画面可以进行全屏播放，再次双击便可退出全屏播放

[光盘文件说明]

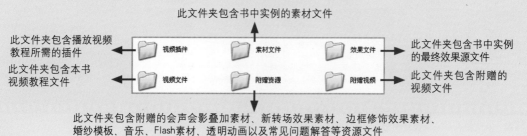

此文件夹包含书中实例的素材文件

此文件夹包含播放视频教程所需的插件

此文件夹包含本书视频教程文件

视频插件　　素材文件　　效果文件

视频文件　　附赠资源　　附赠视频

此文件夹包含书中实例的最终效果源文件

此文件夹包含附赠的视频文件

此文件夹包含附赠的会声会影叠加素材、新转场效果素材、边框修饰效果素材、婚纱模板、音乐、Flash素材、透明动画以及常见问题解答等资源文件

本书配套光盘内附赠了大量实用、精美的素材资源，包括10款会声会影叠加素材、20款新转场效果素材、40款会声会影婚纱模板、50款边框修饰效果素材、100款会声会影音乐素材、260款Flash素材、350款会声会影透明动画以及50个会声会影常见问题解答，直接满足读者的实际需求。

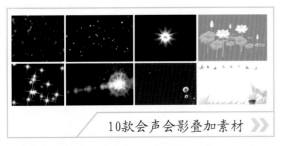

10款会声会影叠加素材 》》

20款新转场效果素材 》》

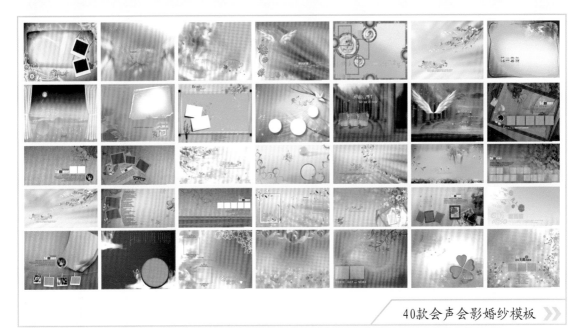

40款会声会影婚纱模板 》》

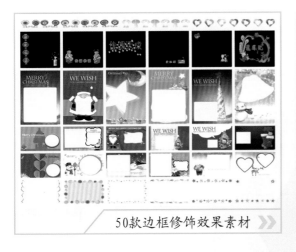

50款边框修饰效果素材 》》

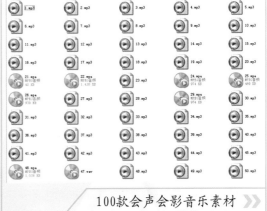

100款会声会影音乐素材 》》

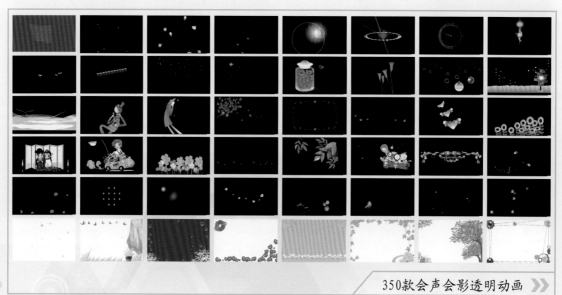

中文版

会声会影 X4
从入门到精通
（第2版）

详解会声会影的入门、剪辑、转场、覆叠、字幕、音频、案例实战，从入门到精通软件
精讲DV与计算机的连接、视频捕获、编辑、输出、刻录，从新手成为影像编辑高手

柏 松 / 编著

科学出版社

内 容 简 介

　　本书是一本会声会影X4从入门到精通实战手册，书中从软件与DV两条专线着手，对会声会影X4的各项核心技术与精髓内容，结合200个实例（6小时语音视频教学），进行了实战演练，帮助读者在实践中从入门到精通软件，从新手成为影像编辑高手。

　　全书共分为6篇，即入门篇、进阶篇、提高篇、晋级篇、高级篇、案例篇，内容包括DV视频编辑基本常识、会声会影X4快速入门、使用向导制作影片、认识会声会影X4编辑器、捕获视频前的准备、捕获视频和图像素材、导入与编辑影片素材、剪辑与调整视频素材、制作影片转场效果、制作影片覆叠效果、应用影片滤镜效果、添加与编辑字幕效果、添加与编辑音频素材、渲染与输出影片、导出影片、刻录视频光盘，以及综合实例儿童相册——《快乐童年》、老年相册——《快乐晚年》、结婚相册——《爱情誓言》、旅游相册——《蝶谷漂流》、生活留念——《烟花盛宴》等内容，读者学后可以融会贯通、举一反三，制作出更多更加精彩、漂亮的效果。

　　本书结构清晰、语言简洁，适合于会声会影的初、中级读者阅读，包括广大DV爱好者、数码工作者、影像相册工作者、数码家庭用户以及视频编辑处理人员，同时也可作为各类计算机培训中心、中职中专、高职高专等院校中相关专业的辅导教材。

图书在版编目（CIP）数据

中文版会声会影 X4 从入门到精通/柏松编著. —2 版. —北京：科学出版社，2011.9

ISBN 978-7-03-032094-0

Ⅰ. ①中… Ⅱ. ①柏… Ⅲ. ①多媒体软件：图形软件，会声会影 X4 Ⅳ. ①TP391.41

中国版本图书馆 CIP 数据核字（2011）第 167070 号

责任编辑：魏 胜 赵丽平 / 责任校对：杨慧芳
责任印刷：新世纪书局 / 封面设计：彭琳君

科 学 出 版 社 出版

北京东黄城根北街 16 号
邮政编码：100717
http://www.sciencep.com

中国科学出版集团新世纪书局策划
北京市鑫山源印刷有限公司印刷

中国科学出版集团新世纪书局发行 各地新华书店经销

*

2011 年 11 月 第 一 版 　　　开本：16 开
2011 年 11 月第一次印刷 　　　印张：25.25
印数：1—4 000 　　　字数：614 000

定价：49.00 元（含 1DVD 价格）

（如有印装质量问题，我社负责调换）

软件简介

　　会声会影X4是Corel公司最新推出的一款视频编辑软件，是世界上第一套面向非专业用户的视频编辑软件。随着其功能的日益完善，在数码领域、相册制作，以及商业领域的应用越来越广泛，深受广大数码摄影者、视频编辑者的青睐。

本书特色

　　2条主线贯穿全书　专业线＋行业线，专业线从会声会影软件的入门、进阶、提高、晋级、精通到案例实战，帮助读者从入门到精通软件；行业线从DV的选购、拍摄、捕获、编辑、输出到刻录，帮助读者在短时间内从新手成为影像编辑高手。

　　5大案例完全实战　本书从儿童相册、老年相册、结婚相册、旅游相册、生活留念5个方面，精心挑选素材并制作了5个大型影像案例：《快乐童年》、《快乐晚年》、《爱情誓言》、《蝶谷漂流》、《烟花盛宴》，让读者能边学边用、巧学活用、学有所成。

　　6大模板内容布局　全书结构清晰，共分6大模块内容，分别为入门篇、进阶篇、提高篇、晋级篇、高级篇、案例篇，帮助读者从零开始，循序渐进，一步一个台阶进行学习。通过理论与实践结合，互补式教学，帮助读者深彻掌握软件，运用自如。

　　16大核心技术精解　本书体系完整，由浅入深地对会声会影X4的16大核心技术（使用向导制作影片、捕获视频素材、添加与编辑影片素材、剪辑与修整视频、转场效果、覆叠效果与字幕效果等）进行了全面、细致的讲解，帮助读者从初学到精通软件。

　　90个技巧点拨放送　笔者在编写时，将日常生活和工作中各方面的会声会影实战技巧、设计经验，共计90个，毫无保留地奉献给读者，不仅大大丰富和提高了本书的含金量，更方便读者提升实战技巧与制作经验，从而提高学习与工作的效率，迅速有成。

　　200个技能实例奉献　本书通过大量的技能实例来辅助讲解软件，共计200个，帮助读者在实战演练中逐步掌握软件的核心技能与操作技巧。与同类书相比，读者可以省去学习枯燥理论的时间，更能掌握超出同类书的大量使用技能，让学习更加高效。

　　6小时语音视频播放　书中200个技能实例以及最后5个综合案例全部录制了带语音讲解的演示视频，时间长达6小时，重现书中所有实例的操作，读者可以结合书本，也可以独立观看视频演示，像看电影一样进行学习。

　　1500张插图全程图解　本书采用了1500张图片，对软件的技术、实例的讲解、效果的展示进行了全程式图解教学，通过这些大量清晰的图片，让实例的内容变得更通俗易懂。读者可以一目了然、快速领会、举一反三，制作出更加精美、漂亮的效果。

本书内容安排

　　本书共分为6篇，即入门篇、进阶篇、提高篇、晋级篇、高级篇、案例篇，具体章节内容介绍如下。

　　入门篇　第1～2章，专业讲解了视频编辑术语、支持的视频格式、支持的音频格式、后期编辑类型、系统配置及软件安装、会声会影X4新增功能、启动与退出会声会影、视频编辑流程等内容。

　　进阶篇　第3～5章，专业讲解了运用DV转DVD向导、刻录为DVD光盘、应用向导成品模板、应用其他成品模板、认识3种视图、项目文件的基本操作、素材库的基本操作、1394卡的安装与设置等内容。

　　提高篇　第6～8章，专业讲解了捕获DV中的视频素材、捕获DV中的静态图像、从高清数码摄像机中捕获视频、导入影片素材、编辑影片素材、运用修整栏剪辑视频、使用视频特殊剪辑等内容。

　　晋级篇　第9～13章，专业讲解了编辑转场效果、设置转场属性、转场效果精彩应用、编辑覆叠素材属性、覆叠效果精彩应用、视频滤镜精彩应用、动画标题精彩应用、音频特效精彩应用等内容。

　　高级篇　第14～16章，专业讲解了渲染输出影片、输出影片模板、输出影片音频、设置输出影片、导出为视频网页、导出为屏幕保护程序、刻录蓝光光盘、刻录DVD光盘、运用Nero刻录DVD光盘等内容。

　　案例篇　第17～21章，从不同的领域或行业，精选了5个大型商业效果，从儿童相册、老年相册、结婚相册、旅游相册、生活留念等方面进行案例实战，既融会贯通，巩固前面所学，又能帮助读者在实战中使设计水平更上一个台阶。

配套光盘特色

　　本书光盘是一套精心开发的"视觉＋听觉"的多媒体教学光盘，它具有以下3个特色。

　　三大内容，完全拥有　包含所有实例的素材与效果文件，还包含所有实例的学习视频。

语音视频，专业讲解　实例视频与讲解声音两位一体，专业讲解，让您快速领会。

超值素材，免费赠送　光盘中不仅赠送了50个会声会影常见问题解答和135个会声会影视频演练，还有10款会声会影叠加素材、20款新转场效果素材、40款会声会影婚纱模板、50款边框修饰效果素材、100款会声会影音乐素材、260款Flash素材以及350款会声会影透明动画。

特别提醒

本书采用会声会影X4软件编写，请用户一定要使用同版本软件。直接打开光盘中的效果时，会弹出要重新链接素材的提示，如音频、视频、图像素材，甚至提示丢失信息等，这是因为每个用户安装的会声会影X4及素材与效果文件的路径不一致，发生了改变。这属于正常现象，用户只需要一一重新链接即可。

本书适用读者群体

本书结构清晰、语言简洁，适合于会声会影的初、中级读者阅读，包括广大DV爱好者、数码工作者、影像工作者、数码家庭用户以及视频编辑处理人员，同时也可作为各类计算机培训中心、中职中专、高职高专等院校及相关专业的辅导教材。

参编人员与交流

本书由柏松编著，同时参与编写的人员还有谭贤、廖梦姣、刘嫔、杨闰艳、颜勤勤、曾慧、符光宇、张志科、周旭阳、袁淑敏、徐茜、杨端阳、谭中阳等人。

由于时间仓促，书中难免存在疏漏与不妥之处，欢迎广大读者来信咨询和指正。如果您对本书有任何意见或建议，欢迎与本书策划编辑联系（ws.david@163.com）。

版权声明

本书及光盘所采用的图片、音频、视频和创意等素材，均为所属公司或个人所有，本书引用仅为说明（教学）之用，绝无侵权之意，特此声明。

编　者
2011年9月

目录 ▶▶▶▶▶▶▶▶▶▶▶▶▶▶▶▶▶▶▶ Contents

第1篇 入 门 篇

第1章 | DV视频编辑基本常识 | 25

第2章 | 会声会影X4快速入门 | 32

第2篇 进 阶 篇

第3章 | 使用向导制作影片   45

第4章 | 认识会声会影X4编辑器   57

第5章 捕获视频前的准备   75

第3篇 提 高 篇

第6章 捕获视频和图像素材   90

第7章 | 导入与编辑影片素材　　　　107

第8章 | 剪辑与调整视频素材　　　　129

第4篇 晋级篇

第9章 | 制作影片转场效果   **148**

第10章 | 制作影片覆叠效果   **183**

第11章 | 制作影片滤镜效果　　　　　218

第12章 | 添加与编辑字幕效果　　　　　251

急速越野

海南之家
在蔚蓝的天空下
一起沐浴阳光！

春天的味道

面向太阳
春暖花开

第13章 | 添加与编辑音频素材 287

第5篇　高　级　篇

第16章 | 刻录视频光盘 331

第6篇 案例篇

第17章 | 儿童相册——《快乐童年》 344

第21章 生活留念 ——《烟花盛宴》　　392

第**1**章 DV 视频编辑基本常识

 学前提示

　　随着 DV 数码摄像机技术的不断进步，越来越多的家庭配置了 DV 摄像机，用来拍摄 DV 视频短片。本章将引领读者了解一下 DV 视频相关的编辑术语、常用视频格式、音频格式，以及后期编辑类型等基本常识。

本章内容

- 视频编辑术语
- 常用的视频格式
- 后期编辑类型
- 常用的音频格式

 通过本章的学习，您可以

- 了解帧和场的概念
- 了解分辨率的概念
- 了解电视制式的概念
- 熟悉常用的视频格式
- 熟悉常用的音频格式
- 掌握后期编辑类型

1.1 视频编辑术语

在 DV 视频的编辑和制作过程中，经常会遇到一些编辑术语和技术名词，如在编辑视频时需要选择帧速率和为视频添加转场效果等。因此在对视频进行编辑与制作之前，有必要了解一些视频编辑的术语。

1.1.1 帧和场

帧（Frame）是视频技术常用的最小单位，一帧是由两次扫描获得的一幅完整图像的模拟信号，视频信号的每次扫描称为场（Field）。例如，PAL 制式每秒显示 25 帧，即每秒扫描 50 场。一帧电视信号则称为一个全电视信号，它是由奇数场信号和偶数场信号顺序构成的。

视频信号扫描的过程是从图像左上角开始的，水平到达图像右边后迅速返回左边，并另起一行重新扫描。这种从一行到另一行的返回过程就称为水平消隐。每一帧扫描结束后，扫描点从图像的右下角返回左上角，再开始新一帧的扫描，从右下角返回左上角的时间间隔则称为垂直消隐。电视视频传送之前，一般行频表示每秒扫描多少行，场频表示每秒扫描多少场，帧频表示每秒扫描多少帧。

1.1.2 分辨率

分辨率即帧的大小（Frame Size），表示单位区域中垂直和水平的像素数值。一般单位区域中，像素数值越大，图像显示越清晰，分辨率也就越高。如下左图所示为高分辨率的图像效果，如下右图所示为低分辨率的图像效果。

不同的电视制式，分辨率不同，其用途也会有所不同，如下表所示。

制　式	行／帧（像素）	用　途
NTSC	352×240	VDC
	720×480、704×480	DVD
	480×480	SVCD
	720×480	DV
	640×480、704×480	AVI 视频格式

（续表）

制　式	行／帧（像素）	用　途
PAL	352×288	VCD
	720×576、704×576	DVD
	480×576	SVCD
	720×576	DV
	640×576、704×576	AVI 视频格式

1.1.3　"数字/模拟"转换器

"数字/模拟"转换器是一种将数字信号转换成模拟信号的装置。"数字/模拟"转换器的位数越高，信号失真就越小，图像也就越清晰。

1.1.4　电视制式

电视信号的标准称为电视制式。目前各国的电视制式各不相同，制式的区分主要在于其帧频（场频）、分辨率、信号带宽及载频、色彩空间转换的不同等。电视制式主要分为 NTSC 制式、PAL 制式和 SECAM 制式 3 种。

1.1.5　复合视频信号

复合视频信号包括亮度和色度的单路模拟信号，即从全电视信号中分离出伴音后的视频信号，色度信号间插在亮度信号的高端。这种信号一般可以通过电缆输入或输出至视频播放设备上。由于该视频信号不包含伴音，与视频输入端口、输出端口配套使用时还设置了音频输入端口和输出端口，以便同步传输伴音，因此复合式视频端口也称为 AV 端口。

1.2　支持的视频格式

在日常生活中接触到的 VCD、DVD 以及多媒体光盘中的动画等都是以视频文件格式的形式保存的。下面介绍几种与 DV 有关的常用视频格式。

1.2.1　AVI 格式

AVI 的全称为 Audio Video Interleaved，是微软公司推出的视频格式文件，其应用非常广泛，是目前视频文件的主流格式。该格式的优点是兼容性强、调用方便、图像质量好；缺点是文件容量太大。

1.2.2 RM 格式

RM 格式即 Real Media，它是一种能够在低速率的网上实时传输视频和音频信息的视音频压缩规范的流式视音频文件格式，可以根据网络数据传输速率的不同，制定不同的压缩比率，从而实现在低速率的广域网上进行影像数据的实时传送和实时播放，是目前网络上最流行的跨平台的客户服务器结构流媒体应用格式。

专家点拨

RM 格式可以分为 Real Audio、Real Video 和 Real Flash 三种文件。Real Audio 用于传输接近 CD 音质的音频数据，Real Video 用于传输连续视频数据，Real Flash 则是 Real Networks 公司与 Macromedia 公司新近合作推出的一种高压缩比的动画格式。

1.2.3 MPEG 格式

MPEG（Motion Picture Experts Group）类型的视频文件是由 MPEG 编码技术压缩而成的视频文件，广泛应用于 VCD/DVD 以及 HDTV 的视频编辑与处理中。MPEG 包括 MPEG-1、MPEG-2 和 MPEG-4（注意没有 MPEG-3，一般所讲的 MP3 是 MPEG Layer3）。

➢ MPEG-1

MPEG-1 是用户接触最多的格式，因为它被广泛应用在 VCD 的制作以及下载一些视频片段的网络上，一般的 VCD 都是应用 MPEG-1 格式压缩的（注意 VCD 2.0 并不是指 VCD 是用 MPEG-2 压缩的）。使用 MPEG-1 的压缩算法，可以将一部 120 分钟长的电影压缩到 1.2GB 左右。

➢ MPEG-2

MPEG-2 主要应用在制作 DVD 方面，同时在一些高清晰电视广播（HDTV）和一些高要求的视频编辑、处理上也有一定的应用。使用 MPEG-2 的压缩算法压缩一部 120 分钟长的电影，可以将其压缩到 4~8GB。

➢ MPEG-4

MPEG-4 是一种新的压缩算法，使用这种算法的 ASF 格式可以把一部 120 分钟长的电影压缩到 300MB 左右，可以在线观看。其他的 DIVX 格式也可以压缩到 600MB 左右，但其图像质量比 ASF 格式文件要好很多。

1.2.4 MOV 格式

MOV 是苹果公司用于其 Mac 电脑的一种图像及视频处理软件，作为处理图像及视频的系统结构，它提供了两种标准图像和两种数字视频格式，即可以支持静态的图像格式，动态的基于 Indeo 压缩法的 *.MOV 视频格式和基于 MPEG 压缩法的 *.MPG 视频格式。

1.2.5　ASF 格式

ASF（Advanced Streaming Format）是 Microsoft 为了和现在的 Real Player 竞争而发展起来的一种可以直接在线观看视频节目的文件压缩格式。由于它使用了 MPEG-4 的压缩算法，因此压缩率和图像的质量都很不错。因为 ASF 是以一个可以在线即时观赏的视频流格式存在的，所示它的图像质量比 VCD 差一些，但比同是视频流格式的 RMA 格式要好一些。

1.3　支持的音频格式

数字音频是用来表示声音强弱的数据序列，由模拟声音经抽样、量化和编码后得到。简单地说，数字音频的编码方式就是数字音频格式，不同的数字音频设备对应着不同的音频文件格式。下面向用户介绍几种常用的数字音频格式。

1.3.1　MP3 格式

MP3 的全称是 MPEG Layer3，它于 1992 年合并至 MPEG 规范中，能够以高音质、低采样对数字音频文件进行压缩。换句话说，音频文件（主要是大型文件，如 WAV 文件）能够在音质丢失很小（人耳无法察觉的这种音质损失）的情况下将文件压缩到更小的程度。

1.3.2　WAV 格式

WAV 格式是微软公司开发的一种声音文件格式，又称为波形声音文件，是最早的数字音频格式，受到 Windows 平台及其应用程序的广泛支持。WAV 格式支持许多压缩算法，支持多种音频位数、采样频率和声道，也采用 44.1kHz 的采样频率，16 位量化位数，因此 WAV 的音质与 CD 相差无几，但是 WAV 格式对存储空间需求太大，不便于交流和传播。

1.3.3　MIDI 格式

MIDI 又称为乐器数字接口，是数字音乐电子合成乐器的统一国际标准。它定义了计算机音乐程序、数字合成器以及其他电子设备交换音乐信号的方式，规定了不同厂家的电子乐器与计算机连接的电缆、硬件及设备间数据传输的协议，可以模拟多种乐器的声音。

MIDI 文件就是 MIDI 格式的文件，在 MIDI 文件中存储的是一些指令，将这些指令发送给声卡，声卡就可以按照指令将声音合成出来。

1.3.4　WMA 格式

WMA 是微软公司在因特网上音频、视频领域的力作。WMA 格式可以通过减少数据流量并保持音质的方法来达到更高的压缩率目的，其压缩率一般可以达到 1:18。另外，WMA 格式还可以通过 DRM（Digital Rights Management）方案防止复制，或者限制播放时间、播放次数以及播放机器，从而有力地防止盗版。

1.3.5 Real Audio 格式

Real Audio 是由 Real Networks 公司推出的一种文件格式，主要适用于网络上的在线播放。Real Audio 格式的最大特点是可以实时传输音频信息。例如，在网速比较慢的情况下，仍然可以较为流畅地传送数据。

1.4 后期编辑类型

传统的后期编辑应用的是 A/B ROLL 方式，它要用到两个放映机（A 和 B）、一台录像机和一台转换机（Switcher）。A 和 B 放映机中的录像带上存储了已经采集好的视频片段，这些片段的每一帧都有时间码。如果现在把 A 带上的 a 视频片段和 B 带上的 b 视频片段连接在一起，就必须先设定好 a 片段要从哪一帧开始，到哪一帧结束，即确定好"In 点"和"Out 点"。同样，由于 b 片段也要设定好相应的"开始"点和"结束"点，当将两个视频片段连接在一起时，可以使用转换机来设定转换效果，当然也可以制作出更多的特效。视频后期编辑包括线性编辑和非线性编辑两种类型，下面分别进行介绍。

1.4.1 线性编辑

线性编辑就是使用一个一对一或二对一的台式编辑机对其母带上的素材进行剪接，并完成出、入点的设置及全部的转换工具。这些工作都是将模拟信号转换成数字信号，因为转换成信号就无法再进行修改了，所以传统的线性编辑虽然不需要花费大量的上传时间，但是一旦某个细节出现错误，那么修改起来将是一件非常麻烦的事情。

传统的线性编辑设备一般都是由 A/B 卷编辑机、特技机、调音台和监视器等几个主要部分组成，在大型的演播室还会配备有视频切换台、矢量示波器等许多复杂的硬件设备。虽然非线性编辑在某些方面运用起来非常方便，但是线性编辑还不是非线性编辑在短期内能够完全替代的。

1.4.2 非线性编辑

非线性编辑是针对线性编辑而言的，它具有以下 3 个特点。

➢ 需要强大的硬件、专业视频卡进行实时编辑，价格十分昂贵。

➢ 依靠专业视频卡实现实时编辑，目前大多数电视台均采用这种系统。

➢ 非实时编辑，影像合成需要通过渲染来生成，花费的时间较长。

形象地说，非线性编辑是指对广播或电视节目不是按素材原有的顺序或长短，而是随机进行编排、剪辑的编辑方式。这比使用磁带的线性编辑更方便、效率更高，编成的节目可以任意改变其中某个段落长度或插入其他段落，而不用重录其他部分。

非线性编辑的制作过程如下。

（1）首先创建一个编辑平台，然后将数字化的视频素材拖放到平台上。在该平台上可以自由地设置编辑信息，并灵活地调用编辑软件提供的各种工具。

（2）会声会影是一个非线性编辑软件，正是由于这种非线性的特性，使得视频编辑不再依赖编辑机、字幕机和特效机等价格非常昂贵的硬件设备，让普通家庭用户也可以轻而易举地体验到视频编辑的乐趣。

下表以表格的形式列出线性编辑与非线性编辑的特点。

内　容	线性编辑	非线性编辑
学习性	不易学	易学
方便性	不方便	方便
剪辑所耗费的时间	长	短
加文字或特效	需购买字幕机或特效机	可直接添加字幕和特效
品质	不易保持	易保持
实用性	需剪辑师	可自行处理

1.5　知识盘点

本章为用户详细地介绍了 DV 视频编辑的基本知识和相关术语，这些知识都是在视频编辑工作中必须了解的基础部分，用户在阅读时需要细心体会、认真研究。

通过对本章内容的学习，希望用户了解 DV 视频编辑的基本知识，熟练掌握视频与音频的常用格式以及后期编辑类型。

读书笔记

第 **2** 章　会声会影 X4 快速入门

 学前提示

在学习了视频编辑的基础知识后，为了能够让用户更正确地捕获和编辑视频，本章将从系统配置及软件安装讲起，通过介绍会声会影的新增功能及其基本操作等内容，为后面的学习奠定基础。

本章内容

- 系统配置及软件安装
- 会声会影 X4 新增功能
- 会声会影 X4 的基本操作

通过本章的学习，您可以

- 了解系统配置的要求
- 掌握会声会影的新增功能
- 掌握软件安装的方法
- 掌握启动会声会影的方法
- 熟悉会声会影的工作区
- 掌握退出会声会影的方法

2.1　系统配置及软件安装

在视频编辑工作中，系统配置越高，就越能提高编辑效率。本节主要介绍会声会影 X4 的系统配置要求及软件安装。

2.1.1　了解系统配置

视频编辑需要占用较多的电脑资源，因此用户在选用视频编辑配置系统时，要考虑的因素包括硬盘的大小和速度、内存和处理器。这些因素决定了保存视频的容量、处理和渲染文件的速度。

如果用户有能力购买大容量的硬盘、更多内存和更快的 CPU，就应尽量配置得高档一些。需要注意的是，由于技术变化非常快，需先评估自己所要做的视频编辑项目的类型，然后根据工作需要配置系统。若要使会声会影 X4 正常启用，系统需要达到如下表所示的最低配置要求。

硬件名称	基本配置	建议配置
CPU	Intel Core Duo 1.83 GHz、AMD 双核 2.0 GHz 或更高	建议使用 Intel Core i7 处理器以发挥更高的编辑效率
操作系统	Microsoft Windows 7、Windows Vista 或 Windows XP，安装有最新的 Service Pack（32 位或 64 位版本）	
内存	1GB 内存	建议使用 2GB 以上内存
硬盘	3GB 可用硬盘空间用于安装程序，用于视频捕捉和编辑的影片空间尽可能大 注意：捕获 1 小时 DV 视频需要 13GB 的硬盘空间；用于制作 VCD 的 MPEG-1 影片 1 小时需要 600MB 硬盘空间；用于制作 DVD 的 MPEG-2 影片 1 小时需要 4.7GB 硬盘空间	建议保留尽可能大的硬盘空间
驱动器	CD-ROM、DVD-ROM 驱动器	
光盘刻录机	DVD-R/RW、DVD＋R/RW、DVD-RAM、CD-R/RW	建议使用 Blu-ray（蓝光）刻录机输出高清品质的光盘
显卡	128MB 以上显存	建议使用 512MB 或更高显存
声卡	Windows 兼容的声卡	建议采用多声道声卡，以便支持环绕音效
显示器	至少支持 1024 像素×768 像素的显示分辨率，24 位真彩显示	建议使用 22 英寸以上显示器，分辨率达到 1680 像素×1050 像素，获得更大的操作空间
其他	Windows 兼容的设备；适用于 DV/D8 摄像机的 1394 FireWire 卡；USB 捕获设备和摄像头；支持 OHCE Compliant IEEE-1394和1394 Adapter 8940/8945接口	
网络	计算机需具备国际网络联机能力，当程序安装完成后，第一次打开程序时，请务必联机网络，然后单击"激活"按钮，即可使用程序的完整功能，如果未完成激活，仅能使用 VCD 功能	

2.1.2 安装会声会影

　　会声会影 X4 软件的安装与其他应用软件的方法基本一致，在安装会声会影 X4 之前，需要先检查计算机是否装有低版本的会声会影程序，如果有，需要将其卸载后再安装新的版本。下面将对会声会影的安装过程进行详细的介绍。

实 例 步 解　安装会声会影

步骤01 将会声会影 X4 安装程序复制到计算机中，进入安装文件夹，选择 exe 格式的安装文件，单击鼠标右键，在弹出的快捷菜单中选择"打开"选项，如下图所示。

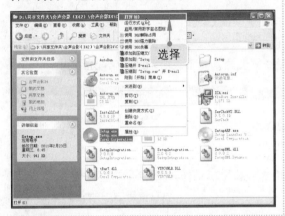

步骤02 弹出"会声会影 X4"对话框，提示正在初始化安装向导，显示安装进度，如下图所示。

步骤03 稍等片刻后，进入下一个页面，选中"我接受许可协议中的条款"复选框，如下图所示。

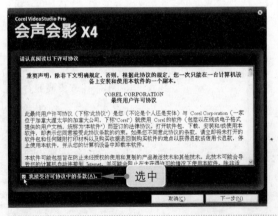

步骤04 单击"下一步"按钮，进入下一个页面，在"序列号"文本框中输入相应的产品序列号，如下图所示。

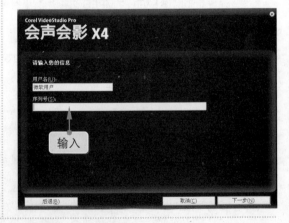

步骤 05 单击"下一步"按钮，进入下一个页面，用户可以根据自己的需要设置软件的安装位置，如右图所示。

步骤 06 单击"立刻安装"按钮，进入安装页面，显示软件的安装进度，如下图所示。

步骤 07 稍等片刻，待软件安装完成后，进入"安装向导成功完成"页面，提示软件已经安装成功，单击"完成"按钮，如下图所示。

专家点拨

在安装会声会影 X4 时，会一并安装以下程序。

> ➢ Microsoft Visual C++2005
> ➢ Microsoft Visual C++2008
> ➢ SmartSound
> ➢ Adobe Flash Player
> ➢ Apple QuickTime

为了使会声会影 X4 能够支持更多的视频格式，还需要安装一些辅助的工具软件，它们在数码视频制作过程中扮演着重要的角色，有利于提高对一些特定视频格式的支持。如果需要安装工具软件，只需要在安装界面中单击"安装工具软件"按钮，在弹出的菜单中选择要安装的工具软件名称即可开始安装过程，如下页左图所示。单击"赠送内容"按钮，可在弹出的菜单中选择要加载的音频、图像或视频素材，如下页右图所示。

选择"图像素材"选项，即可查看光盘上提供的素材内容，这些素材都可以应用到会声会影的影片编辑中，如下图所示。

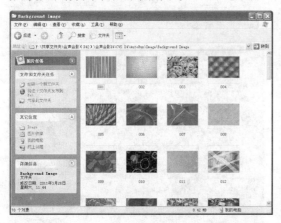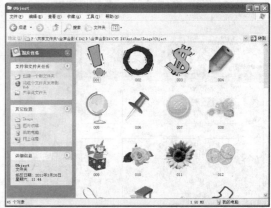

2.2 会声会影 X4 新增功能

会声会影 X4 在会声会影 X3 的基础上新增了许多功能，如更直观的编辑方式、更多样的创意选项、更实用的多项功能以及更实际的分享功能等，使操作更方便、快捷，从而让用户可以制作出更加完美的视频影片。本节主要向用户介绍会声会影的新增功能等知识。

2.2.1 灵活的工作区

VideoStudio Pro X4 可以让用户按照自己的意愿设置工作区，灵活可控。每个标签的三个面板的顶部都有新的抓取栏，用户只需拖动或双击任意面板即可将其移出。用户可以轻松地调整移出面板的大小，并将多个面板分配到两个显示器上，这样用户就可以最大化预览窗口、项目时间轴和素材库屏幕，如下页图所示。

2.2.2　定格动画

　　配备最新动画定格摄影工具的会声会影 X4 为用户带来了赋予无生命物体生命的乐趣。经典的动画技术对于任何对电影创作感兴趣的人来说都具备绝对的吸引力，很多著名电影及电视剧的制作都采用了此技术，其中包括 Wallace & Gromit 以及 Gumby。

　　对于父母及儿童而言，动画定格摄影是消磨时光的绝佳途径。对于老师和学生而言，它也是一个极佳的多方面学习机会。除了可以获得无尽的娱乐，还可以训练创造力、讲故事、有序思考、项目计划、耐性等多方面的能力。用户可以选择将任何物体变成动画，如积木、雕像及其他玩具。

　　会声会影 X4 允许用户从摄像头、DV 及 HDV 摄像机中捕获影像，也可以从 DSLR 相机中导入影像，如下图所示。在捕获影像时，用户可以透过定格动画窗口选择各个影像的曝光时间，或使用自动捕获设置自动时间增量。此外，用户还可以使用透明纸功能来控制新捕获影像和之前捕获帧的阻光度。

2.2.3　时间流逝和频闪效果

　　用户可以使用会声会影 X4 为一系列照片轻松创建出超酷的时间流逝或频闪效果。定时摄影包括捕获一个渐进发展事件，如正在行驶的车辆、涨潮或落日的一系列连续照片。例如，用户可以设置相机，使其在 8 小时内每隔几秒钟拍摄一幅夜晚的天际线。

　　有了会声会影 X4，用户可以导入一系列照片，并指定保存多少、丢弃多少，并最终得出素材的帧速率，用户也可以在视频素材中使用此效果。

在照片中应用时间流逝效果的具体操作步骤如下。

单击"文件"|"将媒体文件插入到时间轴"|"插入要应用时间流逝/频闪的照片"命令，如下左图所示。在"浏览至包含项目所需照片"对话框中，选择需要打开的照片，单击"打开"按钮，将弹出"时间流逝/频闪"对话框，如下右图所示。单击"播放"按钮，可以预览用户的系列照片所创建的剪辑。

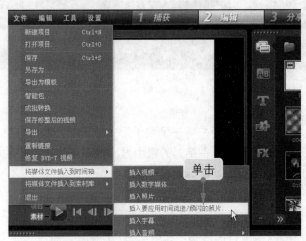

"时间流逝/频闪"对话框中的"保留"文本框中的数值代表用户需要保留的指定帧数，此功能将为系列中的每张照片分别创建一个视频帧。"丢弃"文本框中的数值代表用户不想在最终视频素材中包含的照片数。

"时间流逝/频闪"功能将为时间流逝效果创建一个节奏。例如，用户可以保留一张，丢弃两张，重复此节奏以制作定时摄影素材。

2.2.4 智能包集成

会声会影 X4 可以为智能包提供 WinZip 存档选项，只需在"智能包"对话框中选中"压缩文件"单选按钮，如下左图所示，单击"确定"按钮，弹出"压缩项目包"对话框，选中"加密添加文件"复选框，如下右图所示，即可添加密码并保存。项目中的所有元素都可以打包在一起，方便用户随处携带。智能包可以在任何其他会声会影 X4 编辑器中打开，适用于学校和企业。

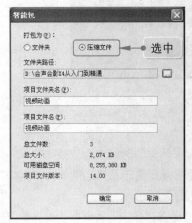
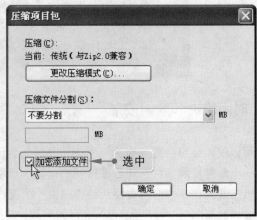

2.2.5　轻松使用素材库

VideoStudio Pro X4 提供了用途广泛且易于使用的项目管理模型。素材库是所有视频编辑项目的焦点所在。一旦用户捕获了视频，就需要一个资料信息库来对其进行排列，并选择视频素材来制作用户的影片。素材库让用户可以对各种各样的媒体进行组织及排列，其中包括音频素材、滤镜、图形、照片、转场及视频素材。

会声会影 X4 的素材库中自带的素材并不是很多，用户可以通过导入媒体文件按钮，进行素材的导入操作，具体操作步骤如下。

步骤01 单击 "导入媒体文件" 按钮，如下左图所示，弹出 "浏览媒体文件" 对话框，选中需要导入的素材文件，如下右图所示。

步骤02 单击 "打开" 按钮，即可导入素材文件，如下左图所示，用户可以运用上述操作方法，导入其他素材，如下右图所示。素材库中的素材可供用户随时调用、编辑。

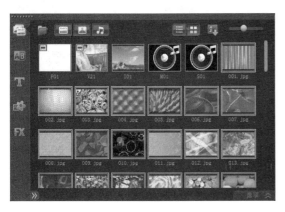

在会声会影 X4 中，素材库可以帮助用户更加轻松、准确地找出用户所需的内容。用户可以显示或隐藏视频素材、照片及音频素材，并在用户搜索合适的影片元素时限制或扩展内容。如下页左图所示为仅显示视频素材的素材库，如下页右图所示为仅显示照片素材的素材库。

用户还可以显示或隐藏导航面板，从而实现对所有可用媒体的展开式视图、在缩略图视图列表中进行选择并根据名称、类型及日期进行排序，如下图所示。

2.2.6　Corel 指南

会声会影 X4 中的 Corel 指南为用户提供了一系列有用的信息、线上帮助、产品更新、附件、可免费下载的媒体包、其他付费内容以及培训视频，如下左图所示。"实现更多功能"选项卡中提供了大量可下载的模板、标题、字体、创意特效及编辑工具，如下右图所示。

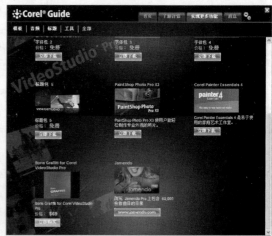

2.2.7　覆叠轨中的标题

对于涉足影片制作的用户而言，在视频中置入文本是一种非常希望学到的技能。用户肯定想为自己的影片添加一种专业感，为婚礼视频增加开场动画文字，为纪录片的场景增添描述性语境或致谢制作团队等文字。有了会声会影 X4，用户就可以在任何覆叠轨上放置标题，这意味着也可以在其他屏幕对象后放置动画标题。这为用户提供了更多创意灵活性，只需将素材库中的标题项目增添深度及戏剧性。用户可以将素材库中的标题风格拖曳到时间轴内的任意覆叠轨上，还可以为主视屏轨增加标题，并在单个素材的起点或终点增加转场，如下图所示。

2.2.8　FX 效果淡化功能

在会声会影 X4 中，用户可以淡入或淡出特定效果，如下图所示。例如，用户想让画中画窗口逐渐出现或逐渐消失，就可以使用此功能。如果某效果可以进行淡化，则可在其选项面板中可使用淡化按钮。

2.2.9　NewBlue 实时预览功能

会声会影 X4 内置了多种 NewBlueFX 动画效果，帮助用户自定义视频素材。会声会影 X4 继续提供独家 NewBlueFX 滤镜，如 "画中画" 效果，运用此滤镜可以通过旋转、角度、3D 效果等使画中画窗口动起来，如下页图所示。这些滤镜为用户提供了大量创意选项，可以制作出各种有趣的视频效果，如影片简介、标题屏幕、菜单等。

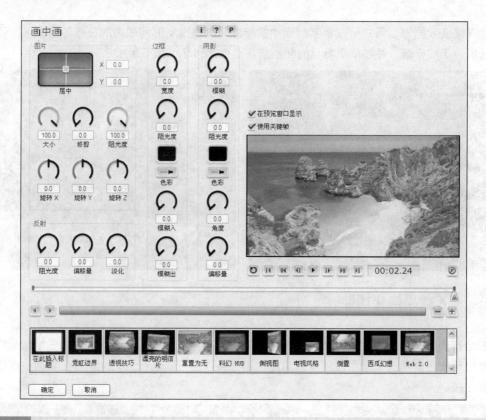

2.2.10 处理器优化功能

会声会影 X4 针对最新处理器进行了优化，这些强大的处理器在单一处理器中即可实现 CPU 及 GPU 功能，对于涉及大量数据的 HD 及 3D 视频工作量而言，这一点尤其适用。这便造就了专为速度及响应度而生的视频编辑应用程序。

2.3 启动与退出会声会影

会声会影高级编辑器提供了完善的编辑功能，用户可以利用它全面控制影片的制作过程，还可以为采集的视频添加各种素材、标题、转场效果、覆叠效果及音乐等。下面就来学习会声会影的基本操作。

2.3.1 启动会声会影

用户将会声会影安装到系统后，即可使用该应用程序了，首先用户需要掌握启动该软件的方法。

在桌面上的 Corel VideoStudio Pro X4 快捷方式图标上单击鼠标右键，在弹出的快捷菜单中选择"打开"选项，即可进入会声会影 X4 启动界面，如下页左图所示。稍等片刻后，弹出软件欢迎界面，其中显示了软件的新增功能等信息，单击右上角的"关闭"按钮，关闭欢迎界面，进入"会声会影 X4 编辑器窗口"，如下页右图所示。

2.3.2 退出会声会影

当用户对影片编辑完成后,可以退出会声会影 X4 应用程序,提高系统的运行速度。退出会声会影 X4 应用程序的方法有 3 种,分别介绍如下。

> 单击"文件"菜单,在弹出的菜单中单击"退出"命令,如下左图所示。
> 单击应用程序窗口右上角的"关闭"按钮,如下右图所示。
> 按【Alt + F4】组合键。

2.4 视频编辑流程

会声会影 X4 主要通过捕获、编辑以及分享这 3 个步骤完成影片编辑工作,如下图所示。

在制作影片时,首先要从摄像机或其他视频源捕获素材,然后修整捕获的素材,排列它们的顺序,应用转场并添加覆叠、动画标题、旁白和背景音乐。这些元素被安排在不同的轨上,对某一轨进行修改和编辑时,不会影响其他轨,如下页图所示。

在视频编辑过程中，视频以会声会影项目文件（*.VSP）的形式存在，它包括所有素材的路径、视频的路径以及对视频的处理方法等信息。编辑完成后，将素材中的所有元素合并成一个视频文件，该过程称为渲染。接着，用户可以将视频刻录成 DVD、VCD、SVCD 光盘或者回录到摄像机；也可以将影片输出为视频文件，用于在计算机上回放。

2.5 知识盘点

　　本章主要介绍了会声会影 X4 的系统配置和软件安装、新增功能、基本操作等内容，以及会声会影 X4 视频编辑的基本流程。

　　通过对本章内容的学习，用户对会声会影 X4 有了一个初步的了解和认识，为后面的学习奠定基础。

第 **3** 章　使用向导制作影片

学前提示

在会声会影 X4 中，用户通过运用"影片向导"和"DV 转 DVD 向导"，可以自动将图像、视频和 DV 录像带上的内容完整采集并添加漂亮的动态菜单，制作出精美的影片效果。本章主要介绍使用向导制作影片的方法。

本章内容

- 运用 DV 转 DVD 向导
- 刻录为 DVD 光盘
- 应用其他成品模板
- 应用向导成品模板

通过本章的学习，您可以

- 了解 DV 转 DVD 的工作流程
- 掌握编辑视频场景的方法
- 掌握刻录为 DVD 光盘的方法
- 掌握应用图像模板的方法
- 掌握应用视频模板的方法
- 掌握应用其他模板的方法

视频演示

 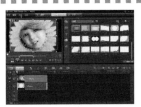 

3.1 运用 DV 转 DVD 向导

运用 DV 转 DVD 向导，可以快速制作影片，下面将向用户详细介绍 DV 转 DVD 向导的工作流程、连接 DV 摄像机、启用程序并扫描场景、编辑影片、应用主题模板和刻录 DVD 光盘等操作。

3.1.1 DV 转 DVD 工作流程

使用 DV 转 DVD 向导，可以将用户使用 DV 拍摄的录像制作成小电影。该向导的工作流程主要包括以下两个方面。

- ➢ 捕获视频。捕获 DV 摄像机中的视频素材。
- ➢ 输出影片。DV 转 DVD 向导可以将捕获到的影片刻录成 DVD-Video。

3.1.2 启动 DV 转 DVD 向导

在连接 DV 摄像机后，就可以启动 DV 转 DVD 向导。

启动会声会影应用程序，单击"工具"|"DV 转 DVD 向导"命令，如下左图所示。执行上述操作后，即可弹出"DV 转 DVD 向导"对话框，如下右图所示。

3.1.3 连接 DV 摄像机

使用会声会影 X4 中的 DV 转 DVD 向导在制作影片前，用户首先需要将 DV 摄像机与计算机进行连接。

将 DV 摄像机与计算机进行连接后，进入"我的电脑"窗口，查看 DV 摄像机是否连接成功，如下页左图所示。

进入"DV 转 DVD 向导"对话框，设置"设备"为 AVC Compliant DV Device，如下页右图所示，完成 DV 摄像机与计算机的连接操作。

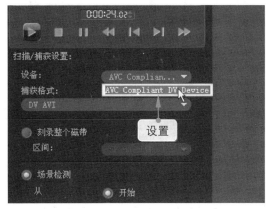

专家点拨

当用户需要扫描 DV 场景时，首先需要将 DV 与计算机正确连接好，然后在 DV 摄像机正常通电的情况下启动 DV 摄像机。

3.1.4 扫描 DV 场景片段

使用会声会影 X4 中的 DV 转 DVD 向导时，首先需要对 DV 摄像机中录制的场景进行扫描。

进入会声会影编辑器，启动"DV 转 DVD 向导"对话框，单击左下角的"开始扫描"按钮，即可开始扫描影片，如下左图所示。扫描一段时间后，单击"停止扫描"按钮，完成当前的 DV 场景扫描操作，如下右图所示。

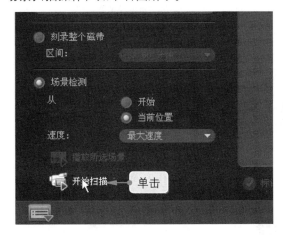

3.1.5 编辑视频场景

在"DV 转 DVD 向导"对话框中，用户可以对右侧所显示的视频场景缩略图进行编辑，如对视频场景缩略图进行标记、取消标记和删除全部的视频场景等操作。下面将对这 3 项操作进行详细介绍。

1. 标记场景

进行过标记的场景缩略图右下角将显示一个对勾的符号，如下页图所示。标记场景的方法有两种，下面分别进行介绍。

> 在故事板中选择需要标记的场景，单击对话框底部的"标记场景"按钮。
> 在故事板中选择需要标记的场景，并在该场景缩略图位置处单击鼠标右键，在弹出的快捷菜单中选择"标记场景"命令即可。

执行以上两种方法中的任何一种，都可以对当前选择的场景进行标记。

2．取消场景的标记

取消场景标记的操作方法有两种，分别介绍如下。

> 在故事板中选择需要取消标记的场景，单击对话框底部的"不标记场景"按钮。
> 在故事板中选择需要取消标记的场景，并在该场景缩略图位置处单击鼠标右键，在弹出的快捷菜单中，选择"不标记场景"命令。

执行以上两种方法中的任何一种，都可以对当前选择的标记场景取消标记。

3．删除全部场景

删除全部场景的操作方法有两种，分别介绍如下。

> 在故事板中单击对话框底部的"全部删除"按钮。
> 在故事板中单击鼠标右键，在弹出的快捷菜单中选择"删除全部"命令。

执行以上两种方法中的任何一种，都将弹出一个信息提示框，询问是否删除全部的场景，单击"确定"按钮，即可删除全部场景。

3.2　刻录为 DVD 光盘

将 DV 转录成 DVD 的过程中，用户可以为影片添加系统提供的模板，让最终刻录输出的影片更为美观。

3.2.1　进入视频刻录界面

当用户完成了所有场景的扫描，并进行了适当的标记后，即可进入 DV 转 DVD 的最后步骤——刻录 DVD 光盘。

3.2.2 选择 DVD 刻录机

进入视频刻录界面后，用户可以查看当前所使用的刻录机名称，在进行刻录之前，用户还需要对当前使用的刻录机进行选定。

在"DV 转 DVD 向导"对话框中，单击"刻录格式"选项右侧的"高级"按钮，如下左图所示。

弹出"高级设置"对话框，单击"驱动器"选项右侧的下三角按钮，在弹出的下拉列表中选择需要的刻录机名称，如下右图所示。

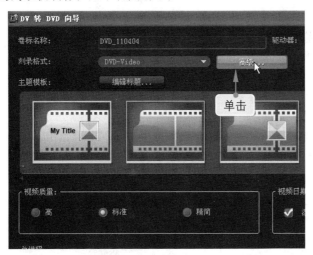

3.2.3 设置刻录光盘属性

用户在确定刻录机后，接下来可以对刻录光盘的属性进行设置，还可以为影片选定系统提供的模板，让输出的影片更为美观。

在"DV 转 DVD 向导"对话框中，选中"视频质量"选项组中的"高"单选按钮，如下图所示。

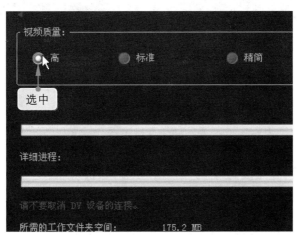

选中"视频日期信息"选项组中的"添加为标题"复选框，并选中"整个视频"单选按钮，如下页左图所示。

在"主题模板"列表框中选择需要使用的影片主题模板，如下页右图所示。

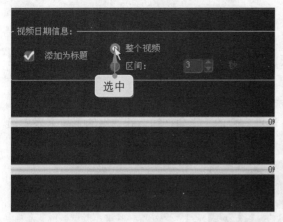

3.2.4 刻录 DVD 光盘

　　在完成刻录前的所有设置后，用户即可将影片刻录至 DVD 中。下面将介绍如何进行刻录操作。单击"DV 转 DVD 向导"对话框底部的"刻录"按钮，如下左图所示。

　　执行上述操作后，系统将开始渲染并刻录 DVD 光盘，如下右图所示，待刻录完成后，用户可以根据需要对刻录的 DVD 影片进行预览。

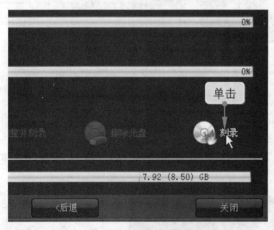

3.3　应用向导成品模板

　　在会声会影 X4 中，为用户提供了多种类型的主题模板，如向导主题模板、图像模板、视频模板、边框模板以及其他类型的模板等，运用这些主题模板可以将大量生活和旅游中静态或动态照片制作成动态影片。本节主要向用户介绍运用主题模板快速制片的操作方法。

3.3.1 应用向导主题模板

　　在会声会影 X4 的影片向导中，提供了多种模板类型的主题模板，用户可以根据插入素材的类型选择不同的模板。

实 例 步 解 应用向导主题模板

视频文件　光盘\视频文件\第 3 章\3.3.1　应用向导主题模板.mp4

步骤01 进入会声会影编辑器，在时间轴上方单击"即时项目"按钮，如下图所示。

步骤02 弹出"即时项目"对话框，单击"开始"右侧的下三角按钮，在弹出的下拉列表中选择"结尾"选项，如下图所示。

专家点拨

在"即时项目"对话框中，若选中"在结尾处添加"单选按钮，则项目模板将在影片的结尾处进行添加操作。

步骤03 单击"插入"按钮，即可在时间轴中插入向导主题模板，单击"播放修整后的素材"按钮，预览向导主题模板效果，如下图所示。

3.3.2 应用图像模板

使用影片向导可以从 DV 摄像机中捕获视频，也可以插入硬盘上的视频文件或静态图像，还可以从 DVD 光盘中直接抓取视频。下面向用户介绍插入硬盘上的静态图像的方法。

应用图像模板

> 📀 **视频文件**　光盘\视频文件\第 3 章\3.3.2　应用图像模板.mp4

步骤01　进入会声会影编辑器，在工作界面的右上方，单击"显示照片"按钮▨，如下图所示。

步骤02　此时，即可显示自带的多种类型的图像模板，从中选择需要添加至故事板视图中的图像文件，如下图所示。

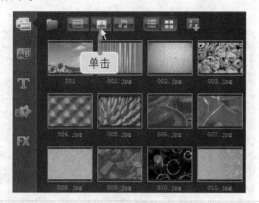

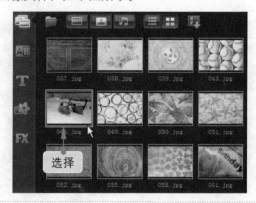

专家点拨

在会声会影 X4 的媒体素材库中，安装软件时是没有素材模板的，用户需要从安装目录中找到 Autorun.exe 程序，双击鼠标运行该程序，从弹出的界面中选择软件赠送内容，然后将其添加至相应的媒体素材库中，就会显示图像、视频与音频等模板内容。

步骤03　在图像文件上，按住鼠标左键不放并拖曳至故事板视图中，完成素材图像的添加，如下图所示。

步骤04　在预览窗口中，可以预览添加的模板效果，如下图所示。

3.3.3　应用视频模板

　　在会声会影 X4 中，提供了多种类型的视频模板，用户可以根据需要选择相应的模板类型，将其添加至故事板视图中。

实例步解 应用视频模板

步骤01 进入会声会影编辑器，在工作界面的右上方单击"显示视频"按钮▦，如下图所示。

步骤02 此时，即可显示自带的多种类型的视频模板，从中选择需要添加至故事板视图中的视频文件，如下图所示。

步骤03 在视频文件上，按住鼠标左键不放并拖曳至故事板视图中，单击导览面板中的"播放修整后的素材"按钮，即可预览添加的模板效果，如下图所示。

3.4　应用其他成品模板

在会声会影 X4 中，不仅提供了向导主题模板、图像模板及视频模板，还提供了另一类模板，如对象模板、边框模板及 Flash 模板等。本节主要介绍会声会影 X4 中其他模板的应用方法。

3.4.1　应用边框模板

在编辑影片的过程中，适当地为素材添加边框模板，可以制作出绚丽多彩的视频作品。下面介绍添加边框模板的操作方法。

应用边框模板

素材文件	光盘\素材文件\第 3 章\小孩.jpg
效果文件	光盘\效果文件\第 3 章\小孩.VSP
视频文件	光盘\视频文件\第 3 章\3.4.1　应用边框模板.mp4

步骤 01 进入会声会影编辑器，在时间轴视图中插入素材图像（光盘\素材文件\第 3 章\小孩.jpg），如下图所示。

步骤 02 单击"图形"按钮，切换至"图形"选项卡，单击上方的"画廊"按钮，在弹出的下拉列表中选择"边框"选项，如下图所示。

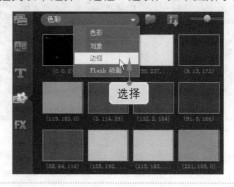

步骤 03 打开"边框"素材库，其中显示了各种类型的边框模板，从中选择 02.png 边框模板，如下图所示。

步骤 04 按住鼠标左键不放并拖曳至覆叠轨中的适当位置，如下图所示。

步骤 05 在预览窗口中，可以预览边框模板的效果，如下图所示。

步骤 06 拖曳边框四周的控制柄可以调整边框的大小和位置，最终效果如下图所示。

3.4.2 应用对象模板

在会声会影 X4 中，提供了几十种对象模板，用户可以根据自己需要对模板进行适当的应用，为影片增加趣味性。

实 例 步 解 应用对象模板

素材文件	光盘\素材文件\第 3 章\小狗.jpg
效果文件	效果\第 3 章\小狗.VSP
视频文件	光盘\视频文件\第 3 章\3.4.2 应用对象模板.mp4

步骤01 进入会声会影编辑器，在时间轴视图中插入素材图像（光盘\素材文件\第 3 章\小狗.jpg），如下图所示。

步骤02 单击"图形"按钮，切换至"图形"选项卡，单击上方的"画廊"按钮，在弹出的下拉列表中选择"对象"选项，如下图所示。

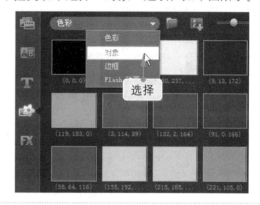

专家点拨

在会声会影 X4 中，用户还可以使用"色彩"素材库中的色彩素材。色彩素材就是单色的背景，通常用于标题和转场中，如黑色素材用来产生淡出到黑色的转场效果，这种方式适用于片头或影片的结束位置。将开场字幕旋转在色彩素材上，然后使用交叉淡化效果，也可以在影片中创建平滑转场效果。

步骤03 打开"对象"素材库，其中显示了多种类型的对象模板，从中选择 028.png 对象模板，如右图所示。

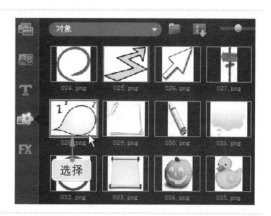

步骤04 按住鼠标左键不放并拖曳至覆叠轨中的适当位置，在预览窗口中，可以预览对象模板的效果，拖曳对象四周的控制柄可以调整对象素材的大小和位置，效果如右图所示。

3.5　知识盘点

　　本章主要介绍了如何使用会声会影的 DV 转 DVD 向导和影片向导快速制作简单的影片。通过对本章的学习，相信用户能够制作一些简单的影片，并在制作过程中掌握其方法和技巧。

　　本章的内容主要是针对想快速上手的用户，会声会影还有很多强大的功能没有讲到，如果用户希望自己的水平继续提高，就需要认真学习后面关于会声会影高级编辑器的部分，只有这样，用户才能制作出更加完美的作品。

读书笔记

第**4**章 认识会声会影 X4 编辑器

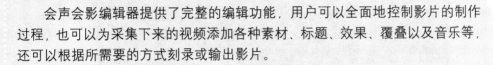

学前提示

　　会声会影编辑器提供了完整的编辑功能，用户可以全面地控制影片的制作过程，也可以为采集下来的视频添加各种素材、标题、效果、覆叠以及音乐等，还可以根据所需要的方式刻录或输出影片。

本章内容

- 认识操作界面
- 认识 3 种视图
- 项目文件的基本操作

- 素材库的基本操作
- 设置属性参数

通过本章的学习，您可以

- 熟悉会声会影的操作界面
- 熟悉会声会影的 3 种视图
- 掌握新建项目文件的方法

- 掌握打开项目文件的方法
- 掌握保存项目文件的方法
- 掌握添加素材文件的方法

视频演示

4.1 认识操作界面

会声会影 X4 提供了完善的编辑功能，用户利用它可以全面控制影片的制作过程，还可以为采集的视频添加各种素材、转场、覆叠以及滤镜效果等。使用会声会影编辑器的图形化界面，可以清晰而快速地完成影片的编辑工作，其界面主要包括菜单栏、步骤面板、选项面板、预览窗口、导览面板、素材库以及时间轴等，如下图所示。

4.1.1 认识菜单栏

在会声会影 X4 中，菜单栏位于工作界面上方，包括"文件"、"编辑"、"工具"、"设置"4 个菜单，如下图所示。

各菜单作用介绍如下表所示。

序　号	名　称	说　明
①	文件	在"文件"菜单中可以进行新建项目、打开项目、保存、另存为、导出为模板以及退出等操作
②	编辑	在"编辑"菜单中可以进行撤销、重复、复制、粘贴、删除、抓拍快照、分割素材以及多重修整视频等操作
③	工具	在"工具"菜单中可以进行 DV 转 DVD 向导、创建光盘以及绘图创建器等操作
④	设置	在"设置"菜单中可以进行参数选择、制作影片模板管理器、轨道管理器、章节点管理器以及提示点管理器等操作

4.1.2 认识步骤面板

会声会影编辑器将影片的创建过程简化为 3 个简单步骤，如下页图所示。单击步骤面板上相应的按钮，可以在不同的步骤之间进行切换。

1．捕获

在"捕获"面板中，可以直接将视频源中的影片素材捕获到计算机中。而录像带中的素材可以被捕获成单独的文件或自动分割成多个文件。

在"捕获"面板中，还可以单独捕获静态图像。

2．编辑

"编辑"面板是会声会影 X4 的核心，在该面板中可以整理、编辑和修改视频素材，还可以将视频滤镜、转场、字幕以及音频应用到视频素材上，从而为视频素材添加精彩的视觉效果。

3．分享

影片编辑完成后，在"分享"面板中可以创建视频文件，将影片输出到 VCD、DVD 或磁带上。

4.1.3　认识预览窗口

预览窗口位于操作界面的左上方，可以显示当前的项目、素材、视频滤镜、效果或标题等，也就是说，对视频进行各种设置基本都可以在此显示出来，而且有些视频内容需要在此进行编辑，如右图所示。

4.1.4　认识导览面板

在会声会影编辑器的预览窗口下方的导览面板上，有一排播放控制按钮和功能按钮，如下图所示，它们主要用于预览和编辑项目中使用的素材，用户可以通过选择导览面板中不同的播放模式，播放所选的项目或素材。使用修整栏和飞梭栏可以对素材进行编辑；将鼠标指针移动到按钮或对象上方时会出现提示信息，显示该按钮的名称。

下表将为用户介绍各播放控制按钮和功能按钮的含义。

序　号	名　称	说　明
①	"播放修整后的素材"按钮▶	单击该按钮，可以播放会声会影的项目、视频或音频素材。按住【Shift】键的同时单击该按钮，可以仅播放在修整栏上选取的区间（开始标记和结束标记之间）。在播放时，单击该按钮，可以停止播放视频
②	"起始"按钮◀	单击该按钮，可以返回项目、素材或所选区域的起始点
③	"上一帧"按钮◀⏸	移动到项目、素材或所选区域的上一帧
④	"下一帧"按钮⏸▶	移动到项目、素材或所选区域的下一帧
⑤	"结束"按钮▶▏	移动到项目、素材或所选区域的结束位置
⑥	"重复"按钮↻	连续播放项目、素材或所选区域
⑦	"系统音量"按钮◀)	单击该按钮，通过拖动弹出的滑块，可以调整素材的音频输出或音乐的音量，该按钮会同时调整扬声器的音量
⑧	"擦洗器"	单击并拖动该按钮，可以浏览素材，如下图所示 
⑨	"扩大"按钮	单击该按钮，可以在较大的窗口中预览项目或素材，如下图所示 
⑩	"修整标记"按钮	用于修整、编辑和剪辑视频素材
⑪	"开始标记"按钮【	用于标记素材的起始点
⑫	"结束标记"按钮】	用于标记素材的结束点
⑬	"按照飞梭栏的位置分割素材"按钮✂	将所选的素材分割为两段
⑭	时间轴 00:00:03:04↕	通过指定确切的时间，可以直接调到项目或者所选素材的特定位置

4.1.5　认识素材库

在会声会影 X4 的素材库中，包含了各种各样的媒体素材，如视频、照片、转场、字幕、滤镜、装饰、Flash 动画以及边框效果等，如右图所示，用户可以根据需要选择相应的素材对象进行编辑操作。

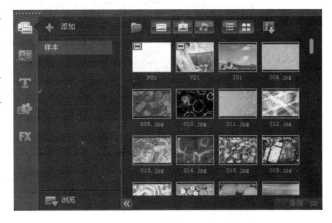

4.1.6　认识选项面板

选项面板中包含了控件、按钮和其他信息，用于自定义所选素材的设置，该面板中的内容将根据步骤面板的不同而有所不同，如下图所示。

在选项面板中，各主要选项含义介绍如下表所示。

序　号	名　称	说　明
①	色彩校正	单击"色彩校正"按钮，可以在弹出的面板中调整素材的颜色
②	速度/时间流逝	单击"速度/时间流逝"按钮，在弹出的对话框中可以设置视频素材的回放速度和流逝时间
③	反转视频	选中"反转视频"复选框，可以对视频素材进行反转操作
④	抓拍快照	单击"抓拍快照"按钮，可以在视频素材中快速抓取静态图像

4.1.7　认识时间轴

在会声会影 X4 的时间轴中，可以准确地显示出事件发生的时间和位置，还可以粗略浏览不同媒体素材的内容，如下页图所示。时间轴中允许用户微调效果，并以精确到帧的精度来修改和编辑视频，还可以根据素材在每条轨道上的位置，准确地显示事件发生的时间和位置。

5 个不同轨的主要作用介绍如下表所示。

序 号	名 称	说 明
❶	视频轨	可以在该轨道上添加视频、图像和色彩等素材，并且可以在素材之间添加转场效果，对添加的素材进行编辑、添加特效等操作
❷	标题轨	在飞梭栏确定起始位置后，在预览窗口中输入标题文字，标题文字会添加到标题轨
❸	音乐轨	它的使用与声音轨相似，但若添加 SmartSound 自动音乐，则会将素材直接添加到音乐轨上
❹	覆叠轨	可以在该轨道上添加覆叠素材，包括视频、图像、Flash 动画等
❺	声音轨	可以将音频文件添加到该轨道上，录制的旁白会自动添加到声音轨，而不会添加到音乐轨

4.2　认识 3 种视图

会声会影 X4 提供了 3 种视图模式，分别为故事板视图、时间轴视图和音频视图。下面将对这 3 种视图进行详细的介绍。

4.2.1　认识故事板视图

在故事板视图中，用户可以通过拖动素材来移动素材的位置，即只需从素材库中将捕获的素材用鼠标拖动到视频轨即可。故事板视图中的缩略图代表影片中的一个事件，事件可以是视频素材，也可以是转场或静态图像。缩略图按照项目中事件发生的时间顺序依次出现，但对素材本身并不进行详细说明，只是在缩略图下方显示当前素材的区间，如下图所示。

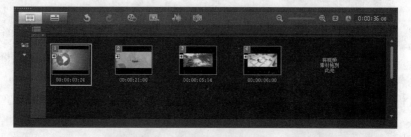

故事板视图的编辑模式是会声会影 X4 提供的一种简单，明了的视频编辑模式。在故事板视图中选择某一视频素材后，可以在预览窗口中对其进行修整，从而轻松实现对视频的编辑操作。当然，在故事板视图中也可以通过拖放视频剪辑来调整视频剪辑在整个影片项目的播放顺序。

4.2.2　认识时间轴视图

　　会声会影 X4 的"时间轴视图"编辑模式与"故事板视图"编辑模式相比，要显得相对复杂一些，但其功能则要强大很多。在"时间轴视图"编辑模式下，用户可以对标题、字幕、音频等素材进行编辑，并且可以以"帧"为单位来进行视频编辑工作，它是用户精确编辑视频的最佳形式。因此，"时间轴视图"编辑模式也是最常用的编辑模式。在时间轴上方，单击"时间轴视图"按钮 🔲，即可切换到"时间轴视图"编辑模式，如下图所示。

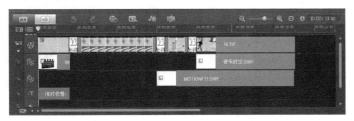

4.2.3　认识音频视图

　　在会声会影 X4 中，单击时间轴上方的"混音器"按钮🔊，即可切换至"混音器"视图，如下图所示。在"混音器"视图中，用户可以实时地调整项目中音乐轨的音量，也可以调整音乐轨中特定点的音量，还可以设置音频素材的淡入淡出特效、长回音特效、放大特效、删除噪音特效以及嘶声降低特效等选项。

4.3　项目文件的基本操作

　　项目就是进行视频编辑等编辑工作的文件，可以保存视频素材、图像素材、声音素材、背景音乐、字幕以及特效等操作时的参数信息，项目文件的格式为*.VSP。

4.3.1　新建项目文件

　　一般打开会声会影 X4 编辑器后，系统会自动新建项目文件。若用户需要重新新建项目文件，可以参照以下方法。

实 例 步 解　新建项目文件

　　视频文件　光盘\视频文件\第 4 章\4.3.1　新建项目文件.mp4

步骤01 进入会声会影编辑器，单击"文件"|"新建项目"命令，如下图所示。

步骤02 单击打开"捕获"选项卡，进入"捕获"步骤面板，如下图所示。

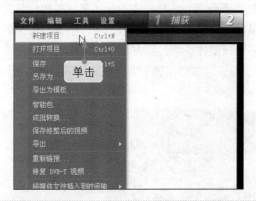

专家点拨

按【Ctrl + N】组合键也可以新建项目文件。

步骤03 单击选项面板中的"捕获视频"按钮，在弹出的面板中单击"捕获文件夹"文本框右侧的"捕获文件夹"按钮，如下图所示。

步骤04 弹出"浏览文件夹"对话框，**1**指定工作文件夹，**2**单击"确定"按钮，即可完成新建项目文件的操作，如下图所示。

专家点拨

项目文件本身并不是影片，只有在最后的"分享"步骤面板中经过渲染输出，才可以将项目文件中的所有素材连接在一起，生成最终的影片。在新建文件夹时，建议用户将文件夹指定到有较大剩余空间的磁盘上，这样可以为安装文件所在的盘保留更多的交换空间。

4.3.2 打开项目文件

若用户需要使用已经保存的项目文件，可以先将其打开，然后对其进行相应的编辑。下面具体介绍打开项目文件的方法。

实 例 步 解 打开项目文件

素材文件	光盘\素材文件\第 4 章\光线.VSP
视频文件	光盘\视频文件\第 4 章\4.3.2 打开项目文件.mp4

步骤 01 进入会声会影 X4 编辑器，单击"文件" | "打开项目"命令，如下图所示。

步骤 02 弹出"打开"对话框，选择需要打开的项目文件（光盘\素材文件\第 4 章\光线.VSP），单击"打开"按钮，即可打开所选项目文件，如下图所示。

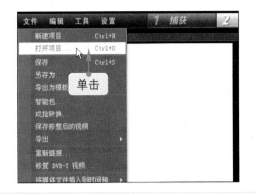

4.3.3　保存项目文件

在影片编辑过程中，保存项目操作非常重要。影片编辑完成后需要保存项目文件，可以保存视频素材、图像素材、声音文件、背景音乐、字幕以及特效等所有信息。如果对保存后的影片有不满意的地方，还可以重新打开项目文件，修改其中的部分属性，然后对修改后的各个元素渲染并生成新的影片。

实 例 步 解 保存项目文件

效果文件	光盘\效果文件\第 4 章\GO.VSP
视频文件	光盘\视频文件\第 4 章\4.3.3　保存项目文件.mp4

步骤 01 在会声会影 X4 编辑器中，单击"文件" | "保存"命令，如下图所示。

步骤 02 弹出"另存为"对话框，❶设置文件的保存路径及文件名，❷单击"保存"按钮即可保存项目文件，如下图所示。

4.3.4 另存项目文件

将当前编辑完成的项目文件进行保存后，若需要将文件进行备份，用户可以采用会声会影 X4 提供的"另存为"命令另存项目文件。

实 例 步 解 **另存项目文件**

素材文件	光盘\素材文件\第 4 章\稻穗.VSP	
效果文件	光盘\效果文件\第 4 章\稻穗.VSP	
视频文件	光盘\视频文件\第 4 章\4.3.4　另存项目文件.mp4	

步骤01 在会声会影 X4 编辑器中，单击"文件"|"另存为"命令，如下图所示。

步骤02 弹出"另存为"对话框，❶其设置文件的保存路径及文件名，❷单击"保存"按钮，即可另存项目文件，如下图所示。

专家点拨

按【Ctrl + S】组合键，也可以弹出"另存为"对话框，设置好文件的保存路径及文件名后，单击"保存"按钮，即可保存项目文件。

若用户是对已经保存过的项目文件进行保存，那么单击"文件"|"保存"命令后，将不会弹出"另存为"对话框，而是直接保存当前项目文件。

4.4　素材库的基本操作

会声会影的素材库中提供了很多类型的素材，在影片中添加这些素材之前，可以先预览素材，查看它们的效果。本节主要介绍素材库的应用。

4.4.1　添加素材文件

在编辑视频素材之前，需要将相应的素材添加到视频轨、标题轨、音乐轨等轨道上，下面将具体介绍添加素材文件的方法。

> 📀　**视频文件**　光盘\视频文件\第 4 章\4.4.1　添加素材文件.mp4

启动会声会影 X4 应用程序，进入会声会影编辑器，单击"文件"|"将媒体文件插入到素材库"|"插入照片"命令，如下左图所示。弹出"浏览照片"对话框，从中选择需要插入到素材库中的图像文件，单击"打开"按钮，即可将选择的图像插入到素材库中，如下右图所示。

 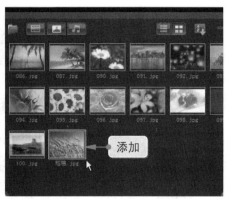

专家点拨

在轨道中选择需要添加到素材库中的素材，然后单击"编辑"|"复制"命令（或按【Ctrl+C】组合键），复制所选的素材图像，然后单击"编辑"|"粘贴"命令（或按【Ctrl + V】组合键），将复制的素材粘贴至素材库中。

4.4.2　重命名素材文件

为了便于辨认与管理，用户可以将素材库中的素材文件进行重命名操作。

> 📀　**视频文件**　光盘\视频文件\第 4 章\4.4.2　重命名素材文件.mp4

在会声会影编辑器的素材库中选择需要进行重命名的素材，然后在该素材名称处单击鼠标左键，素材的名称文本框中出现闪烁的光标，如下左图所示。删除素材本身的名称，输入新的名称"玫瑰"，如下右图所示，然后按【Enter】键确定，即可重命名该素材文件。

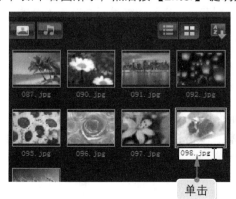 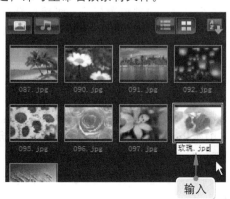

4.4.3 删除素材文件

当素材库中的素材过多或某些素材不再需要时，用户便可以将此类素材删除，以提高工作效率。

 视频文件　光盘\视频文件\第 4 章\4.4.3　删除素材文件.mp4

在素材库中选择需要删除的素材文件，单击鼠标右键，在弹出的快捷菜单中选择"删除"选项，如下左图所示。弹出信息提示框，提示用户是否确认操作，单击"是"按钮，即可删除素材库中选择的素材文件，如下右图所示。

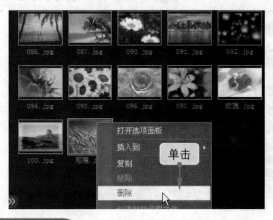

专家点拨

在素材库中删除素材的操作方法还有两种，具体介绍如下。

➢ 选择需要删除的素材，按【Delete】键。

➢ 选择需要删除的素材，单击"编辑" | "删除"命令。

执行以上两种方法中的任何一种，均可弹出信息提示框，询问用户是否确认删除该素材文件。若单击"是"按钮，即可删除选择的素材；若单击"否"按钮，将取消当前的删除操作。

4.5　设置属性参数

用户在使用会声会影 X4 进行视频编辑时，如果希望按照自己的操作习惯进行编辑，可以对一些参数进行设置。这些设置对于高级用户而言特别有用，它可以帮助用户节省大量的时间，以提高视频编辑的工作效率。

4.5.1 设置常规属性

"常规"选项卡用于设置会声会影编辑器基本操作的参数。启动会声会影 X4 后，单击"设置" | "参数选择"命令，弹出"参数选择"对话框，单击打开"常规"选项卡，显示"常规"选项参数设置，如下页图所示。

下面分别介绍该选项卡中各主要选项的含义。

1．撤销

选中该复选框，可以在编辑视频素材时，单击菜单栏中的"编辑"|"撤销"命令或按【Ctrl+Z】组合键，撤销所执行的操作步骤。对于撤销操作的最大步骤数量，可以通过设置"级数"数值框来确定。该数值框可以设置的参数数值范围为 0～99。

2．重新链接检查

选中该复选框，可以自动检查执行项目中的素材与其来源文件之间的关联。若来源文件存放的位置被更改，则会弹出信息提示框，通过该对话框，用户可以将来源文件重新链接到素材。

3．工作文件夹

用于保存编辑完成的项目和捕获素材的文件夹位置。

4．素材显示模式

主要用于设置时间轴上素材的显示模式。若用户需要视频素材以相应的缩略图方式显示在时间轴上，则可以选择"仅略图"选项；若用户需要视频素材以文件名显示在时间轴上，可以选择"仅文件名"选项；若用户需要视频素材以相应的缩略图和文件名显示在时间轴上，则可以选择"略图和文件名"选项。

5．将第一个视频素材插入到时间轴时显示消息

在捕获或将第一个素材插入到项目时，会声会影将自动检查此素材和项目的属性。选中该复选框，若文件格式、帧大小等属性不一致，会弹出信息提示框，以选择是否将项目的设置自动调整为与素材属性相匹配。

6．自动保存间隔

设置保存时间后，当电脑遇到死机或会声会影在操作时发生非法操作造成不正常退出等问题时，再次打开项目文件，会提示是否加载自动保存的项目内容，这样可以最大限度地降低死机等问题造成的损失。

7．即时回放目标

该选项用于选择回放项目的目标设备，如预览窗口、DV 摄像机和预览窗口和 DV 摄像机。如果计算机上配备了双端口的显示卡，可以同时在预览窗口和外部显示设备上回放项目。

8．在预览窗口中显示标题安全区域

选中该复选框，创建标题时会在预览窗口中显示标题安全区。标题安全区是预览窗口中的一个矩形框，用于确保用户设置文字时位于此标题安全区内。

4.5.2 设置捕获属性

在"参数选择"对话框中，单击打开"捕获"选项卡，从中可设置与视频捕获相关的参数，如下图所示。

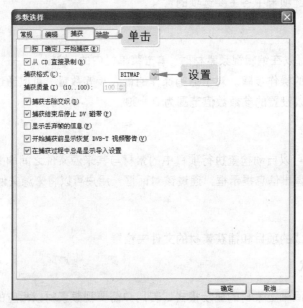

下面分别介绍该选项卡中各主要选项的含义。

1．按「确定」开始捕获

一般情况下，进行视频捕获时，直接单击"开始捕获"按钮即可对视频进行捕获。若选中此复选框，单击"开始捕获"按钮，则会弹出一个对话框，只有单击对话框中的"确定"按钮才会开始视频捕获。

2．从 CD 直接录制

选中该复选框，即可直接从 CD 播放器上录制歌曲的数码数据，并保留最佳质量。

3．捕获格式

该选项可以指定用于保存已捕获的静态图像的文件格式，单击其右侧的下三角按钮，在弹出的下拉列表中可以选择从视频捕获静态帧时文件保存的格式，即 BITMAP 格式或者 JPEG 格式。

4. 捕获去除交织

选中该复选框，可以在捕获视频中的静态帧时，使用固定的图像分辨率，而不使用交织型图像的渐进式图像分辨率。

5. 捕获结束后停止 DV 磁带

选中该复选框，当视频捕获完成后，允许 DV 自动停止磁带的回放。否则，当停止捕获后，DV 将继续播放视频。

6. 显示丢弃帧的信息

在捕获过程中，可在"捕获"操作界面的信息栏中显示丢弃帧的多少。若在捕获过程中丢弃帧，会在视频播放时产生跳跃感，而选中该复选框后，可以对丢弃帧进行监控。

4.5.3　设置项目属性

项目属性的设置包括项目文件信息、项目模板属性、文件格式、自定义压缩、视频设置以及音频等设置。下面将对这些设置进行详细的讲解。

1. 设置 MPEG 项目属性

启动会声会影 X4 编辑器，单击"设置"|"项目属性"命令，弹出"项目属性"对话框，如下左图所示。单击"编辑"按钮，弹出"项目选项"对话框，如下右图所示。

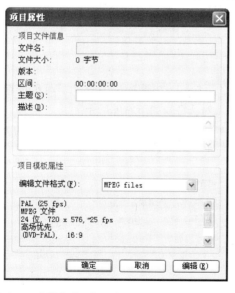
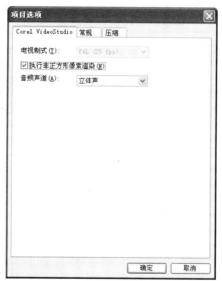

单击打开"常规"选项卡，在"标准"下拉列表中设置影片的尺寸大小，如下页左图所示。单击打开"压缩"选项卡，相关选项设置如下页右图所示，单击"确定"按钮，即可完成设置。

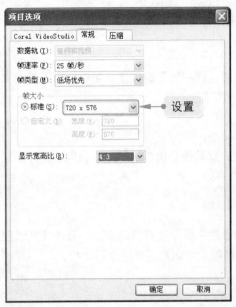 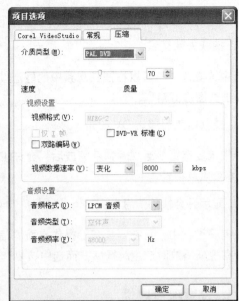

下面分别介绍"项目属性"对话框中各主要选项的含义。

> 项目文件信息：在该选项组中，显示了与项目文件相关的各种信息，如文件大小、文件名和区间等。

> 项目模板属性：显示项目使用的视频文件格式和其他属性。

> 编辑文件格式：在该选项下拉列表中可以选择所创建影片最终使用的视频格式，包括 MPEG files 和 Microsoft AVI files 两种。

> 编辑：单击该按钮，弹出"项目选项"对话框，从中可以对所选文件格式进行自定义压缩，并进行视频和音频设置。

2. 设置 AVI 项目属性

在"项目属性"对话框中的"编辑文件格式"下拉列表中选择 Microsoft AVI files 选项，如下左图所示。单击"编辑"按钮，弹出"项目选项"对话框，如下右图所示。

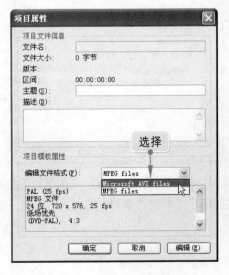 

单击打开"常规"选项卡，在"帧速率"下拉列表中选择 25 帧/秒，在"标准"下拉列表中选择影片的尺寸大小，如下左图所示。单击打开 AVI 选项卡，如下右图所示，在"压缩"下拉列表中选择视频编码方式，单击"配置"按钮，在弹出的"配置"对话框中对视频编码方式进行设置，单击"确定"按钮返回"项目选项"对话框，单击"确定"按钮，即可完成设置。

专家点拨

选择视频编码方式时，最好不要选择"无"选项，即非压缩的方式。无损的 AVI 视频占用的磁盘空间极大，在 800 像素×600 像素分辨率下，能够达到 10MB/s。

4.5.4　设置编辑属性

在"参数选择"对话框中，单击打开"编辑"选项卡，如下图所示。在该选项设置区域中，用户可以对所有效果和素材的质量进行设置，还可以调整插入的图像/色彩素材的默认区间以及转场、淡入/淡出效果的默认区间。

下面分别介绍该选项卡中各主要选项的含义。

1. 应用色彩滤镜

选中该复选框，可将会声会影的调色板限制在 NTSC 或 PAL 滤镜色彩空间的可见范围内，以确保所有色彩均有效。若仅用于电脑监视器显示，可不选中此复选框。

2. 重新采样质量

用于为所有的效果和素材指定质量。质量越高，生成的视频质量越好，但渲染的时间也就越长。若准备用于最后的输出，可选择"最佳"选项；若要进行快速操作，可选择"好"选项。

3. 图像重新采样选项

用于选取图像重新采样的方法，在其列表框中提供了"保持宽高比"和"调到项目大小"两个选项，选择不同的选项，显示的效果不同。

4. 默认音频淡入/淡出区间

用于设置两段音频的淡入和淡出区间，在此输入的值是素材音量从正常至淡化完成之间的时间总量。

5. 默认转场效果的区间

用于指定应用到视频项目中所有素材上的转场效果的区间，时间单位是 s。

4.6　知识盘点

本章主要介绍了会声会影编辑器的工作界面及其 3 种视图模式，同时对会声会影项目的基础操作、素材库等进行了详尽的说明。通过对本章内容的学习，用户应该对会声会影编辑器有一个全面的认识。

第 **5** 章　捕获视频前的准备

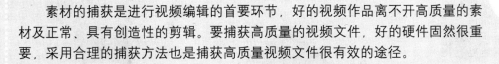

学前提示

　　素材的捕获是进行视频编辑的首要环节，好的视频作品离不开高质量的素材及正常、具有创造性的剪辑。要捕获高质量的视频文件，好的硬件固然很重要，采用合理的捕获方法也是捕获高质量视频文件很有效的途径。

本章内容

- 视频捕获卡的选购
- 1394 卡的安装与设置
- 连接 1394 视频卡
- 捕获前的属性设置
- 软件最佳运行设置

通过本章的学习，您可以

- 了解选购视频捕获卡的技巧
- 掌握安装与设置 1394 卡
- 掌握 1394 视频卡的连接
- 掌握捕获前的属性设置
- 掌握捕获时的注意事项
- 掌握软件最佳运行设置

视频演示

5.1　视频捕获卡的选购

视频捕获卡又称为视频采集卡，主要是通过模拟/数字转换将模拟的视频信号转化为计算机可以处理的数字信号，编辑完成后，又通过数字/模拟转换将数字信号转换为电视机可以播放的视频信号。按其用途可以分为广播级视频采集卡、专业级视频采集卡和民用级视频采集卡，它们的区别主要在于采集的图像指标不同。用户在购买时，应根据实际需要进行选择。

无论是 Mini DV 还是使用 DV 带的高清摄像机，都需要使用 IEEE 1394 卡和 IEEE 1394 线才能把 DV 带中拍摄的影片传输到计算机中，如下图所示。

Mini DV

通过 IEEE 1394 线与
IEEE 1394 卡连接

通过会声会影传
输到计算机中

IEEE 1394 卡

计算机

高清摄像机

对于初次接触视频编辑的用户而言，IEEE 1394 卡（以下简称 1394 卡）是一个全新的设备，因此，下面的内容首先介绍什么是 1394 卡、怎样选购 1394 卡、如何在计算机中安装 1394 卡以及怎样将 DV 与计算机连接。

对于计算机上的 USB 接口，用户想必已经非常熟悉，通过 USB 接口可以把 U 盘、移动硬盘、数码相机、手机和 PSP 等外部设备中的数据传输到计算机中。简单地说，1394 卡就是为计算机提供的新型的 1394 接口的设备，它可以将 Mini DV、高清摄像机以及其他使用 1394 接口的外部设备中的数据传输到计算机中。

IEEE 1394 线的作用是连接 1394 设备和 1394 卡，可以分为 4-Pin 对 6-Pin、6-Pin 对 6-Pin 以及 4-Pin 对 4-Pin 等几种类型，如下图所示。在选购时，用户可以根据所连接设备的接口类型而定。

4-Pin 对 4-Pin　　　　　4-Pin 对 6-Pin　　　　　6-Pin 对 6-Pin

5.1.1　选购前的考虑因素

随着成本的下降，目前使用 1394 接口的设备越来越多，包括外置硬盘、摄像机、打印机、扫描仪和光盘刻录机等。

需要注意的是，新型号的笔记本电脑大多数均提供了 4 芯 1394 端口。如果是使用这种笔记本电脑捕获 DV 影片，就不需要再购买 1394 卡了。

在选购视频捕获卡前，用户需要先考虑自己的计算机是否能够胜任视频捕获、压缩以及保存工作。因为视频编辑对 CPU、硬盘、内存等硬件的要求较高，在没有进行压缩的情况下，短短一分钟捕获的数据就有可能达到几百兆字节，如果计算机的 CPU 和硬盘不能满足要求，则无法进行视频捕获或者捕获效果较差。另外，用户在购买前还应了解购买捕获卡的用途，根据需要选择不同档次的产品。

5.1.2 选购时的考虑因素

用户在选购视频捕获卡时，需要注意以下性能参数。

- ➤ 硬件处理。是否支持视频数据的硬件处理，这是区分低档捕获卡和中档捕获卡的关键所在。具有硬件压缩功能的捕获卡可以极大地提高捕获质量和工作效率。
- ➤ 帧速率。帧速率的高低直接影响捕获视频的流畅性，帧速率比较高的产品，其 CPU 占用率高。一般中档视频捕获卡的捕获尺寸为 352×288（PAL 制式）的视频文件时，帧速率能达到 25 帧/秒，而高档产品则可达到 60 帧/秒。
- ➤ 分辨率。分辨率是视频文件质量好坏的主要参数，VCD 的分辨率为 352×288（PAL 制式）或 320×240（NTSC 制式）；而 DVD 的分辨率为 704×480（PAL 制式）或 704×576。

专家点拨

目前，IEEE 1394 接口已逐渐成为个人计算机的基本配置，大多数计算机主板都已经内置 IEEE 1394 接口，越来越多的计算机外设以及家电产品也将 IEEE 1394 作为标准传输接口，如 Sony MV 摄像机、DV 摄像机、Sony PS2 等。

5.2 1394 卡的安装与设置

要使计算机与数码摄像机连接，计算机还需要安装 IEEE 1394 卡或专门用来进行数字剪辑的视频采集卡。IEEE 1394 卡是一种外部串行总线标准，数据传输率可达 200～400Mbit/s。下面将向用户具体介绍 1394 卡的安装与设置。

5.2.1 安装 1394 卡

在一般情况下，1394 卡只是作为一种影像采集设备，用于连接 DV 和计算机，其本身并不具备视频采集和压缩功能，它只是为用户提供多个 1394 接口，以便连接 1394 硬件设备。

实 例 步 解 安装 1394 卡

步骤01 关闭计算机，拆开机箱，找到 1394 卡的 PCI 插槽，如下图所示。

找到 PCI 插槽

步骤02 将 1394 卡插入主板的 PCI 插槽内，如下图所示。

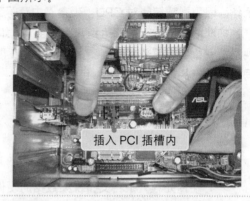

插入 PCI 插槽内

步骤03 使用螺钉紧固 1394 卡，如下图所示。

紧固 1394 卡

步骤04 完成 1394 卡的安装，如下图所示。

安装完成

按照以上操作步骤完成连接后，将数码摄像机切换到播放模式，如果数码摄像机没有与计算机正确连接，在尝试捕获视频时，将弹出如右图所示的信息提示对话框。

遇到这种情况时，可以从以下几个方面进行检查。

（1）摄像机是否电力充足。在捕获视频期间，建议使用外接电源为摄像机供电，避免电力不足造成捕获中断。

（2）摄像机的电源线是否正常连接。

（3）摄像机是否已经切换到播放模式。

（4）视频传输线的各个接口是否插紧。

（5）1394 卡在 PCI 插槽内是否松动，可以尝试将 1394 卡换一个插槽。

（6）在控制面板的设备管理器中是否能正确看到摄像机及 1394 卡。

5.2.2 设置 1394 卡

完成 1394 卡的连接工作后，启动计算机，系统会自动查找并安装 1394 卡的驱动程序。若需要确认 1394 卡的安装情况，可以自行进行设置。

实例步解　设置 1394 卡

步骤01 将鼠标移至"我的电脑"图标上，单击鼠标右键，在弹出的快捷菜单中选择"属性"选项，如下图所示。

步骤02 弹出"系统属性"对话框，❶单击打开"硬件"选项卡，❷然后单击"设备管理器"按钮，如下图所示。

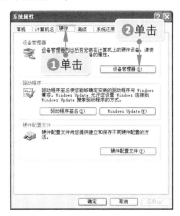

步骤03 弹出"设备管理器"窗口，即可查看"IEEE 1394 总线主控制器"选项，如右图所示。

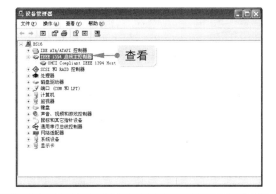

5.3　连接 1394 视频卡

　　将 1394 卡安装好后，就可以使用 1394 视频线将计算机和数码摄像机连接了，正确地连接计算机和数码摄像机是捕获视频素材的前提。下面将详细向用户讲解运用 1394 视频线连接计算机和数码摄像机的方法。

5.3.1　台式电脑的连接

　　在飞速发展的当今时代，台式电脑已经成为大多数家庭或企业的首选。因此，在视频捕获的过程中，掌握运用 1394 视频线与台式电脑 1394 接口的连接显得相当重要。

　　通常使用 4-Pin 对 6-Pin 的 1394 线连接摄像机和台式机，这种连线的一端接口较大，另一端接口较小。接口较小一端与摄像机连接，接口较大一端与台式电脑上安装的 1394 卡连接，如下页图所示。

将 IEEE 1394 视频线取出，在台式电脑的机箱后找到 IEEE 1394 卡的接口，并将 IEEE 1394 视频线一端的接头插入该接口入，如下左图所示。将 IEEE 1394 视频线的另一端连接到 DV 摄像机，如下右图所示，即可完成与台式电脑 1394 接口连接的操作。

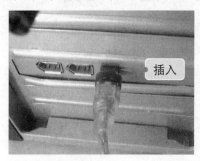

5.3.2 笔记本电脑的连接

如今，许多的笔记本电脑都内置了 4-Pin 的 IEEE 1394 接口，用户只需要准备一条 4-Pin 对 4-Pin 的 IEEE 1394 视频线，如下左图所示，然后将视频线插入笔记本电脑的 1394 接口处，如下右图所示，即可通过会声会影 X4 将 DV 摄像机中的视频内容捕获至笔记本电脑中。

若笔记本电脑没有安装 IEEE 1394 接口，用户可以安装 PCMCIA 接口的 IEEE 1394 卡。

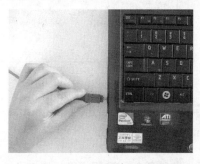
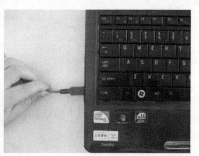

PCMCIA 接口的 IEEE 1394 卡价位比较高，在使用笔记本电脑进行视频编辑时，要注意工作效率的问题。由于笔记本电脑的整体性能通常不如相同配置的台式电脑，再加上笔记本电脑要考虑散热问题，往往没有配备转速较高的硬盘。所以，在使用笔记本电脑进行视频编辑时，最好选择传输速率较高的 PCMCIA IEEE 1394 卡以及转速较高的硬盘。

5.4 捕获前的属性设置

捕获是一个非常令人激动的过程，将捕获到的素材存放在会声会影的素材库中，将十分方便日后的剪辑操作。因此，用户必须在捕获前做好必要的准备，如设置声音属性、检查硬盘空间和设置捕获参数等。下面将对这些设置进行详细的介绍。

设置声音属性

　　捕获卡安装好后，为了确保在捕获视频时能够同步录制声音，用户需要在计算机中对声音进行设置。这类视频捕获卡在捕获模拟视频时，必须通过声卡来录制声音。

 视频文件　　光盘\视频文件\第 5 章\5.4.1　设置声音属性.mp4

步骤01 单击"开始"｜"控制面板"命令，打开"控制面板"窗口，如下图所示。

步骤02 双击"声音和音频设置"图标，弹出"声音和音频设备 属性"对话框，如下图所示。

专家点拨

在"声音和音频设备"图标上单击鼠标右键，在弹出的快捷菜单中选择"打开"选项，也可以弹出"声音和音频设备 属性"对话框。

步骤03 ❶单击打开"音频"选项卡，❷在"录音"选项组中将当前使用的声卡设置为首选设备，❸设置完成后，单击"确定"按钮，如下图所示。

步骤04 在 Windows 桌面的任务栏中，双击"音量"图标🔊，弹出"主音量"窗口，如下图所示。

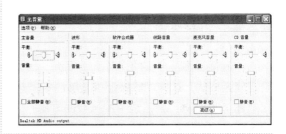

步骤 05 单击"选项"|"属性"命令，弹出"属性"对话框，如下图所示。

步骤 06 ❶ 在"混音器"下拉列表框中选择需要的声音设备，❷ 选中"录音"单选按钮，❸ 在"显示下列音量控制"下拉列表框中选中"线路输入"复选框，如下图所示。

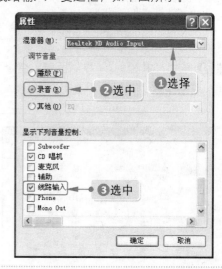

专家点拨

由于用户不同计算机的系统也会有所不同，可能弹出的对话框中的参数设置会有所不同。

步骤 07 单击"确定"按钮，"主音量"窗口将变为"录音控制"窗口，如下图所示。

步骤 08 在"录音控制"窗口的"线路输入"选项组中，选中"选择"复选框，如下图所示，然后单击窗口右上角的"关闭"按钮，即可完成声音属性的设置。

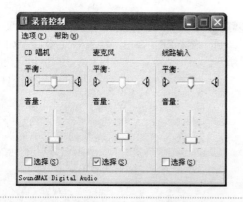

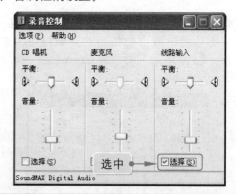

5.4.2 检查硬盘空间

一般情况下，捕获的视频文件很大，因此用户在捕获视频前，需要腾出足够的硬盘空间，并确定分区格式，这样才能保证有足够的空间来存储捕获的视频。

在 Windows XP 系统中的"我的电脑"窗口中单击每个硬盘，此时左侧的"详细信息"将显示该硬盘的文件系统类型（也就是分区格式）以及硬盘可用空间情况，如下页图所示。

 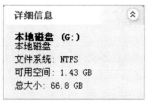

5.4.3　关闭其他程序

如果捕获视频的时间较长，耗费系统资源较大，捕获前建议用户最好关闭除会声会影以外的其他应用程序，以提高捕获质量。对于低配置的电脑，这一点更为重要。另外，一些隐藏在后台的程序也需要关闭。例如，屏蔽保护程序、定时杀毒程序、定时备份程序，以免捕获视频时发生中断。

专家点拨

在捕获过程中，建议用户最好断开网络，以防止电脑遭到病毒或黑客攻击。

5.4.4　设置捕获参数

运用会声会影 X4 编辑器，单击"设置"|"参数选择"命令，弹出"参数选择"对话框，切换至"捕获"选项卡，从中可以设置与视频捕获相关的参数。

5.4.5　捕获注意事项

捕获视频可以说是最为困难的计算机工作之一，视频通常会占用大量的硬盘空间，并且由于其数据速率很高，硬盘在处理视频时会相当困难。下面列出一些注意事项，以确保用户可以成功捕获视频。

1．捕获时需要关闭的程序

除了 Windows 资源管理器和会声会影外，关闭所在正在运行的程序，而且要关闭屏幕保护程序，以免捕获时发生中断。

2．捕获时需要的硬盘空间

在捕获视频时，使用专门的视频硬盘可以产生最佳的效果，最好使用至少具备 Ultra-DMA/66、7200r/min 和 30GB 空间的硬盘。

3．启用硬盘的 DMA 设置

若用户使用的硬盘是 IDE 硬盘，则可以启用所有参与视频捕获硬盘的 DMA 设置。启用 DMA 设置后，在捕获视频时可以避免丢失帧的问题。

4．设置工作文件夹

在使用会声会影捕获视频前，还需要根据硬盘的剩余空间情况正确设置工作文件夹和预览文件夹，以用于保存编辑完成的项目和捕获的视频素材。会声会影 X4 要求保持 30GB 以上可用磁盘空间，以免出现丢失帧或磁盘空间不足的情况。

设置工作文件夹

视频文件　光盘\视频文件\第 5 章\5.4.5　设置工作文件夹.mp4

步骤01 启动会声会影 X4 应用程序，单击"设置"|"参数选择"命令，如下图所示。

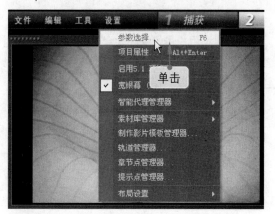

步骤02 弹出"参数选择"对话框，如下图所示。

步骤03 单击"工作文件夹"文本框右侧的按钮，弹出"浏览文件夹"对话框，选择目标盘符后，单击"新建文件夹"按钮，新建一个文件夹，如下图所示。

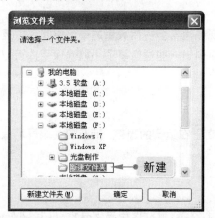

步骤04 根据需要为新建的文件夹命名，如下图所示，单击"确定"按钮，即可完成工作文件夹的设置。

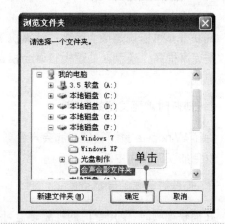

5.5　软件最佳运行设置

使用 DV 编辑视频时，需要很大的磁盘空间，对系统的要求也是相当高的。此时，对操作系统进行一定的设置是必需的，这有利于视频编辑的正常运行。

5.5.1　启动 DMA 设置

启动磁盘的 DMA 功能，该功能不经过 CPU，直接从系统主内存传送数据，加快了磁盘传输速度，有效避免了捕获时可能发生的丢失帧问题。

实 例 步 解 **启动 DMA 设置**

步骤① 将鼠标移至"我的电脑"图标上,单击鼠标右键,在弹出的快捷菜单中,选择"属性"选项,弹出"系统属性"对话框,单击打开"硬件"选项卡,如下图所示。

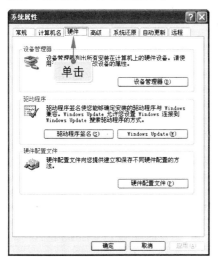

步骤② 单击"设备管理器"按钮,打开"设备管理器"窗口,单击"IDE ATA/ATAPI 控制器"选项左侧的加号按钮,展开该选项,如下图所示。

步骤③ 在"IDE ATA/ATAPI 控制器"选项下的"次要 IDE 通道"选项上双击,弹出"次要 IDE 通道 属性"对话框,❶单击打开"高级设置"选项卡,❷在"传送模式"下拉列表框中选择"DMA(若可用)"选项,❸单击"确定"按钮,如下图所示,返回"设备管理器"窗口。

步骤④ 使用相同的方法,打开"主要 IDE 通道 属性"对话框,进行相应的设置,如下图所示,单击"确定"按钮,返回"设备管理器"窗口,完成启动 IDE 磁盘的 DMA 设置。

5.5.2 禁用写入缓存

禁用磁盘上的写入缓存,以避免断电或硬件故障导致数据丢失或损坏。

实 例 步 解 **禁用写入缓存**

步骤 01 打开"设备管理器"窗口，展开"磁盘驱动器"选项，在展开的选项上单击鼠标右键，在弹出的快捷菜单中选择"属性"选项，如下图所示。

步骤 02 弹出相应的属性对话框，❶单击打开"策略"选项卡，❷取消选中"启用磁盘上的写入缓存"复选框，如下图所示，单击"确定"按钮，即可禁用写入内存。

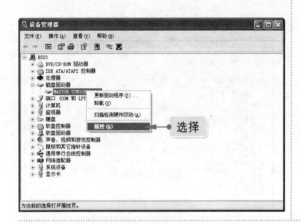

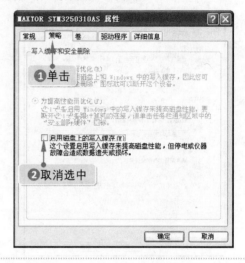

5.5.3 设置虚拟内存

虚拟内存的作用与物理内存基本相似，但其是作为物理内存的"后备力量"而存在的，也就是说，只有在物理内存不够使用的时候，它才会发挥作用。虚拟内存的大小由 Windows 来控制，但这种默认的 Windows 设置并不是最佳方案，因此需要对其进行一些调整。

实 例 步 解 **设置虚拟内存**

步骤 01 在"我的电脑"图标上单击鼠标右键，在弹出的快捷菜单中，选择"属性"选项，弹出"系统属性"对话框，单击打开"高级"选项卡，如右图所示。

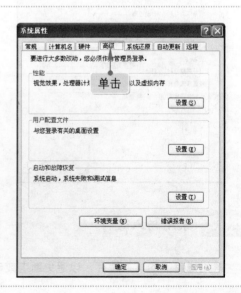

步骤02 单击"性能"选项组中的"设置"按钮，弹出"性能选项"对话框，单击打开"高级"选项卡，如下图所示。

步骤03 在"虚拟内存"选项组中单击"更改"按钮，弹出"虚拟内存"对话框，❶选择存放虚拟内存的驱动器，❷选中"自定义大小"单选按钮，❸在其下方的数值框中输入需要的数值，如下图所示，依次单击"确定"按钮，即可完成虚拟内存的设置。

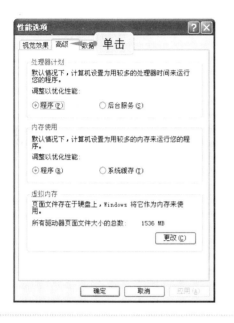

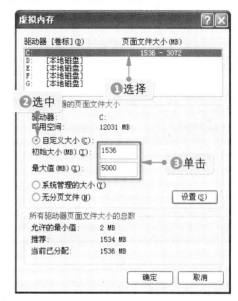

专家点拨

虚拟内存一般设置为物理内存的 1.5 ~ 3 倍，不过最大值不能超过当前硬盘的剩余空间值。

5.5.4 清理磁盘

使用 DV 编辑视频的过程中，利用磁盘清理程序将磁盘中的垃圾文件和临时文件清除，可以节省磁盘中的空间，并提高磁盘的运行速度。

实 例 步 解 清理磁盘

步骤01 单击"开始"|"所有程序"|"附件"|"系统工具"|"磁盘清理"命令，弹出"选择驱动器"对话框，如下图所示。

步骤02 在"驱动器"下拉列表中选择需要清理的磁盘，单击"确定"按钮，弹出"磁盘清理"对话框，显示计算进度，如下图所示。

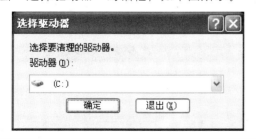

步骤 03 稍等片刻后，弹出 " （C:）的磁盘清理" 对话框，在 "要删除的文件" 下拉列表中，选中需要删除的文件前的复选框，如下图所示。

步骤 04 单击 "确定" 按钮，弹出提示信息对话框，提示用户是否执行这些操作，如下图所示，单击 "是" 按钮，即可清理磁盘。

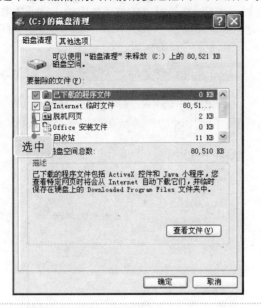

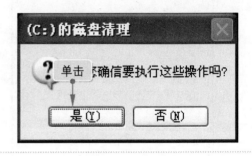

5.5.5 整理磁盘碎片

在使用 DV 编辑视频的过程中，经常会对磁盘进行读写或删除等操作，从而产生了大量的磁盘碎片，造成系统磁盘运行速度减慢，并占用大量的磁盘空间，此时用户可以对磁盘碎片进行整理，保证磁盘的正常运行。

实 例 步 解 整理磁盘碎片

步骤 01 单击 "开始" | "所有程序" | "附件" | "系统工具" | "磁盘碎片整理程序" 命令，弹出 "磁盘碎片整理程序" 窗口，选择需要清理的磁盘，如下图所示。

步骤 02 单击 "分析" 按钮，系统将自动对所选磁盘进行分析，稍等片刻后，分析完毕，弹出相应的对话框，提示用户进行碎片整理，如下图所示。

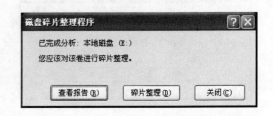

步骤03 单击"碎片整理"按钮，系统即可开始对磁盘碎片进行整理，并显示整理进度，如下图所示。

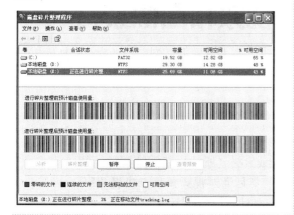

步骤04 磁盘整理完成后，弹出相应对话框，提示已完成碎片整理，如下图所示，单击"关闭"按钮。

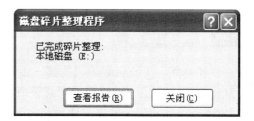

5.6 知识盘点

　　本章细致地向用户介绍了视频捕获卡的相关知识以及安装使用方法，还介绍了视频采集相关的电脑硬件配置和使用会声会影捕获视频时需要注意的事项。这些知识都是视频编辑工作中用户前期必须掌握的知识。

第 **6** 章 捕获视频和图像素材

学前提示

通常情况下，视频编辑的第一步是捕获视频素材。所谓捕获视频素材就是从摄像机、电视及 DVD 等视频源获取视频数据，然后通过视频捕获卡或者 IEEE 1394 卡接收和翻译数据，最后将视频信号保存至计算机的硬盘中。

本章内容

- 捕获 DV 中的视频素材
- 捕获 DV 中的静态图像
- 其他特殊捕获技巧
- 从高清数码摄像机中捕获视频
- 捕获模拟视频
- 从其他设备中捕获视频

通过本章的学习，您可以

- 掌握设置捕获选项的方法
- 掌握捕获 DV 视频的方法
- 掌握捕获静态图像的方法
- 掌握捕获指定长度的方法
- 掌握视频场景分割的方法
- 掌握从其他设备中捕获视频的方法

视频演示

6.1 捕获 DV 中的视频素材

制作 DV 影片，首先需要将 DV 带中的视频信号捕获成数字文件，即使不需要进行任何编辑，捕获成数字也是一种很好的安全保存方式。

6.1.1 设置捕获选项

将 DV 摄像机与计算机进行连接，并切换至播放模式，进入会声会影 X4 编辑器中，单击"捕获"按钮，切换至"捕获"步骤面板，如下左图所示。在该面板中，包括"捕获视频"、"DV 快速扫描"、"从数字媒体导入"、"从移动设备导入"、"定格动画"5 个按钮，如下右图所示。

序 号	名 称	说 明
①	捕获视频	允许捕获来自 DV 摄像机、模拟数码摄像机和电视的视频。对于各种不同类型的视频来源而言，其捕获步骤类似，但选项面板上可用的捕获设置是不同的
②	DV 快速扫描	可以扫描 DV 设备，查找要导入的场景
③	从数字媒体导入	可以将光盘或硬盘中 DVD/DVD-VR 格式的视频导入会声会影中
④	从移动设备导入	用于从基于 Windows Mobile 的智能手机、PocketPC/PDA、iPod 和 PSP 移动设备中导入媒体文件
⑤	定格动画	会声会影 X4 的定格摄影功能为用户带来了赋予无生命物体生命的乐趣。经典的动画技术让任何对于电影创作感兴趣的人而言都具备绝对的吸引力，很多著名电影及电视剧的制作都采用了此技术。对于父母及儿童而言，动画定格摄影是消磨时光的绝佳途径；对于老师和学生而言，则是一个极佳的多方面学习的机会

6.1.2 选项面板详解

在"捕获视频"选项面板中，用户可以对将要捕获的视频素材选项进行设置。下面将向用户介绍"捕获视频"选项面板中各参数的含义。

单击"捕获"步骤面板中的"捕获视频"按钮，即可切换至"捕获视频"选项面板，如下图所示。

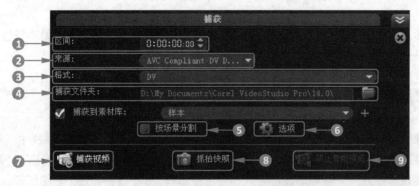

序 号	名 称	说 明
①	区间	"区间"数值框用于指定要捕获素材的长度，用户可以在需要调整的数字上单击鼠标，当数字处于闪烁状态时，输入新的数字，即可指定捕获素材的长度
②	来源	"来源"下拉列表框用于显示检测到的视频捕获设备，即显示所连接的摄像机名称和类型
③	格式	"格式"下拉列表框用于保存捕获的文件格式
④	捕获文件夹	单击"捕获文件夹"按钮可以设置捕获文件所保存的文件夹
⑤	按场景分割	选中"按场景分割"复选框，可以根据录制的日期、时间以及录像带上的较大动作变化，自动将视频文件分割成单独的素材
⑥	选项	单击"选项"按钮，用户可以在弹出的列表框中选择"捕获选项"和"视频属性"两个选项
⑦	捕获视频	单击"捕获视频"按钮，可以从已安装的视频输入设备中捕获视频
⑧	抓拍快照	单击"抓拍快照"按钮，可以将视频输入设备中的当前帧作为静态图像捕获到会声会影 X4 中
⑨	禁止音频预览	单击"禁止音频预览"按钮可以在捕获期间使音频静音，该按钮只有在单击"捕获视频"按钮后处于可用状态

知识链接

在"浏览文件夹"对话框中选择文件夹时，建议用户将捕获文件夹设置到 C 盘以外有足够剩余空间的磁盘分区。

6.1.3　捕获视频起点

用户在预览窗口下方单击对应的导航按钮，即可查找需要捕获视频素材的起点画面。进入会声会影 X4 编辑器，切换至"捕获"步骤面板，在面板中单击"捕获视频"按钮，如下页左图所示。

进入"捕获视频"选项面板，单击预览窗口左下方的"播放"按钮，播放视频至合适位置后，单击导览面板中的"暂停"按钮，如下页右图所示，即可指定视频捕获的起点。

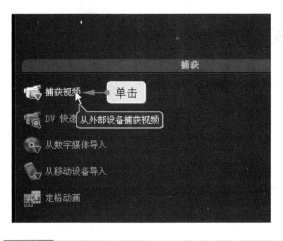

6.1.4　捕获 DV 视频

在编辑器中捕获 DV 视频的方法与在影片向导中捕获 DV 视频的方法类似，下面将详细向用户介绍在编辑器中捕获 DV 视频的方法。

 捕获 DV 视频

视频文件　光盘\视频文件\第 6 章\6.1.4　捕获 DV 视频.mp4

步骤01 进入会声会影 X4 编辑器，切换至"捕获"步骤面板，在选项面板中单击"捕获文件夹"按钮，弹出"浏览文件夹"对话框，如下图所示。

步骤02 设置捕获视频的保存位置，单击"确定"按钮，然后单击"捕获视频"按钮，此时"捕获视频"按钮将变为"停止捕获"按钮，当捕获至合适位置后，单击"停止捕获"按钮，如下图所示，即可停止捕获。

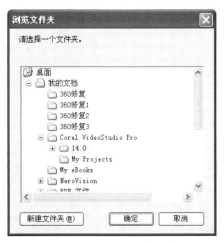

6.1.5　捕获其他格式

默认情况下，捕获的视频是 DV 格式，用户也可根据需要将捕获的视频捕获成其他的格式。单击选项面板中"格式"选项右侧的下三角按钮，在弹出的下拉列表中选择需要的文件格式，然后进行视频捕获，即可将 DV 视频捕获成其他的格式。

6.2 捕获 DV 中的静态图像

会声会影 X4 的捕获功能比较强大，用户在捕获 DV 视频时，可以将其中的一帧图像捕获成静态图像，下面进行具体介绍。

6.2.1 设置捕获的参数

在捕获图像前，首先需要对捕获参数进行设置。用户只需在菜单栏中进行相应操作，即可快速完成参数的设置。

实例步解 设置捕获的参数

 视频文件　光盘\视频文件\第 6 章\6.2.1　设置捕获的参数.mp4

步骤01 单击"设置"|"参数选择"命令，弹出"参数选择"对话框，单击打开"捕获"选项卡，如下图所示。

步骤02 单击"捕获格式"选项右侧的下三角按钮，在弹出的下拉列表中选择 JPEG 选项，如下图所示。

步骤03 设置完成后，单击"确定"按钮，即可完成捕获图像参数的设置。

专家点拨

捕获的图像长宽取决于原始视频，如 PAL DV 视频是 720 像素×576 像素。图像格式可以是 BITMAP 或 JPEG，默认选项为 BITMAP，它的图像质量要比 JPEG 好，但是文件较大。在"参数选择"对话框中选中"捕获去除交织"复选框，捕获图像时将使用固定的分辨率，而非采用交织型图像的渐进式图像分辨率，这样捕获后的图像就不会产生锯齿。

6.2.2 捕获静态的图像

捕获静态图像的最后一步是捕获图像，用户可以在"捕获"步骤面板的选项面板中实现该操作。

实例步解　捕获静态的图像

💿 　**视频文件**　光盘\视频文件\第 6 章\6.2.2　捕获静态的图像.mp4

步骤01 在选项面板中，❶设置捕获静态图像的保存位置，❷单击"抓拍快照"按钮，如下图所示。

步骤02 切换至"编辑"步骤面板，即可在时间轴中查看捕获图像的缩略图，如下图所示。

6.3　其他特殊捕获技巧

在实际应用中，用户可能还存在其他捕获需求，这就要求用户采用不同的捕获方式。下面向用户介绍几种特殊的捕获技巧。

6.3.1　按指定长度捕获

如果用户希望程序自动捕获一个指定时间长度的视频内容，并让程序在捕获到所指定视频内容后自动停止捕获，则可为捕获视频指定一个时间长度。

 实例步解　按指定长度捕获

💿 　**视频文件**　光盘\视频文件\第 6 章\6.3.1　按指定长度捕获.mp4

步骤01 进入会声会影 X4 编辑器，切换至"捕获"步骤面板，单击选项面板中的"捕获视频"按钮，进入视频捕获选项面板，如右图所示。

步骤02 单击"区间"微调框中的数字，当数字呈闪烁状态时，设置"区间"为 25s，如右图所示。

步骤03 单击选项面板中的"捕获视频"按钮，经过 25s 后，程序将自动停止捕获，在素材库中可显示捕获的视频。

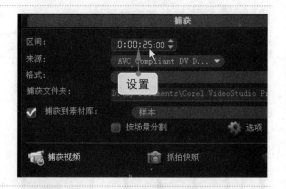

6.3.2 捕获成其他格式

会声会影 X4 可以直接从 DV、模拟或任何视频设备中将视频实时捕获成 MPEG-1 或 MPEG-2 格式。直接捕获成 MPEG 格式可以节省硬盘空间，因为 MPEG 格式的文件要比 AVI 格式的文件小很多。

实 例 步 解 捕获成其他格式

🔘 **视频文件** 光盘\视频文件\第 6 章\6.3.2 捕获成其他格式.mp4

步骤01 进入会声会影 X4 编辑器，切换至"捕获"步骤面板，单击面板中的"格式"选项右侧的下三角按钮，在弹出的下拉列表中选择 DVD 选项，如下图所示。

步骤02 单击选项面板中的"选项"按钮，在弹出的下拉列表中选择"视频属性"选项，如下图所示。

步骤03 弹出"视频属性"对话框，单击"当前的配置文件"选项右侧的下三角按钮，在弹出的下拉列表中可根据需要选择相应的配置文件，如右图所示，单击"确定"按钮。

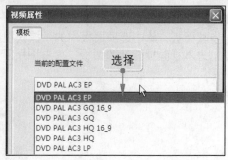

步骤04 单击"捕获视频"按钮，开始捕获视频，捕获至合适位置后，单击"停止捕获"按钮，此时素材库中将显示捕获的视频，如右图所示。

6.3.3　按场景分割捕获

使用会声会影 X4 编辑器的"按场景分割"功能，可以根据日期、时间以及录像带上任何较大的动作变化、相机移动以及亮度变化，自动将视频文件分割成单独的素材，并将其作为不同的素材插入项目中。

实 例 步 解　按场景分割捕获

	视频文件	光盘\视频文件\第 6 章\6.3.3　按场景分割捕获.mp4

步骤01 进入会声会影 X4 编辑器，切换至"捕获"步骤面板，单击面板中的"捕获视频"按钮，在选项面板中选中"按场景分割"复选框，如下图所示。

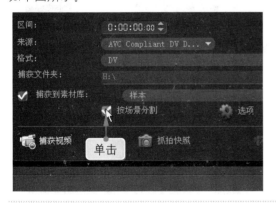

步骤02 单击"捕获视频"按钮，即可开始捕获视频，捕获至合适位置后，单击"停止捕获"按钮，在素材库中即可显示捕获的视频，如下图所示。

6.4　从高清数码摄像机中捕获视频

会声会影 X4 全面支持各种类型的高清摄像机，包括磁带式高清摄像机、AVCHD、MOD、M2TS 和 MTS 等多种文件格式的硬盘高清摄像机。由于高清摄像机可以使用 HDV 和 DV 两种模式拍摄和传输视频，因此，在捕获高清视频之前，需要先对数码摄像机进行以下设置。

6.4.1 **设置高清拍摄模式**

由于 HDV 数码摄像机可以使用 HDV 和 DV 两种模式拍摄影片，因此在拍摄之前首先要把摄像机设置为高清拍摄模式，以保证视频是采用 HDV 模式拍摄的。

步骤01 将高清摄像机的电源开关切换到开启状态，然后将摄像机的模式切换到拍摄模式，如右图所示。

步骤02 轻按摄像机液晶触摸屏上的 P-MENU 按钮，进入拍摄设置菜单，如下图所示。

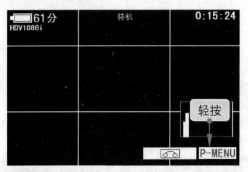

步骤03 轻按拍摄设置菜单中的 MENU 按钮，进入参数选择菜单，如下图所示。

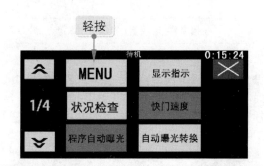

步骤04 选择"基本设定"|"拍摄格式"选项，如下图所示。

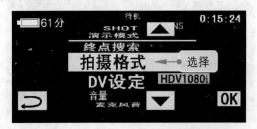

步骤05 在液晶屏幕上轻按 HDV 1080i 按钮，将摄像机设置为高清拍摄模式，如下图所示。

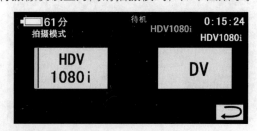

步骤06 设置完成后，轻按液晶屏幕上的"返回"按钮关闭菜单。

6.4.2 **设置 VCR HDV/DV**

在捕获视频之前，需要确保 HDV 摄像机已经切换到 HDV 模式。

步骤01 将高清摄像机的模式设置为 PLAY/ EDIT（播放/编辑）模式，如下图所示。

步骤02 轻按摄像机液晶触摸屏上的 P-MENU 按钮，进入"播放/编辑"设置菜单，如下图所示。

步骤03 选择"基本设定"|VCR HDV/DV 选项，如下图所示。

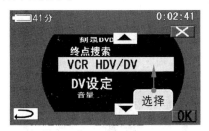

步骤04 轻按 HDV 按钮，完成设置，如下图所示。

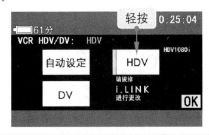

6.4.3　设置 I.link 转换器

设置 I.link 转换器的目的是使高清视频能够正确地通过 IEEE 1394 线传输到计算机中，操作方法如下。

步骤01 将高清摄像机的模式设置为 PLAY/ EDIT（播放/编辑）模式。

步骤02 轻按摄像机液晶触摸屏上的 P-MENU 按钮，进入"播放/编辑"设置菜单。

步骤03 选择"基本设定" | "i.LINK 转换"选项，如下图所示。

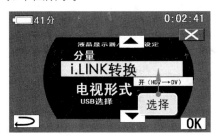

步骤04 轻按"关"按钮，关闭 HDV→DV 的转换，如下图所示。

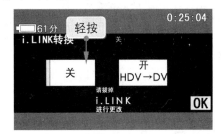

6.4.4　捕获高清视频

各项参数设置完成后，即可按照以下步骤从 HDV 摄像机中捕获视频了。

步骤01 打开摄像机上的 IEEE 1394 接口端盖，找到 IEEE 1394 接口，如下图所示。

步骤02 将 IEEE 1394 连接线的一端插入摄像机上的 1394 接口，如下图所示，另一端插入计算机上 IEEE 1394 卡的接口。

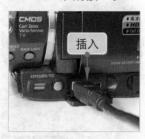

步骤03 打开 HDV 摄像机的电源，切换到"播放/编辑"模式，如下图所示。

步骤04 启动会声会影 X4 编程器，切换到"捕获"步骤面板，然后单击选项面板上的"捕获视频"按钮，如下图所示。

步骤05 此时，会声会影将自动检测到 HDV 摄像机，并在"来源"下拉列表框中显示 HDV 摄像机的型号，如下图所示。

步骤06 单击预览窗口下方的"播放修整后的素材"按钮，在预览窗口中显示需要捕获的起始位置，如下图所示。

步骤07 单击选项面板上的"捕获视频"按钮，从暂停位置的下一帧开始捕获视频，同时在预览窗口中显示当前捕获进度。

步骤08 如果要停止捕获，可以单击"停止捕获"按钮。捕获完成后，被捕获的视频素材出现在操作界面下方的故事板视图上。

6.4.5 高清设备安装疑难解答

　　按照以上步骤设置完成后，有可能会出现以下的问题：计算机提示发现 AV/C Subunit 硬件设备，使用"硬件更新向导"的"自动安装软件"功能无法找到适合的驱动程度，如下页左图所示。同时，在"设备管理器"窗口中也可以看到"其他设备"选项中包含一个黄色的 AV/C Subunit 选项，如下页右图所示。

在这种状态下，会声会影无法找到与计算机连接的 HDV，也就不能从摄像机中捕获视频。这是因为所使用的操作系统为 Windows XP SP1，因此未能提供更为全面的驱动所导致的。在 Windows 系统中的"开始"菜单中选择 Microsoft Update 选项，如右图所示。

从微软的网站上下载并自动更新，如下左图所示。将系统升级到 Windows XP SP2 以后，就可以正确识别 AV/C Subunit 硬件设备，并能正常使用 HDV 了，如下右图所示。

6.5　　捕获模拟视频

如果要将电视、录像带和模拟摄像机等模拟信号源的视频输入到计算机中，就需要在计算机中安装模拟视频捕获设备——视频捕获卡。

6.5.1　通过 S 端子连接视频捕获卡

如果需要从 V8、Hi8 等模拟摄像机中捕获视频，可以将 S 端子传输线的一端与摄像机连接，另一端与视频捕获卡的 S 端子接口连接，如下图所示。

如果需要同步传输声音，可以将音频连接线的一端与视频源的声音输出接口连接，另一端与声卡的 Line in 接口连接，如下图所示。

6.5.2 通过 AV 端子连接视频捕获卡

如果需要从录像机、DVD 播放机和电视等设备中捕获视频，首先将 AV 端子传输线的一端与视频源连接，然后将组合线中的黄色插头插入视频捕获卡的 AV 复合视频输入接口，如下图所示。

由于 AV 端子传输线的黄色插头用于传输视频信号，而白色和红色的插头用于传输左右声道的声音。因此，如果要采集声音，就必须使用转接接头将红色和白色的声音输出插头转接到一个单独的声音输入插头上，然后与声卡的 Line in 接口连接，如下页图所示。

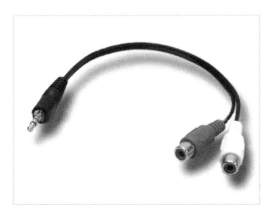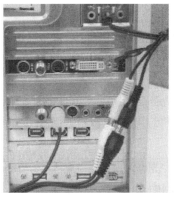

6.5.3　捕获模拟视频

以适当的连接方式将视频源与视频捕获设备连接完成后，并设置好声音属性后，就可以按照以下步骤捕获模拟视频（以视频源为模拟摄像机为例）。

步骤01 打开模拟摄像机的电源，将其设置为播放模式。

步骤02 启动会声会影 X4 编辑器，进入"捕获"步骤面板，单击选项面板上的"捕获视频"按钮进入参数设置界面。

步骤03 根据影片的输出需要，在选项面板的"格式"下拉列表框中选取要捕获文件的格式。

步骤04 通过摄像机的"播放"按钮找到要捕获的视频起始位置。

专家点拨

由于设备之间的通信时差，捕获时可能会发生延时。在捕获之前，最好将录像带向后倒一些，捕获完成后再对素材进行修整。

步骤05 单击选项面板上的"捕获视频"按钮，从当前位置开始捕获视频，同时在预览窗口中显示当前捕获进度。

步骤06 如果要停止捕获，单击"停止捕获"按钮。捕获完成后，被捕获的视频素材出现在操作界面下方的故事板视图上。

6.6　从其他设备中捕获视频

会声会影 X4 可以从 SONY PSP、Apple iPod 以及基于 Windows Mobile 的智能手机、PDA、U 盘等移动设备中导入视频。本节主要介绍从移动设备捕获视频的多种方法。

6.6.1　从 U 盘中捕获视频

在会声会影 X4 中，用户还可以从 U 盘等移动设备中捕获视频素材。下面将介绍如何通过 U 盘捕获视频的方法。

实例步解 从 U 盘中捕获视频

视频文件　　光盘\视频文件\第 6 章\6.6.1　从 U 盘中捕获视频.mp4

步骤01 将移动设备与计算机连接，单击选项面板中的"从移动设备导入"按钮，如下图所示。

步骤02 弹出"从硬盘/外部设备导入媒体文件"对话框，在"设备"列表框中选择需要导入的文件设备，如下图所示。

步骤03 选择该对话框右侧区域的文件，单击"确定"按钮，弹出"导入设置"对话框，如下图所示。

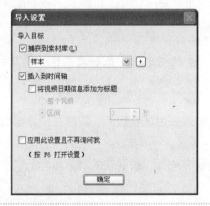

步骤04 单击"确定"按钮，即可将视频文件导入会声会影中，在窗口右上方可以预览视频效果，如下图所示。

专家点拨

在"从硬盘/外部设备导入媒体文件"对话框中，单击"设置"按钮，可以设置浏览文件路径、默认导入/导出路径等选项。

6.6.2　从光盘中捕获视频

会声会影 X4 能够直接识别 VCD 或 DVD 光盘中后缀名为 DAT 的视频文件，因此，用户可以将光盘中的视频文件导入会声会影中。

实 例 步 解　从光盘中捕获视频

步骤01 将 VCD 或 DVD 光盘放入光盘驱动器中，进入会声会影 X4 编辑器，切换至 "捕获" 步骤面板，单击选项面板中的 "从数字媒体导入" 按钮，如下图所示。

步骤02 弹出 "选取 '导入源文件夹'" 对话框，从中选择指定的驱动器，如下图所示。

步骤03 单击 "确定" 按钮，弹出 "从数字媒体导入" 对话框，在该对话框中选择需要的光驱，如下图所示。

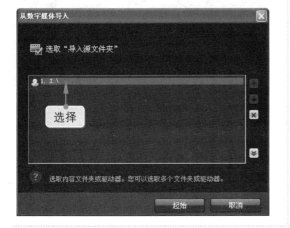

步骤04 单击 "起始" 按钮，程序将自动开始导入视频，导入完成后将显示导入的视频，如下图所示。

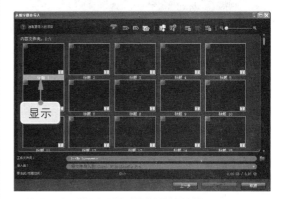

6.6.3 **通过摄像头捕获视频**

　　随着数码产品的迅速普及，现在很多家庭都拥有摄像头，用户可以通过 QQ 或者 MSN 用摄像头和麦克风与好友进行视频交流，也可以使用摄像头实时拍摄并通过会声会影捕获视频。

实 例 步 解 通过摄像头捕获视频

步骤01 将摄像头与计算机连接，并正确安装摄像头驱动程序，如下图所示。

步骤02 启动会声会影 X4 编辑器，进入"捕获"步骤面板，然后单击选项面板上的"捕获视频"按钮，如下图所示。

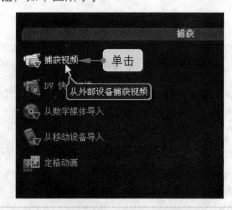

步骤03 在选项面板上显示会声会影找到的摄像头名称，如下图所示。

步骤04 单击"格式"选项右侧的下三角按钮，从弹出的下拉列表中选择保存捕获的视频文件的格式，如下图所示。

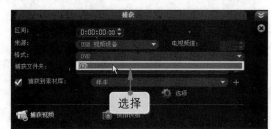

步骤05 单击选项面板上的"开始捕获"按钮，开始捕获摄像头拍摄的视频。如果要停止捕获，单击"停止捕获"按钮。捕获完成后，视频素材被保存到素材库中。

6.7 知识盘点

　　本章全面、详尽地介绍了会声会影 X4 的视频素材捕获，同时对具体的操作技巧、方法进行了认真细致的阐述。通过对本章内容的学习，用户可以熟练地通过不同的素材来源来捕获所需要的视频素材，为用户在进行视频编辑之前打下了良好的基本功。

第 **7** 章　导入与编辑影片素材

学前提示

在会声会影 X4 中，用户可以随心所欲地根据作品的不同，选择不同的素材进行视频编辑。例如，视频素材、音频素材、音乐素材和图像素材等，并对选择好的素材进行修饰和修改，使其组合成一段情节、效果俱佳的影片。

本章内容

- 导入影片素材
- 编辑影片素材
- 制作 4 类特殊效果影片
- 添加摇动和缩放

通过本章的学习，您可以

- 掌握导入影片素材的方法
- 掌握设置素材音量的方法
- 掌握设置素材区间的方法
- 掌握分离视频与音频的方法
- 掌握添加摇动和缩放的方法
- 掌握制作特殊效果影片的方法

视频演示

7.1 导入影片素材

在会声会影 X4 中，除了可以从摄像机中直接捕获视频和图像素材外，也可以在会声会影 X4 的"编辑"步骤面板中添加各种不同类型的素材。将素材添加到素材库后，用户通过素材库可以非常直观地查看和选择素材，也可以方便地将素材库中的文件添加到影片中。因此在编辑影片时，将各种素材添加到素材库中可以方便随时调用。

7.1.1 导入静态图像

在会声会影 X4 中，用户可以将静态图像文件插入至编辑的项目中，将单独的图像进行整合，使其成为一个漂亮的电子相册。

实 例 步 解 导入静态图像

| 素材文件 | 光盘\素材文件\第 7 章\汽车 1.jpg、汽车 2.jpg |
| 视频文件 | 光盘\视频文件\第 7 章\7.1.1　导入静态图像.mp4 |

步骤 01 在故事板视图中单击鼠标右键，在弹出的快捷菜单中选择"插入照片"选项，如下图所示。

步骤 02 弹出"浏览照片"对话框，从中选择需要插入的静态图像（光盘\素材文件\第 7 章\汽车 1.jpg、汽车 2.jpg），如下图所示。

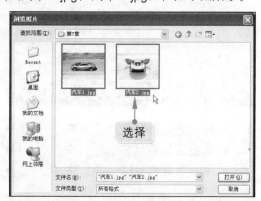

步骤 03 单击"打开"按钮，选择的图像将显示在故事板视图中，如下图所示。

步骤 04 单击导览面板中的"播放修整后的素材"按钮，即可预览插入的图像，如下图所示。

在素材库中可以配合【Ctrl】键选择多个素材，这样就可以在项目时间轴中同时添加多个素材，在项目时间轴中配合【Shift】键可以选择多个连续素材。

　　将图像素材添加到故事板视图中后，可以根据需要设置和调整图像素材的属性，如下左图所示。
　　双击故事板视图中需要调整的图像素材缩略图，此时在"照片"选项卡中显示当前可以调整的图像属性，如下右图所示在预览窗口中显示当前设置后的预览效果。

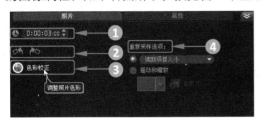 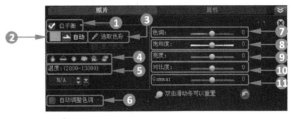

　　"照片"选项卡中的各选项含义如下表所示。

序　号	说　明
①	在"照片"选项卡中调整"区间" 0:00:03:00 中的数值，改变当前图像在影片中的播放时间
②	根据需要单击"照片"选项卡中的 或 按钮以逆时针或者顺时针的方式调整照片的角度
③	单击"色彩校正"按钮 ，在选项面板上调整素材的色调、饱和度、亮度、对比度、Gamma 值以及白平衡等属性，校正图片素材
④	在"重新采样选项"选项组中设置图像重新采样的方法。单击该选项右侧的下三角按钮，在下拉列表中可以选择"保持宽高比"和"调到项目大小"选项

　　照片属性设置选项面板上各选项含义如下表所示。

序　号	名　称	说　明
①	"白平衡"	选中该复选框，可以通过调整选项面板中的参数校正视频的白平衡
②	"自动"	单击 按钮，程序自动分析画面色彩并校正白平衡
③	"选取色彩"	单击 按钮，可以在画面中单击鼠标指定用户所认为应该是白色的位置，然后程序以此为标准进行色彩校正
④	"场景模式"	分别对应钨光、荧光、日光、云彩、阴影和阴暗等场景，单击相应的按钮，将以此为依据进行智能白平衡校正
⑤	"温度"	这里的温度也就是色温。色温是指光波在不同的能量下，人类眼睛所感受到的颜色变化。色温以热力学温度开尔文为单位，其单位符号为 K，将黑色物体加热，随着能量的提高，便会进入可见光的领域。例如，在 2800K 时，发出的色光和灯泡相同，我们便说灯泡的色温是 2800K
⑥	"自动调整色调"	选中该复选框，将由程序自动调整画面的色调
⑦	"色调"	调整画面的颜色。在调整过程中，色彩会根据色相环进行改变
⑧	"饱和度"	调整色彩浓度。向左拖动滑块，色彩浓度降低；向右拖动滑块，色彩变得鲜艳
⑨	"亮度"	调整明暗程度。向左拖动滑块，画面变暗；向右拖动滑块，画面变亮
⑩	"对比度"	调整明暗对比。向左拖动滑块，对比度减小；向右拖动滑块，对比度增强
⑪	Gamma	调整明暗平衡

7.1.2 导入视频素材

　　会声会影 X4 的素材库中提供了各种类型的素材，用户可以直接从中取用。但有时提供的素材并不能满足用户的需求，此时，用户就可以将常用的素材添加至素材库中。

实 例 步 解 导入视频素材

素材文件	光盘\素材文件\第 7 章\冒险.mpg
视频文件	光盘\视频文件\第 7 章\7.1.2　导入视频素材.mp4

步骤01 单击"文件"|"将媒体文件插入到素材库"|"插入视频"命令，如下图所示。

步骤02 弹出"浏览视频"对话框，从中选择需要打开的视频文件（光盘\素材文件\第 7 章\冒险.mpg），单击"打开"按钮，即可将选择的素材文件添加至素材库中，如下图所示。

步骤03 单击导览面板中的"播放修整后的素材"按钮，即可预览添加的视频文件，如下图所示。

专家点拨

添加图像素材的方法与添加视频素材的方法相同，除了素材库外，也可以将硬盘或光盘中的图像文件添加到项目时间轴中。

7.1.3 导入图形素材

　　色彩素材就是单色的背景，通常用于标题和转场中，可以使用黑色素材来产生淡出到黑色的转场效果，这种方式适用于片头或影片的结束位置。将开场字幕放置在色彩素材上，然后使用交叉淡化效果，也可以在影片中创建平滑转场效果。

　　进入会声会影 X4 编辑器，单击"编辑"步骤面板中的"图形"按钮，切换至"图形"选项卡，在素材库中选择需要的色彩，如下左图所示。单击窗口上方的"画廊"按钮，在弹出的下拉列表中选择"对象"选项，如下右图所示。

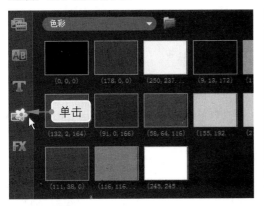 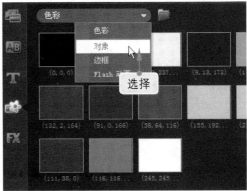

专家点拨

在素材库中选择任意一种颜色后，打开选项面板，单击"色彩选取器"选项左侧的色块，在弹出的下拉列表中选择"Windows 色彩选取器"选项，弹出"颜色"对话框，从中也可以选取用户需要的颜色。

　　单击"画廊"按钮右侧的"添加"按钮■，弹出"浏览图形"对话框，❶选择需要导入的素材图形，❷单击"打开"按钮，如下左图所示，成功导入图形素材，如下右图所示。

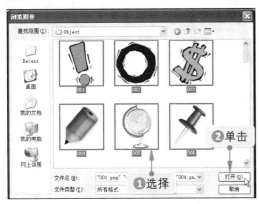 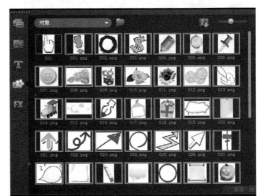

7.1.4 导入 Flash 动画

　　在会声会影 X4 中，用户可以根据需要从素材库或者直接从硬盘上将 Flash 动画添加到影片中。

实 例 步 解 导入 Flash 动画

素材文件	光盘\素材文件\第 7 章\唇彩.swf
效果文件	光盘\效果文件\第 7 章\唇彩.VSP
视频文件	光盘\视频文件\第 7 章\7.1.4 导入 Flash 动画.mp4

步骤01 进入会声会影 X4 编辑器，单击"编辑"步骤面板中的"图形"按钮，切换至"图形"选项卡，单击窗口上方的"画廊"按钮，在弹出的下拉列表中选择"Flash 动画"选项，如下图所示。

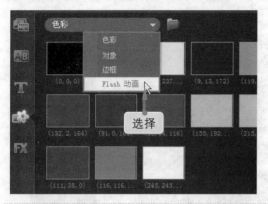

步骤02 单击"画廊"按钮右侧的"添加"按钮，弹出"浏览 Flash 动画"对话框，❶从中选择需要添加的 Flash 文件（光盘\素材文件\第 7 章\唇彩.swf）❷单击"打开"按钮，如下图所示。

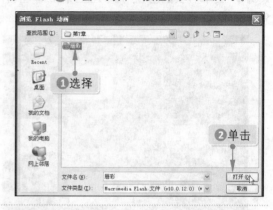

步骤03 成功将 Flash 文件添加到素材库中，如下图所示。

步骤04 选择素材库中插入的 Flash 文件，按住鼠标左键并将其拖至故事板视图中，至合适位置后释放鼠标，即可将 Flash 素材插入到故事板视图中，如下图所示。

步骤05 单击导览面板中的"播放修整后的素材"按钮，即可预览插入的 Flash 文件，如下图所示。

专家点拨

在故事板视图的空白区域中单击鼠标右键，从弹出的快捷菜单中选择"插入视频"命令，在弹出的"打开视频文件"对话框中将"文件类型"设置为"Macromedia Flash 文件"，即可查看并选择要添加的 Flash 动画文件。

7.2　编辑影片素材

在故事板视图中添加视频素材后，有时需要对其进行编辑，以满足影片的需要。例如，更改素材的显示方式，调整素材排列顺序、素材音量以及素材区间等。下面将对这些操作进行详细的介绍。

7.2.1　更改素材显示方式

修整视频素材前，用户最好根据自己的需要将缩略图以不同的方式进行显示，以方便查看和修整。

按【F6】键，弹出"参数选择"对话框，单击"素材显示模式"选项右侧的下三角按钮，在弹出的下拉列表中选择"略图和文件名"选项，如下左图所示。单击"确定"按钮，即可以"略图和文件名"方式显示，如下右图所示。

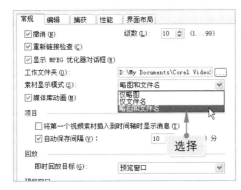

使用同样的方法，设置"素材显示模式"为"仅略图"方式，效果如下左图所示。设置"素材显示模式"为"仅文件名"方式，效果如下右图所示。

7.2.2　调整素材排列顺序

将视频素材和图像素材添加至故事板视图中时，所有的素材都会按照在影片中的播放秩序排列，不过，用户可以自行更改各个素材的排列秩序，以满足影片的需要。

进入会声会影 X4 编辑器，在故事板视图中插入两幅素材图像（光盘\素材文件\第 7 章\小狗 1.jpg、小狗 2.jpg），选择需要移动的素材，按住鼠标左键将其拖曳至第一幅素材的前面，此时鼠标指针呈形状，拖动的位置处将会显示一条竖线，表示素材将要放置的位置，如下页左图所示。释放鼠标左键，选中的素材将会置于鼠标释放的位置处，如下页右图所示。

7.2.3 设置素材音量

在使用会声会影软件进行视频编辑时，为了使视频与画外音、背景音乐相配合，就需要调整视频素材的音量。

实 例 步 解 设置素材音量

素材文件	光盘\素材文件\第 7 章\蜘蛛侠.mpg
视频文件	光盘\视频文件\第 7 章\7.2.3　设置素材音量.mp4

步骤 01 进入会声会影 X4 编辑器，在时间轴视图面板中单击鼠标右键，在弹出的快捷菜单中选择"插入视频"选项，如下图所示。

步骤 02 弹出"打开视频文件"对话框，选择需要打开的视频素材（光盘\素材文件\第 7 章\蜘蛛侠.mpg），单击"打开"按钮，即可添加该视频文件。双击时间轴视图中的素材文件，展开"视频"选项面板，单击"素材音量"选项区右侧的下三角按钮，弹出音量列表，通过拖曳右侧的滑块将音量调节至合适大小，如下图所示。

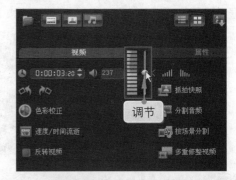

步骤 03 单击导览面板中的"播放修整后的素材"按钮，即可预览视频并聆听音频效果，如下图所示。

7.2.4　设置素材区间

在会声会影 X4 中编辑视频素材时，若需要调整视频的播放速度，可以通过调整视频素材区间使影片中的画面实现快动作或慢动作效果。

在视频轨中单击鼠标右键，在弹出的快捷菜单中选择"插入照片"选项，在弹出的"浏览照片"对话框中选择一幅素材图像（光盘\素材文件\第 7 章\向日葵.jpg），插入至视频轨中，如下左图所示。将光标放置到黄色边框的一侧，向右侧拖曳光标可以增加图像素材区间，如下右图所示；反之，向左侧拖曳边框可以缩短图像素材区间。

除了上述操作方法外，用户也可以在项目时间轴中的图像素材上单击鼠标右键，在弹出的快捷菜单中选择"更改照片区间"选项，如下左图所示。弹出"区间"对话框，在该对话框中设置区间长度即可，如下右图所示。

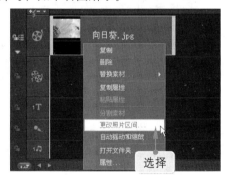

用户还可以双击项目时间轴中的图像素材，展开"照片"选项面板，通过设置"照片区间"微调框中的数值，可以精确地控制区间长度，如下左图所示。单击"设置"|"参数选项"命令，弹出"参数选择"对话框，单击打开"编辑"选项卡，设置"默认照片/色彩区间"参数也可以调整图像素材的默认区间，如下右图所示。此设置方法在制作电子相册或需要输入大量照片素材时非常有用。

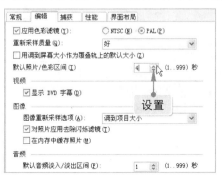

7.2.5 分离视频与音频

在进行视频编辑时，有时需要将一个视频素材的视频部分和音频部分分离，然后替换成其他的音频或者是对音频部分进行进一步的调整。

实例步解 分离视频与音频

素材文件	光盘\素材文件\第 7 章\灾难.mpg
效果文件	光盘\效果文件\第 7 章\灾难.VSP
视频文件	光盘\视频文件\第 7 章\7.2.5　分离视频与音频.mp4

步骤01 将视频素材添加至素材库中（光盘\素材文件\第 7 章\灾难.mpg），然后插入到时间轴视图中，在时间轴视图中选择需要分离的视频素材，包含音频的素材略图左下角显示◀I图标，如下图所示。

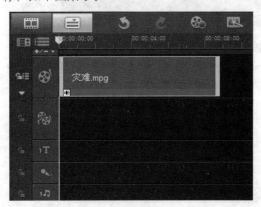

步骤02 打开选项面板，单击"分割音频"按钮，如下图所示。

步骤03 影片中的音频部分将与视频部分分离，并自动添加到声音轨，如下图所示。

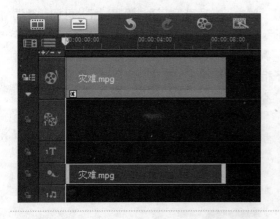

步骤04 此时，素材略图左下角将显示✖图标，表示视频素材中已经不包含声音，选择视频轨中的视频素材，如下图所示。

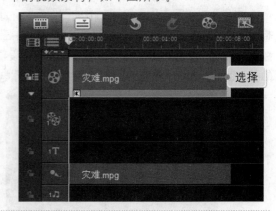

步骤05 单击导览面板中的 "播放修整后的素材" 按钮，预览窗口中将显示视频的画面，但是没有声音，如下左图所示。若选中声音轨中的素材，则只播放视频的声音部分，如下右图所示。

7.3 添加摇动和缩放

摇动与缩放是针对图像而言的，在时间轴视图中添加图像文件后，即可在选项面板中看到该选项。

7.3.1 默认的摇动和缩放

使用会声会影 X4 默认提供的摇动和缩放功能，可以使静态图像产生动态的效果，使制作出来的影片更加生动、形象。

实 | 例 | 步 | 解 默认的摇动和缩放

素材文件	光盘\素材文件\第 7 章\雨后.jpg
效果文件	光盘\效果文件\第 7 章\雨后.VSP
视频文件	光盘\视频文件\第 7 章\7.3.1 默认的摇动和缩放.mp4

步骤01 在故事板视图中插入素材图像（光盘\素材文件\第 7 章\雨后.jpg），如下图所示。

步骤02 打开选项面板，选中 "摇动和缩放" 单选按钮，单击该单选按钮下方的下三角按钮，在弹出的下拉列表中选择需要的样式，如下图所示，双击即可应用该摇动和缩放效果。

步骤 03 单击导览面板中的"播放修整后的素材"按钮，即可预览添加的摇动和缩放效果，如下图所示。

7.3.2 自定义摇动和缩放

除了可以使用预置的摇动和缩放效果外，用户还可以根据需要进行自定义设置。

实 例 步 解 自定义摇动和缩放

素材文件	光盘\素材文件\第 7 章\骏马.jpg
效果文件	光盘\效果文件\第 7 章\骏马.VSP
视频文件	光盘\视频文件\第 7 章\7.3.2　自定义摇动和缩放.mp4

步骤 01 在故事板视图中插入素材图像（光盘\素材文件\第 7 章\骏马.jpg），如下图所示。

步骤 02 双击视频轨中的图像素材，展开"照片"选项面板，设置"照片区间"为 20s，如下图所示。

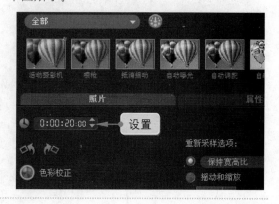

步骤03 选中“摇动和缩放”单选按钮，单击“自定义”按钮，如下图所示。

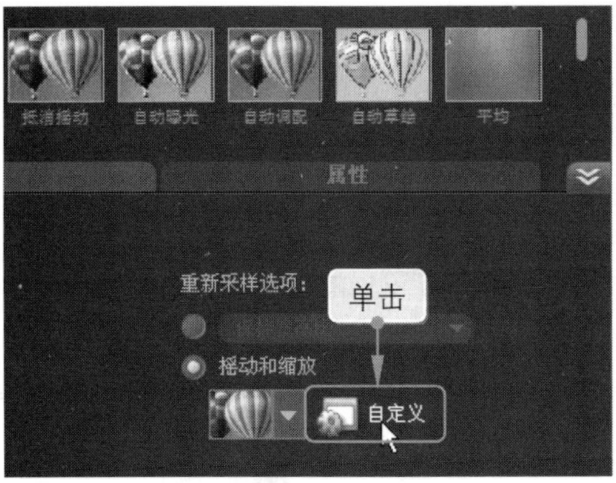

步骤04 ❶在“摇动和缩放”对话框中设置“缩放率”参数为 190，❷在“停靠”选项组中单击左侧中间的按钮，如下图所示。

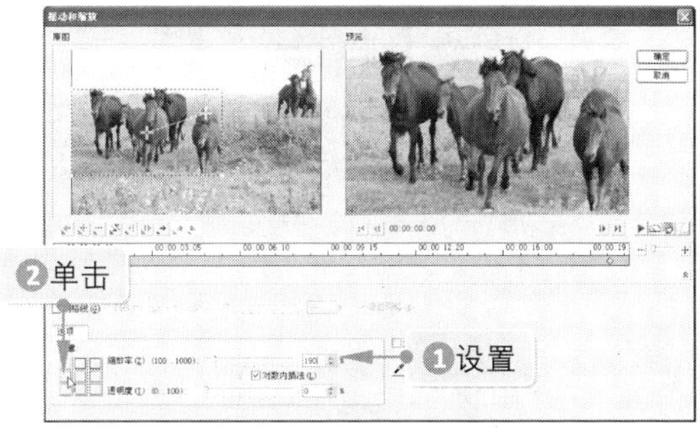

步骤05 ❶将擦洗器拖曳到 10s 的位置，❷单击“添加关键帧”按钮，即可插入一个关键帧，❸设置“缩放率”为 190，❹在“停靠”选项组中单击右侧上方的按钮，如下图所示。

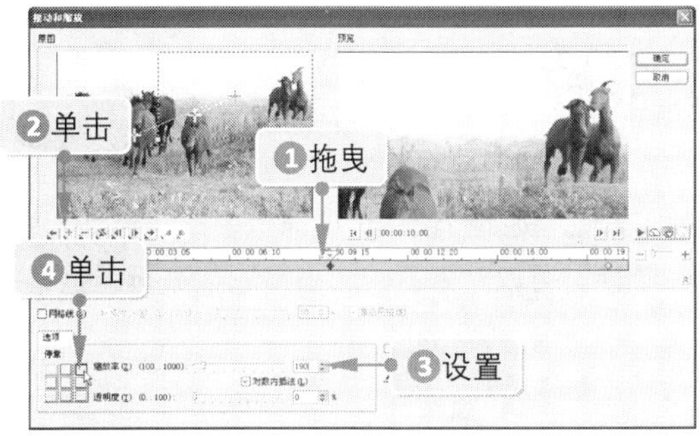

步骤06 在 10s 的关键帧上单击鼠标右键，在弹出的快捷菜单中选择“复制”选项，如下图所示。

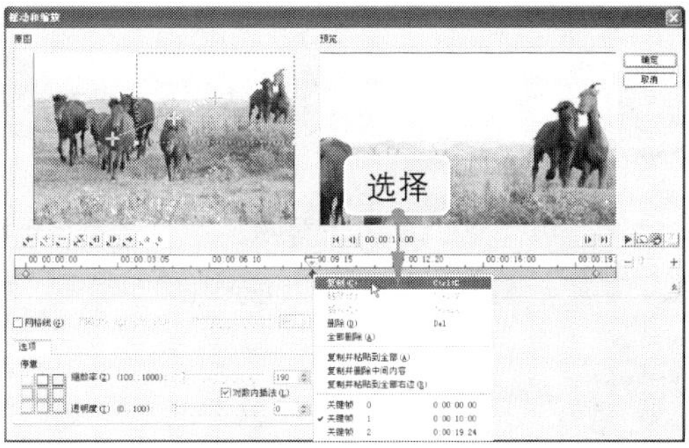

步骤07 选中最后一个关键帧，单击鼠标右键，在弹出的快捷菜单中选择“粘贴”选项，即可粘贴复制的关键帧，如下图所示。

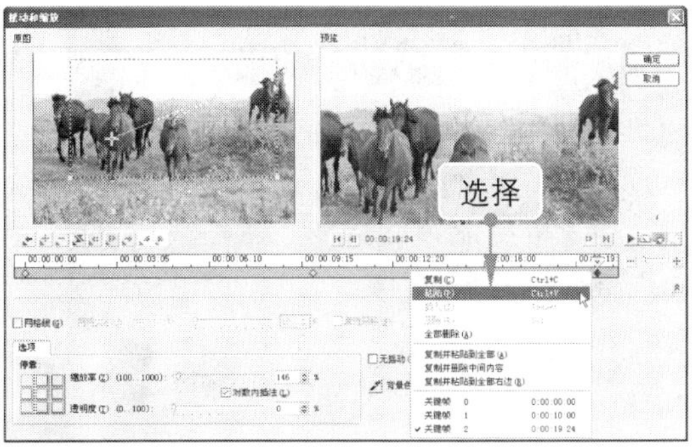

步骤08 ❶设置“缩放率”为 219，❷在“停靠”选项组中单击左侧中间的按钮，❸单击“确定”按钮即可完成设置，如下图所示。

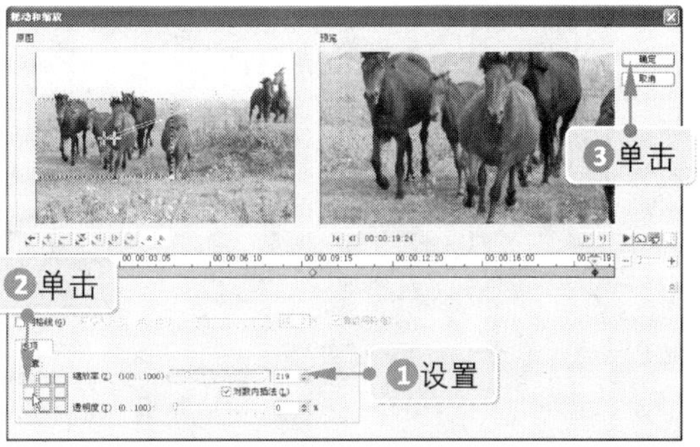

步骤09 单击导览面板中的"播放修整后的素材"按钮，即可预览自定义的摇动和缩放效果，如下图所示。

7.4   制作 4 类特殊效果影片

在会声会影 X4 编辑器中，用户可以为素材制作特殊效果。例如，使用选项面板中的"摇动和缩放"功能，使静态图像产生动态效果；使用"素材变形"功能，可以对素材的大小与形状进行调整等。

7.4.1   图像动态效果

主要功能："摇动和缩放"对话框

在会声会影 X4 中，可以对静止的图像使用选项面板中的"摇动和缩放"功能，使其产生动态效果，如下图所示。

素材文件	光盘\素材文件\第 7 章\烟花.jpg
效果文件	光盘\效果文件\第 7 章\烟花.VSP
视频文件	光盘\视频文件\第 7 章\7.4.1 图像动态效果.mp4

01 进入会声会影 X4 编辑器，在故事板视图中插入素材图像（光盘\素材文件\第 7 章\烟花.jpg），然后选择插入的素材图像，如下图所示。

02 打开选项面板，选中"摇动和缩放"单选按钮，单击该单选按钮下方的下三角按钮，在弹出的下拉列表中选择需要的样式，如下图所示，双击鼠标进行选择。

03 在选项面板中单击"自定义"按钮，弹出"摇动和缩放"对话框，拖曳原图预览区中的矩形框至合适位置，如下图所示。

04 ❶单击"停靠"选项组中的□按钮，设置缩放中心从中心开始，❷设置"缩放率"为 200，❸单击"确定"按钮，如下图所示。

05 单击导览面板中的"播放修整后的素材"按钮，即可在预览窗口中观看画面效果，如下图所示。

专家点拨

在"摇动和缩放"对话框中，还可以在"透明度"右侧的微调框中输入数值，设置图像透明度效果；设置结束帧处于当前编辑状态，然后设置相应缩放值，即可设置图片结束时的缩放效果。

7.4.2 影片反转效果

主要功能："速度/时间流逝"对话框

在电影中经常可以看到物品破碎后又复原的效果，在会声会影 X4 中要制作出这种效果是非常简单的，只要逆向播放一次影片即可。在本例中将通过一段日落视频，以正常速度播放完成后快速逆向播放，再慢动作播放，让观众可以看清每一个动作，如下图所示。

素材文件	光盘\素材文件\第 7 章\日落.mpg
效果文件	光盘\效果文件\第 7 章\日落.VSP
视频文件	光盘\视频文件\第 7 章\7.4.2　影片反转效果.mp4

01 在视频轨中插入视频素材（光盘\素材文件\第 7 章\日落.mpg），单击导览面板中的"播放"按钮，预览视频效果，如下图所示。

02 在视频素材上单击鼠标右键，❶在弹出的快捷菜单中选择"复制"选项，❷粘贴至视频素材后方，重复该操作，得到 3 个相同的视频素材，如下图所示。

03 双击项目时间轴中的第二个视频素材，❶在"视频"面板中选中"反转视频"复选框，❷单击"速度/时间流逝"按钮，如下图所示。

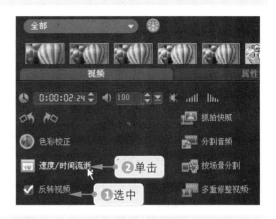

04 在弹出的"速度/时间流逝"对话框中设置"速度"为 200，如下图所示，单击"确定"按钮。

05 在项目时间轴中双击第三段视频素材，在展开的"视频"面板中单击"速度/时间流逝"按钮，在弹出的对话框中设置各选项，如下图所示，单击"确定"按钮。

06 单击导览面板中的"播放修整后的素材"按钮，即可在预览窗口中观看视频反转后的效果，如下图所示。

专家点拨

如果用户不需要对影片进行反转操作，此时只需取消选中"反转视频"复选框即可。

7.4.3 图像变形效果

主要功能：视频区间、调整虚线框

　　使用会声会影 X4 的视频扭曲工具，可以任意倾斜或者扭曲视频素材，变形视频素材配合倾斜或扭曲的重叠画面，使视频应用变得更加自由，如下图所示。

素材文件	光盘\素材文件\第 7 章\仙境.jpg、爆发.mpg
效果文件	光盘\效果文件\第 7 章\爆发.VSP
视频文件	光盘\视频文件\第 7 章\7.4.3　图像变形效果.mp4

01 在视频轨中插入素材图像（光盘\素材文件\第 7 章\仙境.jpg），单击"覆叠轨"按钮，在覆叠轨中单击鼠标右键，在弹出的快捷菜单中选择"插入视频"选项，插入视频素材（光盘\素材文件\第 7 章\爆发.mpg），如下图所示。

02 在项目时间轴中调整图像素材的区间长度，使之与视频素材的区间长度相同，如下图所示。

03 双击覆叠轨中的视频素材，在预览窗口中拖曳黄色节点调整该素材的大小，如下图所示。

04 再调整虚线框四周的绿色节点，通过绿色节点变形素材的形状，如下图所示。

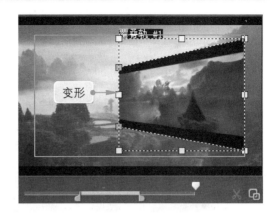

05 单击"轨道管理器"按钮，弹出"轨道管理器"对话框，❶选中"覆叠轨 #2"复选框，❷单击"确定"按钮，如下图所示。

06 选择覆叠轨 1，单击鼠标右键，在弹出的快捷菜单中选择"复制"选项，然后粘贴至覆叠轨 2 中，如下图所示。

07 将覆叠轨 2 中的素材拖曳至合适位置，如下图所示。

08 使用同样的方法变形素材，效果如下图所示。

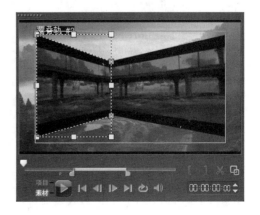

专家点拨

当用户调整好图像的变形效果后，只需在故事板视图中的任意位置单击鼠标，即可确认效果。

09 单击导览面板的"播放修整后的素材"按钮，即可在预览窗口中观看图像变形效果，如下图所示。

专家点拨

视频轨中的素材也可以进行变形操作，双击视频轨中的图像素材，展开"属性"选项面板，选中"变形素材"复选框，如下左图所示。在预览窗口中通过拖曳黄色节点缩放素材，拖曳绿色节点变形素材，如下右图所示。

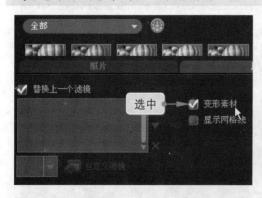

7.4.4　图像变色效果

主要功能："色彩校正"选项面板

会声会影 X4 提供了专业的色彩校正功能，使用这些功能，用户可以很轻松地对过暗或偏色的图像进行校正，也可以将素材调整成具有艺术效果的色彩，如下图所示。

素材文件	光盘\素材文件\第 7 章\茶花.bmp
效果文件	光盘\效果文件\第 7 章\茶花.VSP
视频文件	光盘\视频文件\第 7 章\7.4.4　图像变色效果.mp4

01 在故事板视图中插入素材图像（光盘\素材文件\第 7 章\茶花.bmp），如下图所示，在故事板视图中选择添加的素材图像。

02 打开"照片"选项面板，单击"色彩校正"按钮，展开"色彩校正"选项面板，从中设置各参数，如下图所示。

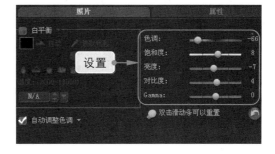

03 此时，即可在预览窗口中观看素材色彩校正后的效果，如下图所示。

04 在色彩校正选项中设置不同的参数，其图像效果各不相同，如下图所示。

7.5　知识盘点

使用会声会影 X4 进行影片编辑时，素材是很重要的一个元素。本章以实例的形式将添加与编辑素材的每一种方法、每一个选项都进行了详细的介绍。

通过对本章内容的学习，用户可以对影片编辑中素材的添加及如何编辑素材有一个很好地掌握，并能熟练地使用各种视频剪辑工具对素材进行剪辑，为后面章节的学习奠定良好的基础。

读书笔记

第**8**章 剪辑与调整视频素材

学前提示

在会声会影 X4 中可以对视频进行相应的剪辑，如用修整栏剪辑视频、按场景来分割视频、多重修整视频素材以及保存修剪后的视频等。在进行视频编辑时，希望用户掌握一些剪辑视频的简易方法，以制作出更为完美、流畅的影片。

本章内容

- ● 运用修整栏剪辑视频
- ● 按场景来分割视频
- ● 视频素材的多重修整
- ● 使用视频特殊剪辑

通过本章的学习，您可以

- ● 掌握运用修整栏剪辑的方法
- ● 掌握按场景分割视频的方法
- ● 掌握多重修整视频的方法
- ● 掌握快速搜索间隔的方法
- ● 掌握标记视频片段的方法
- ● 掌握特殊剪辑视频的方法

视频演示

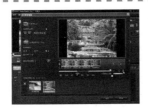

8.1 运用修整栏剪辑视频

修整栏中两个修整拖柄之间的部分代表素材中被选取的部分，通过拖动拖柄可对素材进行修整，且在预览窗口中将显示与拖柄对应的帧画面。修整栏的优点是方便、快捷，缺点是不易精确定位，适合短视频的修整或者剪掉多余的头尾部分，还可直接修整素材库中的视频素材。

8.1.1 标记开始点

在视频素材中标记开始点，就是指定视频的起始播放位置。

实 例 步 解 标记开始点

素材文件	光盘\素材文件\第 8 章\生活篇.mpg
效果文件	光盘\效果文件\第 8 章\生活篇.VSP
视频文件	光盘\视频文件\第 8 章\8.1.1　标记开始点.mp4

步骤 01 在故事板视图中插入视频素材（光盘\素材文件\第 8 章\生活篇.mpg），将鼠标移至修整栏的起始修整标记上，如下图所示。

步骤 02 按住鼠标左键不放并向右拖曳，至合适位置后释放鼠标，如下图所示。

专家点拨

通过以下两种方法，也可以标记素材的开始点。

➤ 在预览窗口下方，将鼠标移至飞梭栏上，按住鼠标左键不放并向右拖曳擦洗器，至合适位置后释放鼠标，然后单击预览窗口右侧的"开始标记"按钮[，也可以设置视频素材的开始播放位置。

➤ 在故事板视图中选择需要剪辑的视频素材，打开选项面板，在"视频区间"文本框中输入需要开始标记视频素材的开始区间即可。

执行以上两种方法中的任意一种，均可标记视频素材的开始播放位置。

步骤03 单击"播放修整后的素材"按钮，即可从指定的起始位置开始播放视频，如下图所示。

8.1.2 标记结束点

标记结束点即指定视频素材播放的终点。

实 例 步 解 **标记结束点**

素材文件	光盘\素材文件\第 8 章\雨后.mpg
效果文件	光盘\效果文件\第 8 章\雨后.VSP
视频文件	光盘\视频文件\第 8 章\8.1.2　标记结束点.mp4

步骤01 在故事板视图中插入视频素材（光盘\素材文件\第 8 章\雨后.mpg），将鼠标移至修整栏的结束修整标记上，如下图所示。

步骤02 按住鼠标左键不放并向左拖曳，至合适位置后释放鼠标，如下图所示。

专家点拨

当用户设置好素材的开始标记点后，此时将鼠标移至飞梭栏上，按住鼠标左键不放并向右拖曳擦洗器，至合适位置后释放鼠标，然后单击预览窗口右侧的"结束标记"按钮，也可以设置视频素材的结束点。

步骤 03 单击"播放修整后的素材"按钮，即可预览修整后的视频素材，如下图所示。

8.2 剪辑影片素材

会声会影 X4 作为一款视频编辑软件，其最基本的功能就是对视频进行剪辑或合成。下面将讲述剪辑影片与保存剪辑影片的方法。

8.2.1 将素材分割为两半

使用飞梭栏和导览面板剪辑视频素材是一种直观而精确的剪辑方法，使用这种方式可以非常方便地使剪辑的精确度精确到帧。

实 例 步 解 标记开始点

素材文件	光盘\素材文件\第 8 章\花满天.mpg
效果文件	光盘\效果文件\第 8 章\花满天.VSP

步骤 01 在故事板视图中插入视频素材（光盘\素材文件\第 8 章\花满天.mpg），如下图所示。

步骤 02 ❶拖曳飞梭栏上的擦洗器至需要分割的位置，❷然后单击"上一帧"按钮◀❙和"下一帧"按钮❙▶进行精确定位，如下图所示。

步骤03 单击预览窗口下方的"分割素材"按钮 ✂，如下图所示。

步骤04 此时，该视频素材从当前位置分割成两个素材，如下图所示。

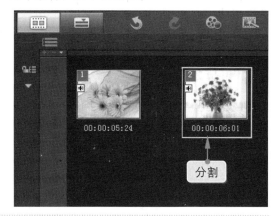

8.2.2 去除中间多余部分

在视频剪辑时，最常见的视频剪辑包括去除中间多余部分和去除头尾多余部分。下面将介绍视频剪辑的具体操作。

实例步解 去除中间多余部分

素材文件	光盘\素材文件\第 8 章\仙境.mpg	
效果文件	光盘\效果文件\第 8 章\仙境.VSP	
视频文件	光盘\视频文件\第 8 章\8.2.2 去除中间多余部分.mp4	

步骤01 在故事板视图中插入视频素材（光盘\素材文件\第 8 章\仙境.mpg），如下图所示。

步骤02 ❶拖曳飞梭栏上的擦洗器需要分割的位置，❷然后单击"上一帧"按钮 ◀ 和"下一帧"按钮 ▶ 进行精确定位，如下图所示。

步骤 03 单击预览窗口下方的"分割素材"按钮 ✂，将视频素材从当前位置分割成两个素材，如下图所示。

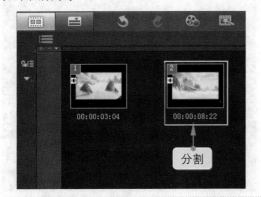

步骤 04 选择分割后的第二段视频素材，参照上述操作方法，再次定位分割点，如下图所示。

专家点拨

修整视频后，在预览窗口下方可以看到飞梭栏上以蓝色显示保留的视频区域，以深灰色表示被剪辑掉的视频区域。这时可以通过拖动修整栏上的 和 滑块，重新定位开始位置和结束位置，甚至可以恢复到修整前的状态。保存修整后的视频，新文件则无法增大区间并恢复到修整前的状态，从而避免因误操作而改变了精心剪辑的影片。

步骤 05 单击预览窗口下方的"分割素材"按钮 ✂，将视频素材从当前位置分割成两个素材，如下图所示。

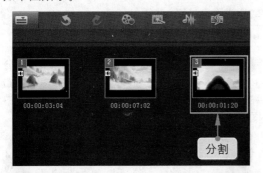

步骤 06 在故事板视图中选中中间部分不需要的视频片断，按【Delete】键将不需要的部分删除，如下图所示。

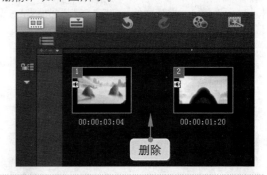

步骤 07 单击导览面板中的"播放修整后的素材"按钮，即可预览剪辑后的视频素材。

8.2.3　保存剪辑后的视频

使用上述方法修整影片后，并没有真正地将所修整的部分减去。只有在最后的"分享"步骤中，通过创建视频文件才会去除所标记不需要的部分，在此之前，可以随时调整修整位置。如果已经确认不需要再对影片进行调整，为了避免由于误操作而改变了精心修剪的影片，就需要将修整后的影片单独保存，具体操作步骤如下。

使用 8.2.2 小节介绍的任意一种方法修整影片，然后单击时间轴上修整后的视频素材，使其处于选中状态。单击"文件"|"保存修整后的视频"命令，如下左图所示，程序将渲染素材并将修整后的视频素材保存在素材库中，如下右图所示。

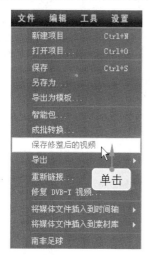

8.3　按场景来分割视频

使用"按场景分割"功能，可以将不同场景下拍摄的视频捕获成不同的文件。

对于不同类型的文件，场景检测的结果有所不同，如果是 DV AVI 文件，场景检测的方式有两种，分别介绍如下。

- ➢ 录制时间：根据不同的录制时间来分割视频文件。
- ➢ 内容结构：根据录制的内容来分割视频，如移动、切换、灯光的改变等。

8.3.1　在素材库中分割场景

如果在捕获过程中没有启用"按场景分割"功能，用户可以根据自己的需要在"编辑"步骤中分割场景。

实 例 步 解　在素材库中分割场景

素材文件　光盘\素材文件\第 8 章\接电话.mpg

步骤 01 单击"文件"|"将媒体文件插入到素材库"|"插入视频"命令，如下图所示。

步骤 02 弹出"浏览视频"对话框，从中选择需要插入的视频，单击"打开"按钮即可将视频素材（光盘\素材文件\第 8 章\接电话.mpg）插入到素材库，如下图所示。

步骤 03 在素材缩略图上单击鼠标右键，在弹出的快捷菜单中选择"按场景分割"选项，如下图所示。

步骤 04 弹出"场景"对话框，❶设置"扫描方法"为"帧内容"，❷单击"扫描"按钮，如下图所示。

步骤 05 程序开始检测视频素材，并根据每一帧的动作变化、相机移动和亮度变化等属性分割场景，如下图所示。

步骤 06 扫描完成后，单击"确定"按钮，原先的一个视频素材按照场景拆分成多个视频素材并添加到素材库中，如下图所示。这样，就可以方便地选择所需要的视频片段并添加到视频轨上。

8.3.2　在故事板视图中分割场景

如果视频为 MPEG-1 或 MPEG-2 文件时，则只能使用第二种方式来分割视频文件。

实 例 步 解　在故事板视图中分割场景

素材文件	光盘\素材文件\第 8 章\猫与狗.mpg
效果文件	光盘\效果文件\第 8 章\猫与狗.VSP

步骤01 在故事板视图中插入视频素材（光盘\素材文件\第 8 章\猫与狗.mpg），选择需要分割的视频文件，如下图所示。

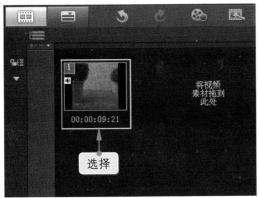

步骤02 单击鼠标右键，在弹出的快捷菜单中选择"按场景分割"选项，如下图所示。

步骤03 弹出"场景"对话框，❶单击"选项"按钮，弹出"场景扫描敏感度"对话框，❷设置"敏感度"为 20，如下图所示，单击"确定"按钮返回"场景"对话框。

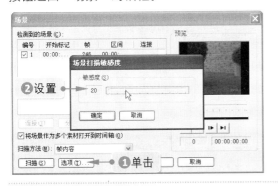

步骤04 单击"扫描"按钮，即可根据视频中的场景变化开始扫描，扫描结束后将按照编号显示出分割的视频片段，如下图所示。

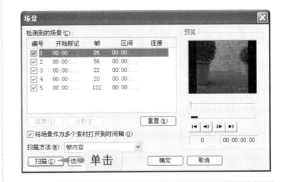

专家点拨

在"场景扫描敏感度"对话框中，通过拖曳"敏感度"选项组中的滑块，也可设置敏感度的值。敏感度数值越高，场景检测越精确。

步骤05 ❶选中"编号 4"片段，❷单击"连接"按钮，即可与前一个片段合并到一起，如下图所示。

步骤06 单击"确定"按钮，开始分割视频，切换至时间轴视图，可以看到视频根据扫描的结果被分割成 4 个部分，如下图所示。

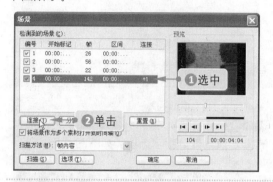

将视频按场景分割后，单击"连接"按钮，可以将分割的视频与上一段视频合并。单击"分割"按钮可以将合并的片段再次分割。

8.4 视频素材的多重修整

用户如果需要从一段视频中间一次修整出多段片段，可使用"多重修整视频"功能。该功能相对于"按场景分割"功能而言更为灵活，用户还可以在已经标记了起始和终点的修整素材上进行更为精细的修整。

8.4.1 多重修整视频

多重修整视频操作之前，首先需要打开"多重修整视频"对话框，其方法很简单，只需在选项面板中单击相应的按钮即可。

将视频素材（光盘\素材文件\第 8 章\世界杯.mpg）添加至素材库中，然后将素材拖曳至故事板视图中，在视频素材上单击鼠标右键，在弹出的快捷菜单中选择"多重修整视频"选项，如下左图所示。弹出"多重修整视频"对话框，拖曳擦洗器，即可预览视频，如下右图所示。

8.4.2　快速搜索间隔

在"多重修整视频"对话框中，设置"快速搜索间隔"为 1s，单击"向前搜索"按钮，即可快速搜索间隔，如下图所示。

8.4.3　标记视频片段

在"多重修整视频"对话框中，进行相应的设置，可以标记视频片段的起点和终点，以修剪视频素材。

在"多重修整视频"对话框中，❶将擦洗器拖曳至合适位置后，❷单击"设置开始标记"按钮，如下左图所示，确定视频的起始点。

❶单击预览窗口下方的"播放"按钮，查看视频素材，至合适位置后单击"暂停"按钮，❷单击"设置结束标记"按钮，确定视频的终点位置，❸此时选定的区间即可显示在对话框下方的列表框中，完成标记第一个修整片段起点和终点的操作，如下右图所示。

专家点拨

在"多重修整视频"对话框中，标记的多个片段是以个体的形式单独存在的。

单击"确定"按钮，返回会声会影操作界面，单击"播放修整后的素材"按钮，即可预览标记视频片段后的效果，如下页图所示。

单击"文件"|"保存修整后的视频"命令，可以将修整剪切处理后的视频保存到素材库中。

8.4.4　删除所选素材

在"多重修整视频"对话框中，❶将擦洗器拖曳至合适位置后，❷单击"设置开始标记"按钮[，然后单击预览窗口下方的"播放"按钮，查看视频素材，至合适位置后单击"暂停"按钮，单击"设置结束标记"按钮]，确定视频的终点位置，此时选定的区间即可显示在对话框下方的列表框中，❸单击"修整的视频区间"选项组中的"删除所选素材"按钮，如下左图所示，即可删除所选素材片段，如下右图所示。

在"多重修整视频"对话框中，若不需要新设定某个区间的素材，可在对话框下方的列表框中选择该素材，然后单击左侧的"删除所选素材"按钮，即可将选择的素材删除。

8.4.5　更多修整片段

在"多重修整视频"对话框中，用户可以根据需要标记更多的修整片段，标记出来的片段将以蓝色显示在修整栏上。

实例步解 更多修整片段

素材文件	光盘\素材文件\第 8 章\流水瀑布.mpg
效果文件	光盘\效果文件\第 8 章\流水瀑布.VSP
视频文件	光盘\视频文件\第 8 章\8.4.5　更多修整片段.mp4

步骤01 将视频素材 (光盘\素材文件\第 8 章\流水瀑布.mpg) 插入到故事板视图中, 双击插入的视频素材, 在 "视频" 选项面板中单击 "多重修整视频" 按钮, 如下图所示。

步骤02 弹出 "多重修整视频" 对话框, 单击 "设置开始标记" 按钮, 如下图所示。

步骤03 单击 "播放" 按钮, 播放至合适位置后, ❶单击 "暂停" 按钮, ❷单击 "设置结束标记" 按钮, ❸选定的区间将显示在对话框下方的列表框中, 如下图所示。

步骤04 单击预览窗口下方的 "播放" 按钮, 查找下一个区间的起始位置, 至适当位置后, ❶单击 "暂停" 按钮, ❷然后单击 "设置开始标记" 按钮, 标记素材开始位置; 单击 "播放" 按钮, 查找区间的结束位置, 至合适位置后单击 "暂停" 按钮, 然后单击 "设置结束标记" 按钮, 确定素材结束位置, 如下图所示。

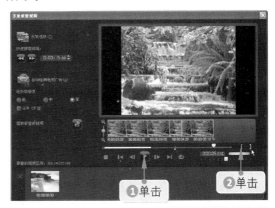

步骤05 此时，在"修整的视频区间"列表框中将显示选定的区间，如下图所示。

步骤06 单击"确定"按钮，返回会声会影操作界面，在故事板视图中显示选定的两个区间，如下图所示。

显示

显示

步骤07 单击导览面板中的"播放修整后的素材"按钮，即可预览修整多个片段后的视频效果，如右图所示。

8.4.6 精确标记片段

下面向用户介绍具体精确标记修整片段起点和终点的方法。

实 例 步 解 精确标记片段

素材文件	光盘\素材文件\第8章\蝴蝶飞舞.mpg
效果文件	光盘\效果文件\第8章\蝴蝶飞舞.VSP
视频文件	光盘\视频文件\第8章\8.4.6　精确标记片段.mp4

步骤01 将视频素材（光盘\素材文件\第8章\蝴蝶飞舞.mpg）添加至素材库中，然后插入到故事板视图中，双击插入的视频素材，单击"视频"选项面板中的"多重修整视频"按钮，弹出"多重修整视频"对话框，单击"设置开始标记"按钮，确定视频的起始点，如右图所示。

单击

步骤02 在"转到特定的时间码"文本框中，输入"0:00:03:00"，如右图所示。

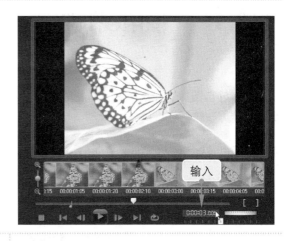

步骤03 ❶单击"设置结束标记"按钮，❷选定的区间将显示在"修整的视频区间"列表框中，如下图所示。

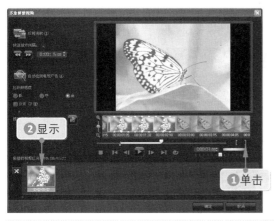

步骤04 单击"确定"按钮，返回会声会影操作界面，在故事板视图中将显示被剪辑后的片段，如下图所示。

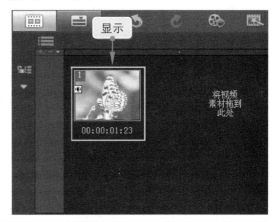

步骤05 单击导览面板中的"播放修整后的素材"按钮，即可预览选定区间的视频效果，如下图所示。

专家点拨

在故事板视图中选择需要保存到素材库的视频素材，单击鼠标右键，在弹出的快捷菜单中选择"复制"选项，然后将鼠标移至素材库的空白处，单击鼠标右键，在弹出的快捷菜单中选择"粘贴"选项，即可将选择的视频素材保存到素材库中。

8.5 　使用视频特殊剪辑

　　在会声会影 X4 中，用户还可以使用一些特殊的视频剪辑方法对视频素材进行剪辑，如从视频中截取静态图像、使用区间剪辑视频素材以及在时间轴面板中剪辑视频等。本节将详细对这些视频特殊剪辑进行详细的介绍。

8.5.1 　从视频中截取静态图像

实 例 步 解 从视频中截取静态图像

素材文件	光盘\素材文件\第 8 章\篮球赛.mpg
视频文件	光盘\视频文件\第 8 章\8.5.1　从视频中截取静态图像.mp4

步骤01 在故事板视图中选择需要保存为静态图像的视频素材（光盘\素材文件\第 8 章\篮球赛.mpg），单击"播放"按钮，即可播放视频素材，如下图所示。

步骤02 打开选项面板，单击"抓拍快照"按钮，如下左图所示，即可在视频文件中截取静态图像，截取的图像自动存储在素材库中，如下右图所示。

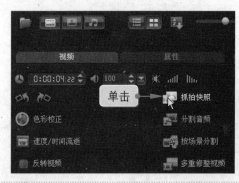

专家点拨

在会声会影 X4 中，对于视频素材中截取的图像保存在素材库中后，可以作为一般的图像素材使用。

8.5.2　使用区间剪辑视频素材

使用区间剪辑视频素材可以精确控制片段的播放时间，但其只能从视频的尾部进行剪辑，若对整个影片的播放时间有严格的限制，可使用区间修整的方式来剪辑各个视频素材片段。

实 例 步 解　使用区间剪辑视频素材

素材文件	光盘\素材文件\第 8 章\花饰.mpg
效果文件	光盘\效果文件\第 8 章\花饰.VSP
视频文件	光盘\视频文件\第 8 章\8.5.2　使用区间剪辑视频素材.mp4

步骤 01　在故事板视图中选择需要剪辑的视频素材（光盘\素材文件\第 8 章\花饰.mpg），打开选项面板，在"视频区间"文本框中输入 0：00：04：00，如下图所示。

步骤 02　设置完成后，视频素材剪辑后的时间为 4s，如下图所示。

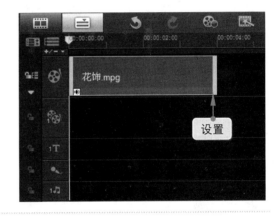

步骤 03　单击导览面板中的"播放修整后的素材"按钮，即可预览剪辑后的视频效果，如下图所示。

8.5.3　在时间轴面板中剪辑视频

在时间轴面板中剪辑视频素材，需要先将视图模式切换至时间轴视图。

实 例 步 解 在时间轴面板中剪辑视频

素材文件	光盘\素材文件\第 8 章\绘画春天.mpg
效果文件	光盘\效果文件\第 8 章\绘画春天.VSP
视频文件	光盘\视频文件\第 8 章\8.5.3　在时间轴面板中剪辑视频.mp4

步骤 01 切换至时间轴视图，然后在视频轨中插入视频素材（光盘\素材文件\第 8 章\绘画春天.mpg），如下图所示。

步骤 02 将鼠标移至时间轴上方的滑块上，当鼠标呈双向箭头形状时，如下图所示，按住鼠标左键不放并向右拖曳，至合适位置后释放鼠标。

步骤 03 单击修整栏中的"开始标记"按钮，在时间轴上方会显示一条橘红色线，如下图所示。

步骤 04 再次将鼠标移至时间轴上方的滑块上，按住鼠标左键不放并向右拖曳，至合适位置后释放鼠标，单击修整栏中的"结束标记"按钮，即可在时间轴中选定区域，如下图所示。

步骤 05 单击导览面板中的"播放修整后的素材"按钮，即可预览剪辑后的视频素材效果，如下图所示。

8.6　知识盘点

　　本章详细地向用户介绍了剪辑与修整视频的多种操作方法，包括使用修整栏修整视频、按场景分割视频、多重修整视频素材、保存修剪后的视频以及使用视频特殊剪辑等。

　　通过对本章内容的学习，用户应该对视频剪辑与修整有一个很好的掌握，能熟练编辑各种影视素材，操作时达到举一反三的效果。

读书笔记

第9章 制作影片转场效果

学前提示

每一个非线性编辑软件都很重视视频转场效果的设计。会声会影 X4 提供了 16 类转场效果，除了经典的转场效果外，许多新添加的转场效果都是非常炫目的。转场效果是吸引用户和观众最直接的方法之一。从心理学角度来讲，人都是喜欢华丽内容的，而炫目的转场效果更能让用户体会到高品质的感觉。

本章内容

- 转场效果简介
- 编辑转场效果
- 转场效果精彩应用 10 例

- 设置转场属性
- 添加单色转场

通过本章的学习，您可以

- 掌握添加转场效果的方法
- 掌握删除转场效果的方法
- 掌握替换转场效果的方法

- 掌握调整转场时间的方法
- 掌握添加单色转场的方法
- 掌握精彩覆叠效果的制作

视频演示

9.1 认识转场效果

镜头之间的过渡或者素材之间的转换称为转场, 会声会影 X4 为用户提供了 16 类 100 多种转场效果, 如下图所示, 运用这些转场效果, 可以让素材之间的过渡更加完美, 从而制作出绚丽多彩的视频作品。

9.1.1 转场效果简介

在视频编辑工作中, 素材与素材之间的连接称为切换。最常用的切换方法就是一个素材与另一个素材紧密连接, 使素材自然过渡, 这种方法称为 "硬切换"; 另一种方法称为 "软切换", 它通过使用一些特殊的效果, 在素材与素材之间产生自然、流畅和平滑的过渡, 如下图所示。

专家点拨

若转场效果运用得当, 可以增加影片的观赏性和流畅性, 从而提高影片的艺术档次。相反, 若运用不当, 有时会让观众产生错觉, 或者产生画蛇添足的效果, 将大大降低影片的观赏价值。

9.1.2 "转场"选项面板

在"转场"选项面板中，各选项主要用于编辑视频转场效果，可以调整各转场效果的区间长度，设置转场的边框效果、边框色彩以及柔化边缘等属性，如下图所示。

在该选项面板中，各主要选项的具体含义如下表所示。

序 号	名 称	说 明
①	"照片区间"数值框 ` 0:00:01:00`	该数值框用于调整转场播放时间的长度，显示当前播放所选转场所需的时间，时间码上的数字代表"小时:分钟:秒:帧"，单击其右侧的微调按钮，可以调整数值的大小，也可以单击时间码上的数字，待数字处于闪烁状态时，输入新的数字后按【Enter】键确认，即可改变原来视频转场的播放时间长度
②	"边框"数值框	在"边框"右侧的数值框中，用户可以输入相应的数值来改变边框的宽度，也可以单击其右侧的微调按钮，调整数值的大小
③	"色彩"色块	单击"色彩"右侧的色块，在弹出的颜色面板中，用户可以根据需要改变转场边框的颜色
④	"柔化边缘"按钮	该选项右侧有 4 个按钮，代表转场的 4 种柔化边缘程度，用户可以根据需要单击相应的按钮，设置相应的柔化边缘效果
⑤	"方向"按钮	单击"方向"选项组中的按钮，可以决定转场效果的播放方向

9.2 编辑转场效果

图像或视频片段之间若直接切换，会显得比较生硬，若插入转场效果，则会使图像或视频过渡自然流畅。下面具体向用户介绍转场效果的基本应用。

9.2.1 手动添加转场

在项目中手动添加转场与在素材库中添加素材的操作非常相似，因此，可以将转场当做一种特殊的视频素材。

实 例 步 解 **手动添加转场**

素材文件	光盘\素材文件\第 9 章\春 1.jpg、春 2.jpg
效果文件	光盘\效果文件\第 9 章\春.VSP
视频文件	光盘\视频文件\第 9 章\9.2.1　手动添加转场.mp4

步骤01 在故事板视图中单击鼠标右键，在弹出的快捷菜单中选择"插入照片"选项，弹出"浏览照片"对话框，选择所需的图像素材（光盘\素材文件\第9章\春1.jpg、春2.jpg），单击"打开"按钮，即可添加两个图像素材至故事板视图中，如下图所示。

步骤02 切换至"转场"选项卡，单击素材库上方的"画廊"按钮，在弹出的下拉列表中选择"过滤"选项，如下图所示。

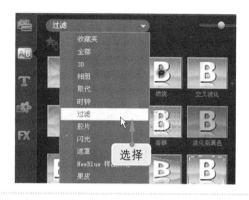

步骤03 在"过滤"素材库中选择"交叉淡化"转场效果，如下图所示。

步骤04 按住鼠标左键不放并将其拖曳至故事板视图中的两幅素材图像之间，如下图所示。

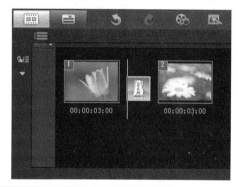

专家点拨

由于转场效果是用于素材之间的过渡，因此必须将转场添加到两个素材之间。

步骤05 单击导览面板中的"播放修整后的素材"按钮，即可预览添加的转场效果，如下图所示。

9.2.2　自动添加转场

当用户需要将大量的静态图像制作成视频相册时，在照片之间加入转场效果会更加动人，此时自动加入转场效果最为方便。

实 例 步 解 自动添加转场

素材文件	光盘\素材文件\第 9 章\夏花 1.jpg、夏花 2.jpg
效果文件	光盘\效果文件\第 9 章\夏花.VSP
视频文件	光盘\视频文件\第 9 章\9.2.2　自动添加转场.mp4

步骤01 启动会声会影 X4 应用程序，单击"设置"|"参数选择"命令，弹出"参数选择"对话框，打开"编辑"选项卡，如下图所示。

步骤02 ❶选中"自动添加转场效果"复选框，❷在"默认转场效果"下拉列表中选择"随机"或其他选项，如下图所示，单击"确定"按钮。

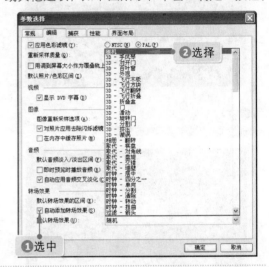

在"编辑"选项卡中，用户还可根据需要设置默认转场效果的样式。在故事板视图中插入两幅素材图像（光盘\素材文件\第 9 章\夏花 1.jpg、夏花 2.jpg），成功添加素材后，转场效果也将自动添加，单击"播放修整后的素材"按钮，即可预览自动添加的转场效果，如下图所示。

专家点拨

使用默认的转场效果主要用于帮助初学者快速且方便地添加转场效果，若要灵活地控制转场效果，则需取消选中"参数选择"对话框中"编辑"选项卡下的"自动添加转场效果"复选框，以便手动添加转场。

9.2.3　应用当前效果

单击"对视频轨应用当前效果"按钮，程序将把当前选中的转场效果应用到当前项目的所有素材之间。

在故事板视图中插入三幅素材图像（光盘\素材文件\第 9 章\荷花 1.jpg、荷花 2.jpg、荷花 3.jpg），并切换至"转场"选项卡，单击素材库上方的"画廊"按钮，在弹出的下拉列表中选择"过滤"选项，打开"过滤"素材库，从中选择"虹膜"转场效果，如下左图所示。单击"对视频轨应用当前效果"按钮，如下右图所示，各素材图像之间即可添加"虹膜"转场效果。

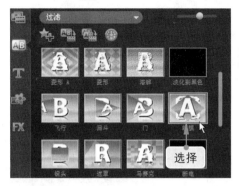

单击导览面板中的"播放修整后的素材"按钮，即可预览添加的转场效果，如下图所示。

9.2.4　应用随机效果

将随机效果应用于整个项目时，程序将随机挑选转场效果，并应用到当前项目的素材之间。

在故事板视图中插入三幅素材图像（光盘\素材文件\第 9 章\夕阳 1.jpg、夕阳 2.jpg、夕阳 3.jpg），单击素材库右上角的"对视频轨应用随机效果"按钮，即可在素材图像之间添加随机转场效果。单击导览面板中的"播放修整后的素材"按钮，即可预览素材图像之间随机添加的转场效果，如下页图所示。

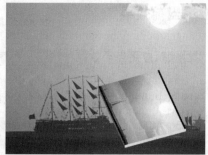

若项目之间已经添加转场效果，再应用随机效果，则会弹出信息提示对话框，如右图所示。若要替换原有的转场效果，单击"是"按钮即可；若要保留原有转场效果，单击"否"按钮，则保留原先的转场效果，并在其他素材之间添加选择的转场效果。

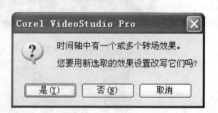

9.2.5　移动转场效果

若用户需要调整转场效果的位置，则可以先选择需要移动的转场效果，然后将其拖曳至合适位置。

实 例 步 解　移动转场效果

素材文件	光盘\素材文件\第 9 章\红花 1.jpg、红花 2.jpg、红花 3.jpg
效果文件	光盘\效果文件\第 9 章\红花.VSP
视频文件	光盘\视频文件\第 9 章\9.2.5　移动转场效果.mp4

步骤01 在故事板视图中插入三幅素材图像（光盘\素材文件\第 9 章\红花 1.jpg、红花 2.jpg、红花 3.jpg），切换至"转场"选项卡，单击素材库上方的"画廊"按钮，在弹出的下拉列表中选择"推动"选项，选择"网孔"转场效果，按住鼠标左键不放并将其拖曳至故事板视图中的两幅素材图像之间，如右图所示。

步骤 02 在故事板视图中，选择第一幅和第二幅素材之间的转场效果，按住鼠标左键不放并将其拖曳至第二幅和第三幅素材之间，释放鼠标，即可移动转场效果，如右图所示。

步骤 03 单击导览面板中的"播放修整后的素材"按钮，即可预览移动转场后的效果，如下图所示。

9.2.6 替换转场效果

在会声会影的素材之间添加转场效果后，用户还可根据需要对转场效果进行替换，直至找到合适的转场效果。

在故事板视图中插入两幅素材图像（光盘\素材文件\第 9 章\烟花 1.jpg、烟花 2.jpg），切换至"转场"选项卡，单击素材库上方的"画廊"按钮，在弹出的下拉列表中选择"时钟"选项，选择"扭曲"转场效果，按住鼠标左键不放并将其拖曳至故事板视图中的两幅素材图像之间。单击导览面板中的"播放修整后的素材"按钮，即可预览当前的转场效果，如下图所示。

在素材库中选择需要进行替换的转场效果，按住鼠标左键不放并将其拖曳至故事板视图中先前添加的转场效果上，释放鼠标左键，即可替换转场效果。单击导览面板中的"播放修整后的素材"按钮，即可预览替换后的效果，如下图所示。

9.2.7 删除转场效果

要使用手动方式从项目中删除转场效果是一件很简单的事情，首先在故事板视图中选择要删除的转场效果，然后按【Delete】键，即可删除添加的转场效果。也可以在选中转场效果时单击鼠标右键，在弹出的快捷菜单中选择"删除"选项，即可进行删除操作。

 实例步解 删除转场效果

素材文件	光盘\素材文件\第9章\黄花1.jpg、黄花2.jpg
效果文件	光盘\效果文件\第9章\黄花.VSP
视频文件	光盘\视频文件\第9章\9.2.7 删除转场效果.mp4

步骤01 在故事板视图中插入两幅素材图像（光盘\素材文件\第9章\黄花1.jpg、黄花2.jpg），并添加相应的转场效果，如下图所示。

步骤02 在故事板视图中选择需要删除的转场效果，然后单击鼠标右键，在弹出的快捷菜单中选择"删除"选项，如下图所示。

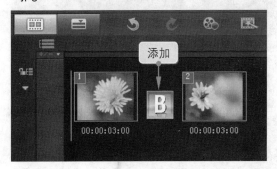

步骤03 单击导览面板中的"播放修整后的素材"按钮，即可预览删除转场效果后的视频效果，如下图所示。

9.3 设置转场属性

将素材库中的转场效果添加到故事板视图中的素材图像之间后，在选项面板中即可显示转场效果的相关属性，用户可以对相应的选项进行设置，如设置转场边框效果、改变连接边框色彩及柔化边缘等，如下页图所示。在该选项面板中会显示该转场效果的相关选项，如果对这些转场不满意，也可以通过相应的设置使其符合自己的要求，选项面板中的内容将根据选择的转场效果不同而有较大的区别。

9.3.1 设置转场边框属性

将素材库中的转场效果添加到故事板视图后，在选项面板中即可显示转场效果的相关属性，用户可以对相应的选项进行设置，如设置转场边框效果、改变连接边框色彩及柔化边缘等。

 设置转场边框属性

素材文件	光盘\素材文件\第 9 章\长桥 1.jpg、长桥 2.jpg
效果文件	光盘\效果文件\第 9 章\长桥.VSP
视频文件	光盘\视频文件\第 9 章\9.3.1 设置转场边框属性.mp4

步骤01 在故事板视图中插入两幅素材图像（光盘\素材文件\第 9 章\长桥 1.jpg、长桥 2.jpg），切换至"转场"选项卡，单击素材库上方的"画廊"按钮，在弹出的下拉列表中选择"滑动"选项，选择"条带"转场效果，按住鼠标左键不放并将其拖曳至故事板视图中的两幅素材图像之间。单击导览面板中的"播放修整后的素材"按钮，即可预览添加的转场效果，如下图所示。

步骤02 双击添加的转场效果，在"转场"选项面板中的"边框"数值框中输入 1，如下图所示。

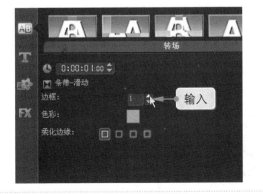

步骤03 单击"色彩"选项右侧的绿色色块，在弹出的下拉列表中，选择青色，如下图所示。

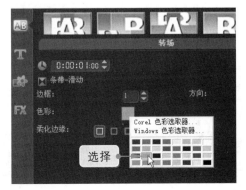

在设置"边框"参数时，数值越大，边框越粗；数值越小，边框越细；数值为 0 时，没有边框。

用户还可以利用"Corel 色彩选取器"和"Windows 色彩选取器"选项自定义颜色。"Corel 色彩选取器"对话框中的选项很简单，如右侧左图所示，用户可以直接用鼠标单击左边的色块进行选择，也可以在右边输入 RGB 参数值来设定。选择"Windows 色彩选取器"选项，弹出"颜色"对话框，如右侧右图所示。

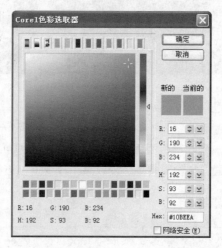
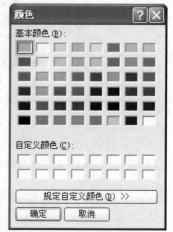

在"颜色"对话框中，系统预定义了很多种颜色。用户也可以自定义颜色，单击"规定自定义颜色"按钮，展开右侧区域，如下左图所示。在对话框的选色板上选好颜色后，单击"添加到自定义颜色"按钮，即可将选好的颜色添加到左边的"自定义颜色"选项组中，如下右图所示。再次使用 Windows 色彩选色器来选择颜色时，直接在"自定义颜色"选项组中选择即可。

步骤 04 单击导览面板中的"播放修整后的素材"按钮，即可预览改变边框颜色后的效果，如下图所示。

专家点拨

设置转场效果的属性时，用户还可以单击"边框"右侧的微调按钮来调整数值的大小。单击上三角按钮，可以调大数值，单击下三角按钮，可以调小数值。

9.3.2　柔化转场的边缘

通过设置"柔化边缘"选项可以将连接条弱化，使连接条在两段视频之间平滑过渡。"柔化边缘"选项分为 4 种柔化等级，分别为"无柔化边缘"、"弱柔化边缘"、"中等柔化边缘"、"强柔化边缘"，分别对应选项面板上的 4 个按钮，如右图所示。

在故事板视图中插入两幅素材图像（光盘\素材文件\第 9 章\向日葵 1.jpg、向日葵 2.jpg），添加相应的转场效果，再分别应用 4 种柔化效果，"无柔化边缘"效果如下左图所示，"弱柔化边缘"效果如下右图所示。

"中等柔化边缘"效果如下左图所示，"强柔化边缘"效果如下右图所示。

9.3.3　调整转场时间长度

在会声会影 X4 中，转场默认的时间长度为 1s，用户也可以根据需要改变转场的播放时间。修改转场效果的持续时间有两种方法，一种方法是通过在选项面板中修改"区间"的数值来进行改变，另一种方法是直接在时间轴视图中拖动黄色标记来改变转场效果的持续时间。

1. 修改"区间"数值

在故事板视图中双击需要改变时间的转场效果，然后在"转场"选项面板的"区间"数值框中输入需要的时间长度，即可调整区间。

2. 调整黄色标记

若要通过调整黄色标记改变转场的时间长度，首先需要切换至时间轴视图。

实 例 步 解 调整转场时间长度

素材文件	光盘\素材文件\第 9 章\家居 1.jpg、家居 2.jpg	
效果文件	光盘\效果文件\第 9 章\家居.VSP	
视频文件	光盘\视频文件\第 9 章\9.3.3　调整转场时间长度.mp4	

步骤01 在故事板视图中插入两幅素材图像（光盘\素材文件\第 9 章\家居 1.jpg、家居 2.jpg），切换至"转场"选项卡，单击素材库上方的"画廊"按钮，在弹出的下拉列表中选择"遮罩"选项，选择"遮罩 E"转场效果，按住鼠标左键不放并将其拖曳至故事板视图中。切换至时间轴视图，然后将鼠标移至时间轴面板中转场效果右侧的黄色标记上，如下图所示。

步骤02 按住鼠标左键不放并将其向右拖曳，至合适位置后释放鼠标左键，即可调整转场效果的时间长度，如下图所示。

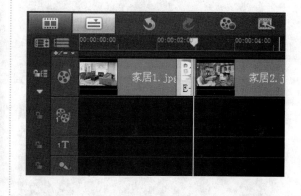

步骤03 单击导览面板中的"播放修整后的素材"按钮，即可预览调整转场效果时间长度后的效果，如下图所示。

9.4 添加单色转场

单色画面过渡是一种特殊的转场，通常用来划分视频片段，起到间歇作用，为观众提供一个想象的空间。这些单色画面常常伴随着文字出现在影片的开头、中间和结尾。

9.4.1 添加单色画面

在故事板视图中插入一幅素材图像（光盘\素材文件\第 9 章\钟楼.jpg），切换至"图形"选项卡，单击"画廊"按钮，在弹出的下拉列表中选择"色彩"选项，打开"色彩"素材库，从中选择要添加的色彩素材，然后按住鼠标左键不放将其拖曳至故事板视图中需要单色过渡的位置，如右图所示。

9.4.2 自定义单色素材

素材库中的单色素材种类有限，用户可以自定义更多的单色素材，并将其添加到素材库中。

实例步解 自定义单色素材

视频文件 光盘\视频文件\第 9 章\9.4.2 自定义单色素材.mp4

步骤01 单击"色彩"素材库右侧的"添加"按钮，如下图所示。

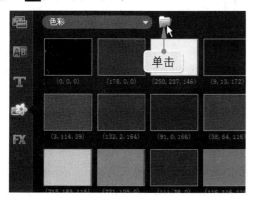

步骤02 在弹出的"新建色彩素材"对话框中单击"色彩"右侧的颜色块，在弹出的下拉列表中选择"Corel 色彩选取器"选项，如下图所示。

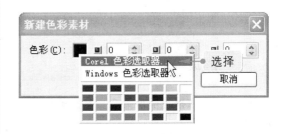

步骤03 在弹出的"Corel 色彩选取器"对话框中选择需要的颜色，如下图所示。

步骤04 单击"确定"按钮，选择的色彩即可添加到"色彩"库中，如下图所示。

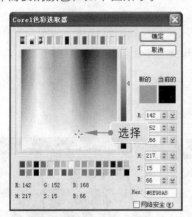

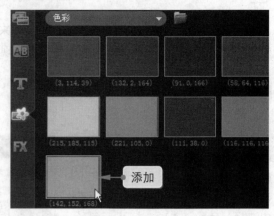

专家点拨

在"Corel 色彩选取器"对话框中的全色彩框中单击选择颜色时，会出现竖条色带，同种颜色鲜艳度从上到下递增，从中单击鼠标左键可选择不同深浅的某种颜色。

9.4.3 添加黑屏过渡效果

添加黑屏过渡效果非常简单，只需在黑色素材和视频素材之间加入"交叉淡化"转场即可。在故事板视图中插入素材图像（光盘\素材文件\第 9 章\企鹅.jpg），在"色彩"素材库中选择黑色素材并将其拖曳至故事板视图中需要单色过渡的位置。切换至"转场"选项卡，在"过滤"素材库中选择"交叉淡化"转场，然后将其拖曳至两个素材之间。单击导览面板中的"播放修整后的素材"按钮，即可预览添加的黑屏过渡效果，如下图所示。

9.5 转场效果精彩应用 10 例

会声会影 X4 提供的转场效果五彩缤纷、绚丽夺目，包括"相册"、"过滤"和"旋转"等多种类型。在制作视频影片时，过多使用转场效果反而会破坏影片的美观，下面将介绍在视频编辑中常用的转场效果的应用。

9.5.1 翻页效果——兔年大吉

主要功能：胶片－翻页转场

"翻页"效果是指镜头 A 以翻页的形式从一角卷起，然后将镜头 B 逐渐显示出来，效果如下页图所示。

素材文件	光盘\素材文件\第 9 章\月历 1.jpg、月历 2.jpg、月历 3.jpg
效果文件	光盘\效果文件\第 9 章\兔年大吉.VSP
视频文件	光盘\视频文件\第 9 章\9.5.1 翻页效果——兔年大吉.mp4

01 单击"设置"|"参数选择"命令，弹出"参数选择"对话框，❶打开"编辑"选项卡，❷设置"默认照片/色彩区间"参数为 5s，如下图所示。

02 ❶设置"默认转场效果的区间"参数为 2s，❷选中"自动添加转场效果"复选框，❸在"默认转场效果"下拉列表中选择"胶片-翻页"选项，如下图所示，单击"确定"按钮完成设置。

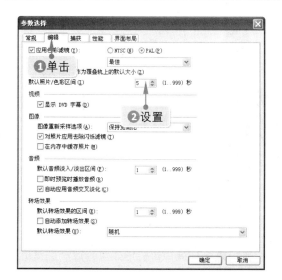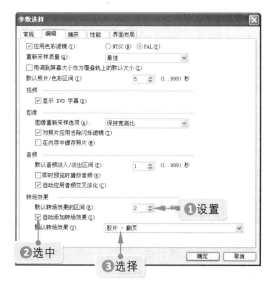

03 在故事板视图中插入 3 幅素材图像（光盘\素材文件\第 9 章\月历 1.jpg、月历 2.jpg、月历 3.jpg），即可自动添加转场，如下图所示。

04 双击故事板视图中的第一张素材，在"照片"选项面板中设置"照片区间"为 4s，如下图所示。

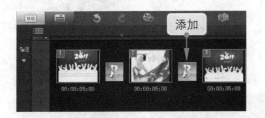

05 使用同样的方法，设置第三张素材的"照片区间"为 4s，如下图所示。

06 双击故事板视图中的第二个转场，在"转场"选项面板中的"方向"选项组中单击"左上到右下"按钮，如下图所示。

07 单击导览面板中的"播放修整后的素材"按钮，即可预览添加的"翻页"转场效果，如右图所示。

9.5.2　百叶窗效果——新鲜水果

主要功能：百叶窗转场

　　"百叶窗"转场是"擦拭"类型中最常用的一种转场效果，运用该转场效果可以产生类似百叶窗的效果，如下页图所示。

素材文件	光盘\素材文件\第 9 章\水果 1.jpg、水果 2.jpg
效果文件	光盘\效果文件\第 9 章\新鲜水果.VSP
视频文件	光盘\视频文件\第 9 章\9.5.2　百叶窗效果——新鲜水果.mp4

01 在故事板视图中插入两幅素材图像（光盘\素材文件\第 9 章\水果 1.jpg、水果 2.jpg），如下图所示，切换至"转场"选项卡。

02 将"擦拭"素材库中的"百叶窗"转场效果添加至两幅素材之间，展开"转场"选项面板，单击"方向"选项组中的"由左到右"按钮，如下图所示。

03 单击导览面板中的"播放修整后的素材"按钮，即可预览添加的"百叶窗"效果，如下图所示。

用户可以通过设置"百叶窗"效果的转场方向来获取最终的视觉效果，如下页图所示。

"由下到上"效果　　　　　　　　　　"由右到左"效果

"由上到下"效果　　　　　　　　　　"由左到右"效果

9.5.3　漩涡效果——绚丽色彩

主要功能：漩涡转场

　　"漩涡"转场效果是指将镜头 A 以类似于碎片飘落的方式飞行，然后显示镜头 B，效果如下图所示。

素材文件	光盘\素材文件\第 9 章\海.jpg、麦.jpg
效果文件	光盘\效果文件\第 9 章\绚丽色彩.VSP
视频文件	光盘\视频文件\第 9 章\9.5.3　漩涡效果——绚丽色彩.mp4

3D 转场包括手风琴、对开门、飞行方块等 15 种转场类型，如下图所示。这类转场的特征是将素材 A 转换为一个三维对象，然后融合到素材 B 中。

典型的三维转场应用包括"门"转场效果和"挤压"转场效果，如下图所示。

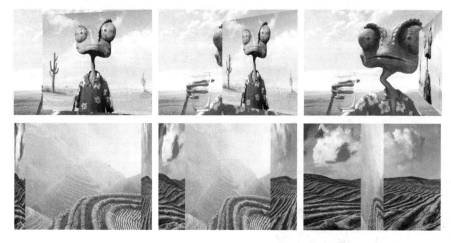

在素材之间添加 3D 转场效果后，通过选项面板可以进一步修改转场属性。3D 转场的典型设置如下图所示。

3D 转场的参数设置介绍如下。

序　号	名　称	说　明
①	边框	调整边框宽度。在选项面板中，"边框"的数值设置为 0 时，不显示边框。调整"边框"的数值，可以使边框显示出来，数值越大，边框越宽
②	色彩	用于设置转场效果边框或两侧的颜色，单击右侧的颜色块，在弹出的下拉列表中可以自定义要使用的颜色
③	柔化边缘	指定转场效果和素材的融合程度，单击相应的按钮即可得到不同程度的柔化效果。"柔化边缘"可以使转场不明显，从而在素材之间创建平滑的过渡
④	方向	单击"方向"选项组中相应的按钮，可以指定转场效果的运动方向

在故事板视图中插入两幅素材图像（光盘\素材文件\第 9 章\海.jpg、麦.jpg），并切换至"转场"选项卡，单击素材库上方的"画廊"按钮，在弹出的下拉列表中，选择 3D 选项，选择素材库中的"漩涡"转场效果，按住鼠标左键不放并将其拖曳至故事板视图中的两幅素材之间。

在 3D 转场中，"漩涡"转场具有特别的参数设置。在素材之间应用"漩涡"转场后，素材 A 将爆炸碎裂，然后融合到素材 B 中，效果如下图所示。

"漩涡"转场的选项面板如下左图所示。单击选项面板中的"自定义"按钮，弹出"漩涡-三维"对话框，如下右图所示。

该对话框中的各项参数设置方法介绍如下。

序 号	名 称	说 明
①	密度	调整碎片分裂的数量，数值越大，分裂的碎片数量越多
②	旋转	调整碎片旋转运动的角度，数值越大，碎片旋转运动越明显
③	变化	调整碎片随机运动的变化程度，数值越大，运动轨迹的随机性越强
④	颜色键覆叠	选中该复选框，然后单击右侧的颜色块，将弹出"图像色彩选取器"对话框，如下页图所示。在略图上单击鼠标，可以汲取需要透空的区域色彩；也可以单击"选取图像色彩"右侧的颜色块，指定透空的色彩。"遮罩色彩"选项则用于在略图上显示透空区域的颜色；"色彩相似度"选项用于控制指定的透空色彩的范围。设置完成后，单击"确定"按钮，可以使指定的透空色彩区域透出素材 B 相应区域的颜色
⑤	动画	选择碎片的运动方式，包括爆炸、扭曲和上升 3 种不同的类型
⑥	映射类型	设置碎片边缘的反射类型，包括镜像和自定义两种方式
⑦	形状	设置碎片的形状，可以选择三角形、矩形、球形和点 4 种不同的类型

单击导览面板中的"播放修整后的素材"按钮，即可预览添加的"漩涡"转场效果，如下图所示。

9.5.4 遮罩效果——鲜花盛开

主要功能：遮罩 C 转场

"遮罩"转场效果可以将不同的图像或对象作为遮罩应用到转场效果中，然后显示镜头 B。遮罩类转场的数量很多，其中，"过滤"类别下的"遮罩"转场可以模拟动态的渐隐效果，如下图所示。

素材文件	光盘\素材文件\第 9 章\天空.jpg、鲜花.jpg
效果文件	光盘\效果文件\第 9 章\鲜花盛开.VSP
视频文件	光盘\视频文件\第 9 章\9.5.4　遮罩效果——鲜花盛开.mp4

在故事板视图中插入两幅素材图像（光盘\素材文件\第 9 章\天空.jpg、鲜花.jpg），并切换至"转场"选项卡，单击素材库上方的"画廊"按钮，在弹出的下拉列表中选择"遮罩"选项，选择素材库中的"遮罩 C"转场效果，按住鼠标左键不放并将其拖曳至故事板视图中的两幅素材之间。

"遮罩"转场可以将不同的图案或对象（如星形、树叶和球等）作为遮罩应用到转场效果中。用户可以选择预设遮罩或导入 BMP 文件，并将其用做转场的遮罩。

"遮罩"转场与"过滤"类型中的"遮罩"转场的区别在于：在"遮罩"转场中，遮罩会沿着一定的路径运动；而"过滤"类型中的"遮罩"转场仅仅是透过遮罩简单地取代。"遮罩"转场的选项面板如下左图所示。单击"自定义"按钮，将弹出如下右图所示的对话框。

该对话框中的各选项含义介绍如下。

➢　遮罩：该选项区是为转场选择用做遮罩的预设模板。

➢　当前：单击略图将弹出"打开"对话框，用户可以从中选择用做转场遮罩的 BMP 文件。

➢　路径：翻转遮罩的运动轨迹。

➢　X-颠倒/Y-颠倒：翻转遮罩的路径方向。

➢　翻转：翻转遮罩的效果。

➢　旋转：指定遮罩旋转的角度。

➢　间隔：翻转遮罩的距离。

➢　大小：设置遮罩的大小。

单击导览面板中的"播放修整后的素材"按钮，即可预览添加的转场效果，如下图所示。

9.5.5　折叠盒效果——神奇飞盘　　　　　　　　　主要功能：折叠盒转场

运用"折叠盒"转场是指将镜头 A 以折叠的形式折成立体的长方体盒子，然后显示镜头 B，效果如下页图所示。

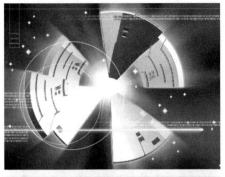 

素材文件	光盘\素材文件\第 9 章\飞盘 1.jpg、飞盘 2.jpg
效果文件	光盘\效果文件\第 9 章\神奇飞盘.VSP
视频文件	光盘\视频文件\第 9 章\9.5.5　折叠盒效果——神奇飞盘.mp4

在故事板视图中插入两幅素材图像（光盘\素材文件\第 9 章\飞盘 1.jpg、飞盘 2.jpg），并切换至"转场"选项卡，单击素材库上方的"画廊"按钮，在弹出的下拉列表中选择 3D 选项，选择素材库中的"折叠盒"转场效果，按住鼠标左键不放并将其拖曳至故事板视图中的两幅素材之间，展开"转场"选项面板，设置各选项，如下图所示。

单击导览面板中的"播放修整后的素材"按钮，即可预览添加的"折叠盒"转场效果，如下图所示。

9.5.6 相册效果——个性写真 　　　主要功能：相册–翻转转场

　　利用"翻转"转场可以制作出翻页效果，很适合制作婚礼、生日庆典、个性写真等具有回忆价值的家庭影片，效果如下图所示。添加相册转场与添加其他转场效果的方法类似，下面为用户进行具体的介绍。

素材文件	光盘\素材文件\第 9 章\相册 1.jpg、相册 2.jpg、相册 3.jpg
效果文件	光盘\效果文件\第 9 章\个性写真.VSP
视频文件	光盘\视频文件\第 9 章\9.5.6　相册效果——个性写真.mp4

01 在故事板视图中插入 3 幅素材图像（光盘\素材文件\第 9 章\相册 1.jpg、相册 2.jpg、相册 3.jpg），双击第二幅素材，在"照片"选项面板中设置"照片区间"参数为 6s，如下图所示。

02 使用同样的方法，设置第三张素材的"照片区间"参数为 5s，如下图所示。

03 单击"设置"|"参数选择"命令,弹出"参数选择"对话框,❶打开"编辑"选项卡,❷设置"默认转场效果的区间"参数为3s,如下图所示,单击"确定"按钮。

04 切换至"转场"选项卡,单击素材库上方的"画廊"按钮,在弹出的下拉列表中选择"相册"选项,选择"翻转"转场,单击"对视频轨应用当前效果"按钮,如下图所示。

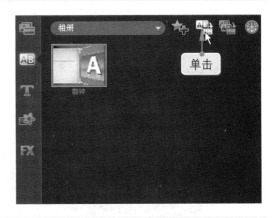

05 单击导览面板中的"播放修整后的素材"按钮,即可预览添加相册转场效果后的素材效果,如下图所示。

专家点拨

使用相册转场时需要注意的是,"相册"转场对于显示卡的内存要求较高,在使用时容易出现显示器"花屏"的问题。遇到这种情况,建议使用 64MB 以上显存的显示卡。如果显示卡内存较低,可以尝试使用以下方法来解决。

➢ 在设置和调整"相册"转场时尽量不要运行其他程序。
➢ 在计算机的"显示属性"对话框中,将"颜色质量"设置为中"(16 位)"。
➢ 启用显示卡的"硬件加速"功能。
➢ 在计算机的"显示属性"对话框中,将桌面背景设置为"无"。

相册转场的参数设置较为复杂，可以选择多种相册布局，也可以修改相册封面、背景、大小和位置等。在素材之间添加"相册"转场效果后，双击第一个转场，单击"转场"选项面板中的  按钮可以进一步修改转场属性，如下左图所示。"翻转-相册"对话框中的参数设置如下右图所示。

"翻转-相册"对话框中的各选项含义介绍如下。

➢ 布局：单击相应的按钮为相册选择期望的外观。

➢ "相册"选项卡：设置相册的大小、位置和方向等参数。如果要改变相册封面，可以从"相册封面模板"选项组中选取一个预设略图，或者选中"自定义相册封面"选项，然后导入需要使用的封面图像。

➢ "背景和阴影"选项卡：可以自定义相册背景或者为相册添加阴影效果。如果要修改相册的背景，在"背景模板"选项组中选取一个预设略图，或者选中"自定义模板"复选框，然后导入需要使用的背景图像。如果要添加阴影，选中"阴影"复选框，然后调整"X-偏移量"和"Y-偏移量"微调框中的数值，设置阴影的位置。如果想要使阴影看上去柔和一些，则可以增大"柔化边缘"微调框中的数值。

➢ "页面 A"选项卡：在参数设置区中设置相册第一页的属性。如果要修改此页上的图像，在"相册页面模板"选项组中选取一个预设略图，或者选中"自定义相册页面"复选框，然后导入需要使用的图像。如果要调整此页上素材的大小和位置，分别拖动"大小"以及"X"和"Y"右侧的滑块改变数值即可。

➢ "页面 B"选项卡：使用同样的方式设置相册第二页的属性。

9.5.7　交错效果——春夏秋冬

主要功能：时钟-转动转场

利用转场可以使素材之间的过渡变得自然平滑，还可以用来制作一些特殊的效果。在本例中将介绍制作季节交替的效果，如下页图所示。

素材文件	光盘\素材文件\第 9 章\春.jpg、夏.jpg、秋.jpg、冬.jpg
效果文件	光盘\效果文件\第 9 章\春夏秋冬.VSP
视频文件	光盘\视频文件\第 9 章\9.5.7　交错效果——春夏秋冬.mp4

01 在故事板视图中插入 4 幅素材图像（光盘\素材文件\第 9 章\春.jpg、夏.jpg、秋.jpg、冬.jpg），并按照季节的顺序排列图像素材，如下图所示。

02 切换至"转场"选项卡，单击素材库上方的"画廊"按钮，在弹出的下拉列表中选择"时钟"选项，将"转动"转场效果拖曳至素材 1 与素材 2 之间，如下图所示。

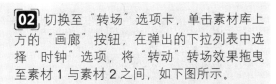

03 切换至"转场"选项卡，单击素材库上方的"画廊"按钮，在弹出的下拉列表中选择"擦拭"选项，将"条带"转场效果拖曳至素材 2 与素材 3 之间，如下图所示。

04 切换至"转场"选项卡，单击素材库上方的"画廊"按钮，在弹出的下拉列表中选择"滑动"选项，将"交叉"转场效果拖曳至素材 3 与素材 4 之间，如下图所示。

05 单击导览面板中的"播放修整后的素材"按钮，即可预览添加的转场效果，如下图所示。

9.5.8	动画效果——激情飞扬	主要功能：跑动和停止转场

"跑动和停止"转场与"涂抹"转场都可以实现具有运动模糊的动态效果。本例将介绍如何运用这两个转场制作一段滑雪的动态影片，效果如下图所示。

素材文件	光盘\素材文件\第 9 章\滑雪 1.jpg、滑雪 2.jpg
效果文件	光盘\效果文件\第 9 章\激情飞扬.VSP
视频文件	光盘\视频文件\第 9 章\9.5.8　动画效果——激情飞扬.mp4

01 在故事板视图中插入两幅素材图像（光盘\素材文件\第 9 章\滑雪 1.jpg、滑雪 2.jpg），并切换至"图形"选项卡，在素材库中选择淡蓝色素材图像，如下图所示，将该素材拖曳至素材图像的前面。

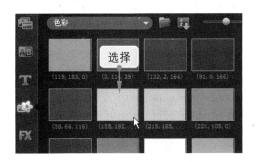

02 分别设置第一幅图形素材和最后一幅素材图像的"照片区间"为 1s，如下图所示。

03 单击"设置"|"参数选择"命令，弹出"参数选择"对话框，在"编辑"选项卡中设置"默认转场效果的区间"参数为 1s，如下图所示，单击"确定"按钮。

04 在"转场"选项卡中，单击"画廊"按钮，在弹出的下拉列表中选择"推动"选项，将素材库中的"跑动和停止"转场效果拖曳至故事板视图中的第一幅与第二幅素材之间，如下图所示。

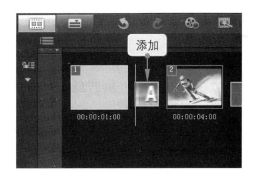

05 在"转场"选项卡中，单击"画廊"按钮，在弹出的下拉列表中选择"NewBlue 样品转场"选项，将素材库中的"涂抹"转场效果拖曳至故事板视图中的第 2 幅与第 3 幅素材之间，如下图所示。

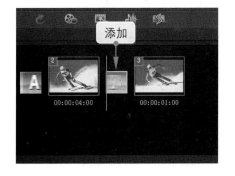

06 双击第 3 个转场，展开"转场"选项面板，❶设置"区间"为 1s，❷单击"自定义"按钮，如下图所示，展开"NewBlue 涂抹"对话框。

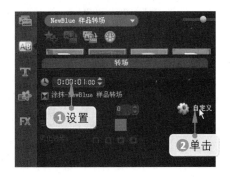

07 单击导览面板中的"播放修整后的素材"按钮，即可预览添加的转场效果，如下图所示。

在"NewBlue 涂抹"对话框中设置各选项，单击"确定"按钮，如下图所示。

9.5.9 3D 效果——魔方旋转

主要功能：3D 比萨饼盒转场

会声会影 X4 中添加了许多 3D 转场效果，合理运用这些转场效果，可以制作出与众不同的影片动画效果，如下图所示。

素材文件	光盘\素材文件\第 9 章\玩具 1.jpg、玩具 2.jpg	
效果文件	光盘\效果文件\第 9 章\魔方旋转.VSP	
视频文件	光盘\视频文件\第 9 章\9.5.9　3D 效果——魔方旋转.mp4	

01 在故事板视图中插入两幅素材图像（光盘\素材文件\第 9 章\玩具 1.jpg、玩具 2.jpg），并切换至 "转场" 选项卡，在 "NewBlue 样品转场" 素材库中选择 "3D 比萨饼盒" 转场效果，按住鼠标左键不放并将其拖曳至故事板视图中的素材之间，为其添加转场效果。

02 单击导览面板中的 "播放修整后的素材" 按钮，即可预览添加的 "3D 比萨饼盒" 转场效果，如下图所示。

在 "NewBlue 3D 比萨饼盒" 对话框中设置各个选项，如下图所示，产生的效果将各不相同。

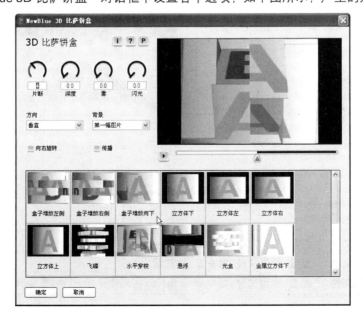

"NewBlue 3D 比萨饼盒"对话框中各选项的参数设置介绍如下。

➢ 片断：决定要创建的盒子数目。向右旋转滑块可增加数量，向左旋转则减少数量。

➢ 深度：调整盒子开始旋转时与摄影机的距离。向左旋转滑块可从距摄影机较远的位置开始旋转盒子；向右旋转则从距摄影机较近的位置开始。

➢ 雾：为画面增添一层白色光晕。向右旋转滑块，光晕变大；向左旋转，光晕变得不明显或无光晕。

➢ 闪光：在画面上增添一层金属光泽，与"雾"结合应用，效果更为明显。

➢ 方向：设置盒子的切割方向，可以选择"水平"或者"垂直"方向。

➢ 背景：设置背景画面。

➢ 向右旋转：选中该复选框，盒子向右旋转；取消选中，则可使盒子向左旋转。

➢ 传播：选中该复选框，可保留分割的盒子之间的间距；取消选中后，盒子之间将无间距。

9.5.10 闪光效果——飞过雪山
主要功能：闪光转场

转场不但可以用来过渡影片，还可以制作出一些比较特别的动态效果。"闪光"转场是一种过渡比较强烈的转场类型，这类转场大多用于段落或影片的结尾部分，效果如下图所示。

素材文件	光盘\素材文件\第 9 章\飞翔.jpg、雪山.jpg
效果文件	光盘\效果文件\第 9 章\飞过雪山.VSP
视频文件	光盘\视频文件\第 9 章\9.5.10 闪光效果——飞过雪山.mp4

01 在故事板视图中插入两幅素材图像（光盘\素材文件\第 9 章\飞翔.jpg、雪山.jpg），并切换至"转场"选项卡，在"闪光"素材库中选择"闪光"转场效果，按住鼠标左键不放并将其拖曳至故事板视图中的素材之间，为其添加转场效果。

02 单击导览面板中的"播放修整后的素材"按钮，即可预览添加的"闪光"转场效果，如下图所示。

"闪光"转场是一种重要的转场类型，它可以添加到融解的场景灯光，创建梦幻般的画面效果。

"闪光"转场的"转场"选项面板如下左图所示。单击选项面板中的"自定义"按钮，将弹出如下右图所示的对话框。

 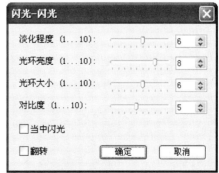

"闪光-闪光"对话框中的各选项含义介绍如下。

➢　淡化程度：设置遮罩柔化边缘的厚度。

- ➤ 光环亮度：设置灯光的强度。
- ➤ 光环大小：设置灯光覆盖区域的大小。
- ➤ 对比度：设置两个素材之间的色彩对比度。
- ➤ 当中闪光：选中该复选框，将为融解遮罩添加一个灯光。
- ➤ 翻转：选中该复选框，将翻转遮罩的效果。

9.6 知识盘点

本章主要讲解转场效果，通过各范例操练介绍了转场效果的 7 种操作方法及两种属性设置等，让读者在实战演练中边学边用，快速精通。

通过对本章内容的学习，在进行视频编辑时，读者可以大胆地使用会声会影 X4 提供的各种转场效果，并举一反三、融会贯通，让制作的影片更加精彩、漂亮和丰富。

读书笔记

第 **10** 章　制作影片覆叠效果

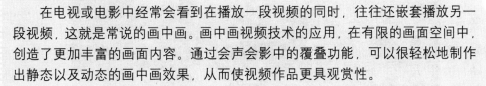

学前提示

　　在电视或电影中经常会看到在播放一段视频的同时，往往还嵌套播放另一段视频，这就是常说的画中画。画中画视频技术的应用，在有限的画面空间中，创造了更加丰富的画面内容。通过会声会影中的覆叠功能，可以很轻松地制作出静态以及动态的画中画效果，从而使视频作品更具观赏性。

本章内容

- 覆叠效果简介
- 添加覆叠素材
- 删除覆叠素材

- 编辑覆叠素材属性
- 在覆叠轨中应用标题素材
- 覆叠效果精彩应用 8 例

通过本章的学习，您可以

- 掌握添加覆叠效果的方法
- 掌握删除覆叠效果的方法
- 掌握调整覆叠素材的方法

- 掌握设置覆叠遮罩的方法
- 掌握覆叠素材修剪的方法
- 掌握精彩覆叠效果的制作

视频演示

10.1　覆叠效果简介

运用会声会影 X4 的覆叠功能，可以使用户在编辑视频的过程中具有更多的表现方式。在覆叠轨中可以添加图像或视频等素材，覆叠功能可以使视频轨上的视频与图像相互交织，组合成各式各样的视觉效果，本节主要向用户介绍覆叠效果的基本知识。

所谓覆叠功能，是指会声会影 X4 提供的一种视频编辑方法，它将视频素材添加到时间轴视图中的覆叠轨之后，可以对视频素材进行淡入淡出、进入退出以及停靠位置等设置，从而产生视频叠加的效果，为影片增添更多精彩。如下图所示为"编辑"选项面板。

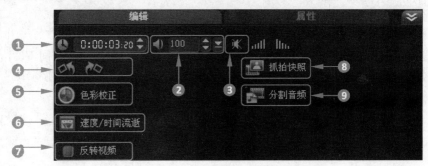

在该选项面板中各主要选项的具体含义介绍如下表所示。

序　号	名　称	说　明
①	视频区间	该数值框用于调整覆叠素材播放时间的长度，显示了当前播放所选覆叠素材所需的时间，时间码上的数字代表"小时:分钟:秒:帧"。单击其右侧的微调按钮，可以调整数值的大小。用户也可以单击时间码上的数字，待数字处于闪烁状态时，输入新的数字后按【Enter】键确认，即可改变原来视频素材的播放时间长度
②	素材音量	该数值框用于控制素材声音的大小，可以在后面的数值框中直接输入数值，也可以单击数值框右侧的下三角按钮，在弹出的音量调节器中通过拖曳滑块来调节素材音量
③	静音	单击该按钮可以消除素材的声音使其处于静音状态，但并不删除素材的音频
④	旋转视频	单击按钮，可以将视频素材逆时针旋转 90°；单击按钮，可以将视频素材顺时针旋转 90°
⑤	色彩校正	单击该按钮，在打开的选项面板中拖曳滑块，即可对视频的色调、饱和度、亮度以及对比度等进行设置
⑥	速度/时间流逝	单击按钮，在弹出的"速度/时间流逝"对话框中，用户可以根据需要调整视频的播放速度
⑦	反转视频	选中该复选框，可以将当前视频进行反转，视频内容将从相反方向进行播放
⑧	抓拍快照	单击该按钮，可以将当前播放的视频图像保存为静态图像，并自动添加到"图像"素材库中
⑨	分割音频	单击该按钮，可以将视频文件中的音频部分分割出来，并将画面切换至声音轨中

"属性"选项面板用于设置素材的动画效果,并可以为覆叠的素材添加滤镜效果,如下图所示。

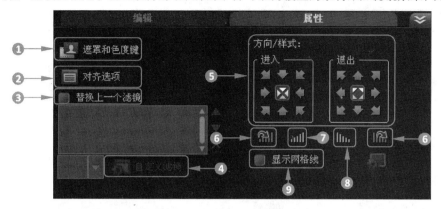

在该选项面板中各主要选项的具体含义介绍如下表所示。

序 号	名 称	说 明
❶	遮罩和色度键	单击该按钮,在弹出的选项面板中可以设置覆叠素材的透明度、边框、覆叠类型和相似度等
❷	对齐选项	单击该按钮,在弹出的下拉列表中可以设置当前视频的位置以及视频对象的宽高比
❸	替换上一个滤镜	选中该复选框,新的滤镜将替换素材原来的滤镜效果,并应用到素材上。若用户需要在素材中应用多个滤镜效果,则可取消选中该复选框
❹	自定义滤镜	单击该按钮,用户可以根据需要对当前添加的滤镜进行自定义设置
❺	进入/退出	设置素材进入和离开屏幕时的方向
❻	暂停区间前旋转🖾/暂停区间后旋转🖾	单击相应的按钮,可以在覆叠画面进入或离开屏幕时应用旋转效果,同时可在导览面板中设置旋转之前或之后的暂停区间
❼	淡入动画效果🔊	单击该按钮,可将淡入效果添加到当前素材中。淡入效果使素材的音频音量从零开始逐渐增大
❽	淡出动画效果🔊	单击该按钮,可以将淡出效果添加到当前素材中。淡出效果使素材的音频音量从大逐渐减小为零
❾	显示网格线	选中该复选框,可在视频中添加网格线

在"方向/样式"选项区中,各主要按钮含义介绍如下表所示。

名 称	说 明
"从左上方进入"按钮	单击该按钮,素材将从左上方进入视频动画
"进入"选项区中的"静止"按钮	单击该按钮,可以取消为素材添加的进入动画效果
"退出"选项区中的"静止"按钮	单击该按钮,可以取消为素材添加的退出动画效果
"从右上方进入"按钮	单击该按钮,素材将从右上方进入视频动画
"从左上方退出"按钮	单击该按钮,素材将从左上方退出视频动画
"从右上方退出"按钮	单击该按钮,素材将从右上方退出视频动画

单击"遮罩和色度键"按钮🖾,将展开如下页图所示的覆叠选项面板,从中可以设置覆叠素

材的透明度和覆叠选项。

各选项的作用介绍如下表所示。

序　号	名　　称	说　　明
①	透明度	设置素材的透明度。拖动滑动条或输入数值，可以调整透明度
②	边框	输入数值，可以设置边框的厚度。单击色彩框，可以选择边框的颜色
③	应用覆叠选项	选中该复选框，可以指定覆叠素材将被渲染的透明程度
④	类型	选择是否在覆叠素材上应用预设的遮罩，或指定要渲染为透明的颜色
⑤	相似度	指定要渲染为透明的色彩选择范围。单击右侧的色彩块，可以选择要渲染为透明的颜色。单击按钮，可以在覆叠素材中选取色彩
⑥	宽度和高度	从覆叠素材中修剪不需要的边框。可设置要修剪素材的高度和宽度
⑦	覆叠预览	会声会影为覆叠选项窗口提供了预览功能，使用户能够同时查看素材调整之前的原貌，方便比较调整后的效果

10.2　添加与删除覆叠素材

使用会声会影 X4 提供的覆叠功能，可以将视频素材添加到时间轴窗口的覆叠轨中，然后对视频素材的大小、位置以及透明度等属性进行调整，从而产生视频叠加效果。同时，会声会影 X4 还允许用户对覆叠轨中的视频素材应用滤镜特效，使用户可以制作出更具观赏性的视频作品。本节主要介绍添加与删除覆叠素材的方法。

10.2.1 添加覆叠效果

将素材添加至覆叠轨的方法与将素材添加至其他轨的方法很相似，下面向用户介绍添加覆叠素材的方法。

实例步解 添加覆叠效果

	素材文件	光盘\素材文件\第 10 章\滑伞 1.jpg、滑伞 2.png
	效果文件	光盘\效果文件\第 10 章\滑伞.VSP
	视频文件	光盘\视频文件\第 10 章\10.2.1　添加覆叠效果.mp4

步骤01 进入会声会影 X4 编辑器，切换至时间轴视图，在视频轨中单击鼠标右键，在弹出的快捷菜单中选择"插入照片"选项，插入素材图像（光盘\素材文件\第 10 章\滑伞 1.jpg），如下图所示。

步骤03 双击覆叠轨中的素材图像，展开"属性"选项面板，单击"进入"选项组中的"从左上方进入"按钮，如下图所示。

步骤02 在覆叠轨中单击鼠标右键，在弹出的快捷菜单中选择"插入照片"选项，插入素材图像（光盘\素材文件\第 10 章\滑伞 2.png），如下图所示。

步骤04 确定覆叠轨中的图像处于选中状态后，在"属性"选项面板中单击"淡入动画效果"按钮，如下图所示。

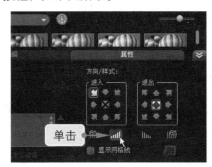

步骤05 单击导览面板中的"播放修整后的素材"按钮，即可预览覆叠图像的效果，如下图所示。

10.2.2 删除覆叠效果

如果用户不需要覆叠轨中的素材，此时可将其删除。下面向用户介绍删除覆叠效果的方法。

实 例 步 解 删除覆叠效果

素材文件	光盘\素材文件\第 10 章\滑伞.VSP
视频文件	光盘\视频文件\第 10 章\10.2.2 删除覆叠效果.mp4

步骤01 在覆叠轨中选择需要删除的覆叠素材（光盘\素材文件\第 10 章\滑伞.vsp），单击鼠标右键，在弹出在快捷菜单中选择"删除"选项，如下图所示。

步骤02 删除覆叠素材后，在预览窗口中可以预览删除覆叠素材后的视频效果，覆叠轨如下图所示。

专家点拨

在覆叠轨中选择需要删除的素材，然后单击"编辑" | "删除"命令，或按【Delete】键，也可将选择的覆叠素材删除。

10.3 编辑覆叠素材属性

在覆叠轨中添加视频素材后，可以对其进行相应的编辑操作，如调整素材的位置、大小、形状、区间以及其他属性等。下面将对这些操作进行详细的介绍。

10.3.1 调整覆叠素材位置

设置视频素材或图像素材相对于屏幕窗口的位置，可以从 9 个预设的位置中选择，也可以手动调整。

1. 使用预设的位置

在覆叠轨中选择插入的素材，然后在预览窗口中单击鼠标右键，在弹出的快捷菜单中选择相应的选项，即可调整覆叠素材的位置。

实 例 步 解 使用预设的位置

素材文件	光盘\素材文件\第 10 章\自由女神 1.jpg、自由女神 2.jpg
效果文件	光盘\效果文件\第 10 章\自由女神.VSP
视频文件	光盘\视频文件\第 10 章\10.3.1-1 使用预设的位置.mp4

步骤01 在视频轨和覆叠轨中分别插入素材图像（光盘\素材文件\第 10 章\自由女神 1.jpg、自由女神 2.jpg），如下图所示。

步骤02 在预览窗口中，可以预览插入的素材图像效果，如下图所示。

步骤03 在覆叠轨中选择素材图像，在预览窗口中单击鼠标右键，在弹出的快捷菜单中选择"停靠在顶部"|"居左"选项，如下图所示。

步骤04 此时，在预览窗口中可以预览调整位置后的图像效果，如下图所示。

2. 手动调整覆叠素材位置

在预览窗口中选择需要调整的覆叠素材，此时鼠标指针呈箭头形状 ，按住鼠标左键不放并拖曳，即可调整覆叠素材至合适位置。

实 例 步 解 **手动调整覆叠素材位置**

素材文件	光盘\素材文件\第 10 章\咖啡 1.jpg、咖啡 2.png
效果文件	光盘\效果文件\第 10 章\咖啡.VSP
视频文件	光盘\视频文件\第 10 章\10.3.1-2　手动调整覆叠素材位置.mp4

步骤 01 在视频轨和覆叠轨中分别插入素材图像（光盘\素材文件\第 10 章\咖啡 1.jpg、咖啡 2.png），选择覆叠轨中的素材图像，在预览窗口中按住鼠标左键不放并向右下角拖曳，如下图所示。

步骤 02 拖曳至合适位置后，释放鼠标左键，即可调整覆叠素材的位置，如下图所示。

10.3.2　调整覆叠素材大小

用户插入到覆叠轨中的素材大小有时不一定符合需要，此时，用户可根据需要调整覆叠素材的大小。

实 例 步 解 调整覆叠素材大小

素材文件	光盘\素材文件\第 10 章\河边.jpg、人物.png
效果文件	光盘\效果文件\第 10 章\漫步.VSP
视频文件	光盘\视频文件\第 10 章\10.3.2　调整覆叠素材大小.mp4

步骤 01 在视频轨和覆叠轨中分别插入素材图像（光盘\素材文件\第 10 章\河边.jpg、人物.png），在预览窗口中，可以预览插入的素材图像效果，如下图所示。

步骤 02 选中覆叠轨中的素材，单击鼠标右键，在弹出的快捷菜单中选择"保持宽高比"选项，如下图所示。

专家点拨

其他几种调整大小的方式含义介绍如下。

> ➤ 默认大小：选择此命令，将覆叠素材恢复到默认大小。
> ➤ 原始大小：选择此命令，将以原始像素尺寸显示覆叠素材。
> ➤ 调整到屏幕大小：选择此命令，将使素材恢复到原始的宽高比例。
> ➤ 重置变形：选择此命令，可以将倾斜变形后的素材恢复到未变形状态。

步骤03 在预览窗口中，将鼠标移至图像右下角的调节点上，当鼠标呈双向箭头显示时，按住鼠标左键不放并向右下角拖曳，如下图所示。

步骤04 拖曳至合适位置后，释放鼠标左键，即可调整图像大小，效果如下图所示。

专家点拨

用户还可以不成比例地调整覆叠素材图像的大小，方法很简单，只需在覆叠轨中，选择需要调整大小的图像，在预览窗口中，将鼠标移至选择图像正上方的调节点上，按住鼠标左键并向上拖曳，至合适位置后释放鼠标，即可不成比例地调整图像的大小。

10.3.3 调整覆叠素材形状

在会声会影 X4 中，可以任意倾斜或者扭曲视频素材，变形素材以配合倾斜或扭曲的覆叠画面，使视频应用变得更加自由。

实 例 步 解 调整覆叠素材形状

素材文件	光盘\素材文件\第 10 章\摄像机.jpg、蘑菇树.jpg
效果文件	光盘\效果文件\第 10 章\摄像机.VSP
视频文件	光盘\视频文件\第 10 章\10.3.3 调整覆叠素材形状.mp4

步骤01 在视频轨和覆叠轨中分别插入素材图像（光盘\素材文件\第 10 章\摄像机.jpg、蘑菇树.jpg），如下图所示。

步骤02 在覆叠轨中选择插入的图像，在预览窗口中，将鼠标移至右下角的绿色调节点上，按住鼠标左键不放并向右下角拖曳，如下图所示。

步骤03 拖曳至合适位置后，释放鼠标左键，即可调整图像右下角的节点，如下图所示。

步骤04 将鼠标指针移至图像右上角的节点上，按住鼠标左键不放并向右侧拖曳，至合适位置后释放鼠标左键，即可调整右上角节点的位置，如下图所示。

步骤05 使用同样的方法，调整另外两个节点的位置，最终效果如下图所示。

10.3.4 调整覆叠素材区间

用户将覆叠素材添加至项目后，一般默认的时间为 3s，若需要对素材的播放时间进行调整，可以通过调节黄色标记来调整播放时间长度。

素材文件	光盘\素材文件\第 10 章\蓝天.mpg、雄鹰.png
效果文件	光盘\效果文件\第 10 章\雄鹰展翅.VSP
视频文件	光盘\视频文件\第 10 章\10.3.4　调整覆叠素材区间.mp4

步骤01 在视频轨和覆叠轨中分别插入素材图像（光盘\素材文件\第 10 章\蓝天.mpg、雄鹰.png），选择覆叠轨中的素材图像，如下图所示。

步骤02 在预览窗口中按住鼠标左键不放并向左下方拖曳，调整覆叠素材的位置，效果如下图所示。

步骤03 将鼠标拖曳至覆叠轨中图像右侧的黄色标记上，如下图所示。

步骤04 按住鼠标左键不放并向右拖曳，拖曳至合适位置后，释放鼠标左键，即可调整时间播放长度，如下图所示。

步骤05 单击导览面板中的"播放修整后的素材"按钮，即可预览调整后的效果，如下图所示。

专家点拨

用户还可以通过设置选项面板中的"图像区间"数值框来改变覆叠素材的播放时间。

10.3.5　在覆叠轨中应用滤镜效果

在会声会影 X4 中，为覆叠轨中的素材应用滤镜特效，可以制作出更加神奇的视觉效果，以丰富用户的作品。

实 例 步 解　在覆叠轨中应用滤镜效果

素材文件	光盘\素材文件\第 10 章\画中画.VSP
效果文件	光盘\效果文件\第 10 章\画中画.VSP
视频文件	光盘\视频文件\第 10 章\10.3.5　在覆叠轨中应用滤镜效果.mp4

步骤 01　打开项目文件（光盘\素材文件\第 10 章\画中画.VSP），如下图所示。

步骤 02　单击"滤镜"按钮，切换至"滤镜"选项卡，单击上方的"画廊"按钮，在弹出的下拉列表中选择"标题效果"选项，在素材库中选择"雨点"滤镜，如下图所示。按住鼠标左键不放并将其拖曳至覆叠素材图像上。

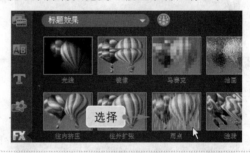

步骤 03　单击导览面板中的"播放修整后的素材"按钮，即可预览为覆叠素材添加滤镜后的效果，如下图所示。

10.3.6　为覆叠素材设置动画效果

为了使制作的影片更具动画效果，用户可以为覆叠轨中的素材设置动画等，使制作的影片更加生动、活泼。

为覆叠素材设置动画效果

素材文件	光盘\素材文件\第 10 章\爱的魔力.jpg、爱的魔力.png	
效果文件	光盘\效果文件\第 10 章\爱的魔力.VSP	
视频文件	光盘\视频文件\第 10 章\10.3.6　为覆叠素材设置动画效果.mp4	

步骤01 在视频轨和覆叠轨中分别插入素材图像（光盘\素材文件\第 10 章\爱的魔力.jpg、爱的魔力.png），如下图所示。

步骤02 选择覆叠轨中的素材，展开"属性"选项面板，在"方向/样式"选项组中的"进入"选项组中，**1**单击"从右上方进入"按钮，**2**单击"退出"选项组中的"从下方退出"按钮，如下图所示。

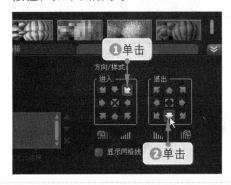

步骤03 设置完成后，将飞梭栏移至视频的开始处，然后单击导览面板中的"播放修整后的素材"按钮，即可预览为覆叠素材设置的动画效果，如下图所示。

10.3.7 为覆叠素材设置其他效果

除了动画效果外，用户还可以为素材设置边框、透明度等属性，以美化影片。下面以设置覆叠素材透明度为例，介绍为覆叠素材设置效果的方法。

 为覆叠素材设置其他效果

素材文件	光盘\素材文件\第 10 章\爱的魔力.VSP	
效果文件	光盘\效果文件\第 10 章\透明的爱.VSP	
视频文件	光盘\视频文件\第 10 章\10.3.7　为覆叠素材设置其他效果.mp4	

步骤01 打开 10.3.6 节制作的动画效果文件（光盘\效果文件\第 10 章\爱的魔力.VSP），然后单击选项面板中的"遮罩和色度键"按钮，如下图所示。

步骤02 打开相应的选项面板，❶在"透明度"数值框中输入 50，❷选中"应用覆叠选项"复选框，如下图所示。

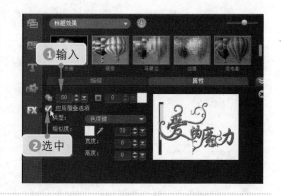

步骤03 单击导览面板中的"播放修整后的素材"按钮，即可预览设置素材透明度后的效果，如下图所示。

知识链接

用户还可以根据需要设置覆叠素材的边框效果，边框是为影片添加装饰的另一种简单而实用的方式，它能够让枯燥的画面变得生动。其操作方法很简单，只需在覆叠轨中选择需要设置边框的素材图像，然后单击"属性"选项面板中的"遮罩和色度键"按钮，打开相应的选项面板，在"边框"数值框中输入相应的数值即可。

10.4　在覆叠轨中应用标题素材

在会声会影 X4 的覆叠轨中，用户可以根据需要添加相应标题素材，该功能是会声会影 X4 的新增功能，以帮助用户编辑出更优秀的视频效果。本节主要向用户具体介绍在覆叠轨中应用标题素材的操作方法。

10.4.1　在覆叠轨中添加标题

在覆叠轨中添加标题的操作方法与在标题轨中添加标题的操作方法类似，不同的是添加的轨道不同。下面介绍在覆叠轨中添加标题的操作方法。

实 例 步 解 在覆叠轨中添加标题

素材文件	光盘\素材文件\第 10 章\华彩佳人.jpg
效果文件	光盘\效果文件\第 10 章\华彩佳人.VSP
视频文件	光盘\视频文件\第 10 章\10.4.1 在覆叠轨中添加标题.mp4

步骤01 进入会声会影 X4 编辑器,在视频轨中插入素材图像(光盘\素材文件\第 10 章\华彩佳人.jpg),如下图所示。

步骤02 单击"标题"按钮,切换至"标题"选项卡,在右侧的下拉列表中选择需要添加至覆叠轨中的标题字幕,如下图所示。

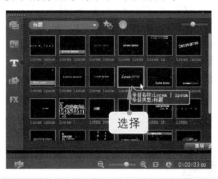

步骤03 按住鼠标左键不放并将其拖曳至覆叠轨中的适当位置后,释放鼠标左键,即可在覆叠轨中添加标题字幕,在预览窗口中,选择第二个标题字幕,如下图所示。

步骤04 按【Delete】键,删除预览窗口中第二个标题字幕,选择第一个标题字幕,将文字内容更改为"华彩佳人",如下图所示。

步骤05 展开在"编辑"选项面板,单击"字体大小"选项右侧的下三角按钮,在弹出的下拉列表中选择 70 选项,如下左图所示,设置字体的大小为 70。单击"字体"右侧的下拉按钮,在弹出的下拉列表框中选择"华康雅宋体 W9(P)"选项,如下右图所示,设置字体的类型。

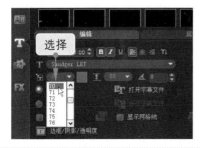 

步骤06 设置完成后，单击导览面板中的"播放修整后的素材"按钮，即可预览标题字幕动画效果，如右图所示。

10.4.2 在覆叠轨中编辑标题

在覆叠轨中添加相应的标题字幕后，可对覆叠轨中的标题进行编辑，下面向用户介绍在覆叠轨中编辑标题的操作方法。

实 例 步 解 在覆叠轨中编辑标题

素材文件	光盘\素材文件\第 10 章\西湖.VSP
效果文件	光盘\效果文件\第 10 章\西湖美景.VSP
视频文件	光盘\视频文件\第 10 章\10.4.2　在覆叠轨中编辑标题.mp4

步骤01 进入会声会影 X4 编辑器，在视频轨中打开项目文件（光盘\素材文件\第 10 章\西湖.VSP），如下图所示。

步骤02 在覆叠轨中的标题字幕上，双击鼠标左键，展开"编辑"选项面板，单击"色彩"色块，在弹出的下拉列表中选择蓝色，如下图所示。

步骤03 单击导览面板中的"播放修整后的素材"按钮，即可预览覆叠轨中的标题字幕动画效果，如下图所示。

10.5　覆叠效果精彩应用 8 例

通过前面章节的学习，用户对会声会影的覆叠功能应该有了一定的了解与掌握，下面将通过制作一些实例来加深所学知识，使用户对覆叠功能与应用有更进一步的了解。

10.5.1　若隐若现画面——海市蜃楼

主要功能：色度键透明度、淡入淡出效果

对覆叠的素材应用透明度和淡入淡出效果，可以模仿海市蜃楼效果，如下图所示。

素材文件	光盘\素材文件\第 10 章\海.jpg、楼房.png
效果文件	光盘\效果文件\第 10 章\海市蜃楼.VSP
视频文件	光盘\视频文件\第 10 章\10.5.1　若隐若现画面——海市蜃楼.mp4

01 进入会声会影 X4 编辑器，在视频轨中插入素材图像（光盘\素材文件\第 10 章\海.jpg），如下图所示。

02 在覆叠轨中插入素材图像（光盘\素材文件\第 10 章\楼房.png），并移动素材的位置，如下图所示。

03 在覆叠轨中选择插入的素材图像，展开 "属性" 选项面板，单击 "遮罩和色度键" 按钮，打开相应的选项面板，从中设置 "透明度" 为 70，如下图所示。

04 单击 "属性" 选项面板右下方的 "淡入动画效果" 和 "淡出动画效果" 按钮，如下图所示。

05 设置完成后，单击导览面板中的 "播放修整后的素材" 按钮，即可观看覆叠素材的淡入淡出效果，如下图所示。

10.5.2 制作精美相册——宝宝成长

主要功能：视频区间、色度键遮罩

在会声会影 X4 中，为素材添加外框是一种简单而实用的装饰方式，它可以使枯燥、单调的照片变得生动、有趣，效果如下图所示。

素材文件	光盘\素材文件\第 10 章\背景.jpg、宝宝 1.jpg、宝宝 2.jpg、边框.png、气泡.png
效果文件	光盘\效果文件\第 10 章\宝宝成长.VSP
视频文件	光盘\视频文件\第 10 章\10.5.2 制作精美相册——宝宝成长.mp4

01 进入会声会影 X4 编辑器，在视频轨中插入素材图像（光盘\素材文件\第 10 章\背景.jpg），展开"照片"选项面板，设置素材的"照片区间"参数为 6s，如下图所示。

02 单击"覆叠轨"按钮，在项目时间轴中单击鼠标右键，在弹出的快捷菜单中选择"插入照片"选项，在弹出的"打开"对话框中打开素材图像（光盘\素材文件\第 10 章\宝宝 2.jpg），如下图所示。

03 拖曳覆叠轨中素材图像的区间位置，如下图所示。

04 单击时间轴视图中的"轨道管理器"按钮，弹出"轨道管理器"对话框，选中"覆叠轨#2"复选框，如下图所示，单击"确定"按钮。

05 单击"覆叠轨 2"按钮，在项目时间轴中单击鼠标右键，在弹出的快捷菜单中选择"插入照片"选项，在弹出的"浏览照片"对话框中选择素材图像（光盘\素材文件\第 10 章\宝宝 1.jpg），添加至覆叠轨中，如下图所示。

06 双击覆叠轨 2 中的素材图像，展开"编辑"选项面板，设置"照片区间"为 3s，并拖曳覆叠轨上素材图像的区间位置，如下图所示。

07 选中覆叠轨 1 中的素材图像，在预览窗口中将素材图像调整至合适位置，效果如下图所示。

08 展开"属性"选项面板，在"进入"选项组中单击"从上方进入"按钮，如下图所示。

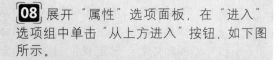

09 选中覆叠轨 2 中的素材图像，在预览窗口中将素材图像调整至合适位置，效果如下图所示。

10 展开"属性"选项面板，单击"淡入动画效果"按钮，如下图所示。

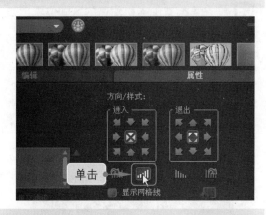

11 选中覆叠轨 1 中的素材，展开"属性"选项面板，单击"遮罩和色度键"按钮，如下图所示。

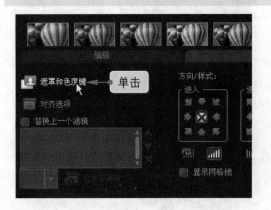

12 在弹出的选项面板中选中"应用覆叠选项"复选框，在"类型"下拉列表中选择"遮罩帧"选项，如下图所示。

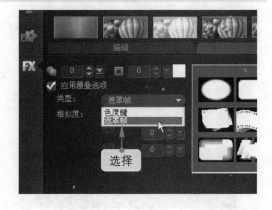

13　在弹出的面板中选择需要的遮罩图像，如下图所示。

14　使用同样的方法，为覆叠轨 2 中的素材添加相应的遮罩图像，如下图所示。

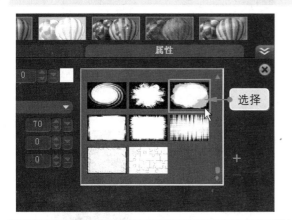

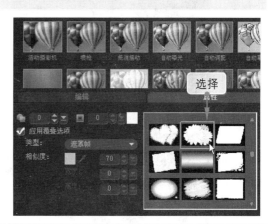

15　设置完成后，单击导览面板中的 "播放修整后的素材" 按钮，即可观看制作的相册效果，如下图所示。

10.5.3　添加转场效果——魔兽来了

主要功能：覆叠转场、遮罩边框

　　覆叠轨中的素材不但可以使用滤镜，还可以使用转场效果，本例将介绍利用转场来实现更加精彩的画中画效果，如下页图所示。

素材文件	光盘\素材文件\第 10 章\魔兽.mpg、海啸.mpg
效果文件	光盘\效果文件\第 10 章\魔兽来了.VSP
视频文件	光盘\视频文件\第 10 章\10.5.3　添加转场效果——魔兽来了.mp4

01 进入会声会影 X4 编辑器，在视频轨中插入视频素材（光盘\素材文件\第 10 章\魔兽.mpg），如下图所示。

02 切换至"图形"选项卡，将"彩色"素材库中的黑色图形拖曳至覆叠轨中，并将素材停靠在底部居左的位置，如下图所示。

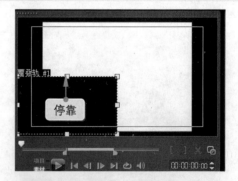

03 在覆叠轨中单击鼠标右键，选择"插入视频"选项，插入视频素材（光盘\素材文件\第 10 章\海啸.mpg），如右图所示，并将素材停靠在底部居左的位置。

04 按【F6】键，打开"参数选项"对话框，单击打开"编辑"选项卡，设置"默认转场效果的区间"参数为 3s，如右图所示。

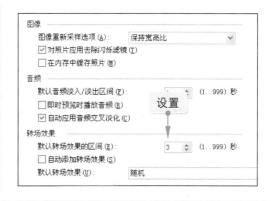

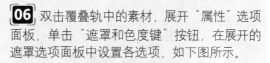

05 进入"转场"素材库，在"画廊"下拉列表中选择"闪光"选项，将"闪光"转场拖曳至覆叠轨中的两个素材之间，如下图所示。

06 双击覆叠轨中的素材，展开"属性"选项面板，单击"遮罩和色度键"按钮，在展开的遮罩选项面板中设置各选项，如下图所示。

07 设置完成后，单击导览面板中的"播放修整后的素材"按钮，即可预览添加转场效果的视频动画，如下图所示。

10.5.4 带边框画中画——黄花与蝶

| 主要功能：覆叠轨的动作、遮罩边框 |

运用会声会影 X4 的覆叠功能，可以在画面中制作出多重画面的效果，用户可以根据需要为画中画添加边框、透明度和动画等效果，如下图所示。

素材文件	光盘\素材文件\第 10 章\黄花.jpg、花蝶 1.jpg、花蝶 2.jpg、花蝶 3.jpg
效果文件	光盘\效果文件\第 10 章\黄花与蝶.VSP
视频文件	光盘\视频文件\第 10 章\10.5.4　带边框画中画——黄花与蝶.mp4

01 进入会声会影 X4 编辑器，分别在视频轨和覆叠轨中插入素材图像（光盘\素材文件\第 10 章\黄花.jpg、花蝶 3.jpg），选择覆叠轨中的素材，如下图所示。

02 打开"属性"选项面板，在"进入"选项组中单击"从左边进入"按钮，如下图所示。

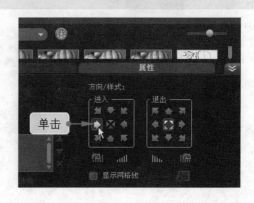

03 拖曳素材至合适位置，再调整素材暂停区间的长度，如下图所示。

04 单击"轨道管理器"按钮，弹出"轨道管理器"对话框，选中"覆叠轨#2"和"覆叠轨#3"复选框，如下图所示，单击"确定"按钮。

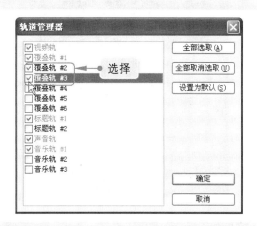

05 选中覆叠轨 1 中的素材后，单击鼠标右键，在弹出的快捷菜单中选择"复制"选项，并粘贴到覆叠轨 2 中，如下图所示。

06 使用同样的方法，将覆叠轨 1 中的素材粘贴到覆叠轨 3 中，如下图所示。

07 选中覆叠轨 2 中的素材，在项目时间轴中单击鼠标右键，在弹出的快捷菜单中选择"替换素材"|"照片"选项，如下图所示。

08 弹出"替换/重新链接素材"对话框，在该对话框中选择需要替换的素材（光盘\素材文件\第 10 章\花蝶 2.jpg），并插入到覆叠轨 2 中，如下图所示。

09 将素材拖曳至合适位置后，调整素材暂停区间的长度，如下图所示。

10 使用同样的方法，替换覆叠轨 3 中的素材为"光盘\素材文件\第 10 章\花蝶 1.jpg"素材，并调整素材的位置和暂停区间，如下图所示。

11 选中覆叠轨 1 中的素材，展开"属性"选项面板，单击"遮罩和色度键"按钮，在展开的选项面板中设置"边框"为 2，如下图所示。

12 执行该操作后，即可设置图像的边框。使用同样的方法，设置其他覆叠轨中的素材"边框"均为 2，效果如下图所示。

13 单击导览面板中的"播放修整后的素材"按钮，即可预览设置的画中画效果，如右图所示。

10.5.5　添加视频滤镜——蜘蛛侠

为覆叠素材添加视频滤镜，可以使画面变得更具动感，如下图所示。

素材文件	光盘\素材文件\第 10 章\蜘蛛侠.mpg
效果文件	光盘\效果文件\第 10 章\蜘蛛侠.VSP
视频文件	光盘\视频文件\第 10 章\10.5.5　添加视频滤镜——蜘蛛侠.mp4

01 进入会声会影 X4 编辑器，在视频轨中插入视频素材（光盘\素材文件\第 10 章\蜘蛛侠.mpg），切换至"图形"选项卡，将"色彩"素材库中的红色图形素材拖曳到覆叠轨中，并调整素材的区间与视频等长，如下图所示。

02 双击覆叠轨中的素材，展开"属性"选项面板，单击"遮罩和色度键"按钮，进入遮罩选项面板，选中"应用覆叠选项"复选框，在"类型"下拉列表中选择"遮罩帧"选项，如下图所示。

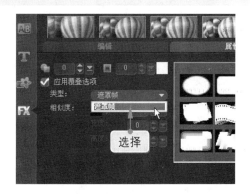

03 ❶在展开的面板中选择需要的遮罩素材，❷设置"透明度"参数为70，如下图所示。

04 在预览窗口中，单击鼠标右键，在弹出的快捷菜单中选择"调整到屏幕大小"选项，效果如下图所示。

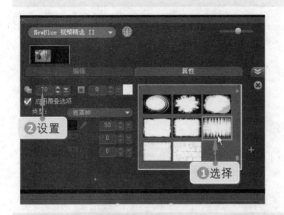

05 将飞梭栏移至视频的开始位置，单击导览面板中的"播放修整后的素材"按钮，即可预览添加的视频滤镜效果，如下图所示。

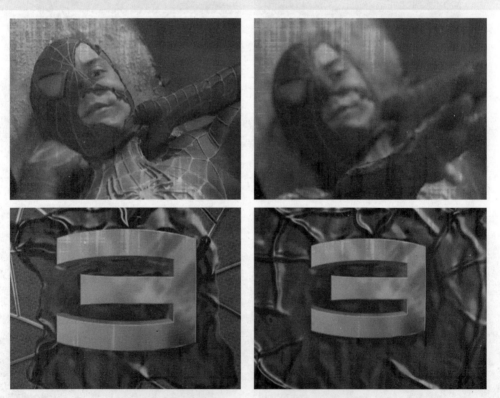

| 10.5.6 | **透明淡化效果——电影开场** | 主要功能："画中画"滤镜、自定义滤镜 |

覆叠轨中的素材可以在"属性"选项面板中制作画中画效果，还可以运用"画中画"滤镜制作素材无损坏效果，如下页图所示。

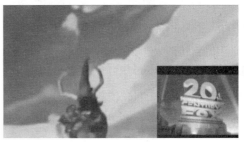

素材文件	光盘\素材文件\第 10 章\冰河世纪.mpg、电影开场.mpg
效果文件	光盘\效果文件\第 10 章\电影开场.VSP
视频文件	光盘\视频文件\第 10 章\10.5.6　透明淡化效果——电影开场.mp4

01 进入会声会影 X4 编辑器，分别在视频轨和覆叠轨中插入视频素材（光盘\素材文件\第 10 章\冰河世纪.mpg、电影开场.mpg），如下图所示。

02 选中覆叠轨中的视频素材，在预览窗口中单击鼠标右键，在弹出的快捷菜单中选择"调整到屏幕大小"选项，再次单击鼠标右键，选择"保持宽高比"选项，如下图所示。

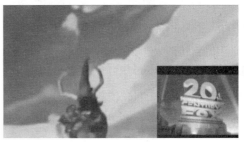

03 进入"滤镜"素材库，单击"画廊"按钮，在弹出的下拉列表中选择"NewBlue 视频精选 Ⅱ"选项，将"画中画"滤镜拖曳到覆叠轨中的素材上，如右图所示。

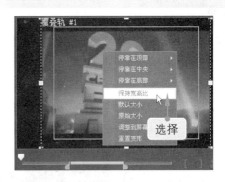

04 双击覆叠轨中的素材，展开"属性"选项面板，❶单击"淡入动画效果"按钮，❷再单击"自定义滤镜"按钮，如右图所示。

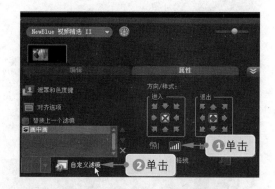

05 打开"NewBlue 画中画"对话框，❶将擦洗器拖曳到第一帧的位置，❷设置 X、Y 参数均为 0，❸单击预设栏中的"重置为无"缩略图，如下图所示。

06 ❶将擦洗器拖曳到 20 帧的位置，❷设置 X、Y 参数均为 0，❸再次在预设栏中单击"重置为无"缩略图，如下图所示。

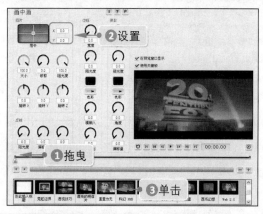

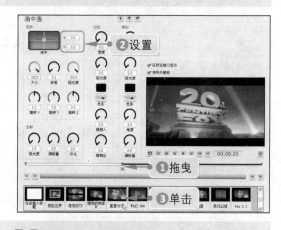

07 ❶将擦洗器拖曳到第 1s 的位置，❷单击预设栏中的"电视风格"缩略图，❸设置 X、Y 参数分别为 50、-25，如下图所示。

08 ❶将擦洗器拖曳到最后一帧的位置，❷单击预设栏中的"电视风格"缩略图，❸设置 X、Y 参数分别为 50、-25，如下图所示。

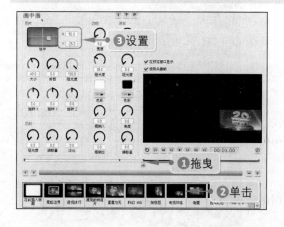

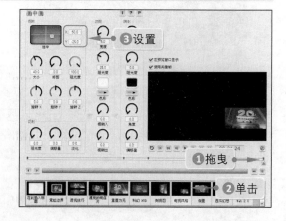

09 设置完成后，单击"确定"按钮，单击导览面板中的"播放修整后的素材"按钮，即可预览透明淡化动画效果，如下图所示。

| 10.5.7 | **制作遮罩效果——可爱松鼠** | 主要功能：覆叠轨的动作、淡入淡出动画效果 |

在会声会影 X4 中，遮罩可以使视频轨和覆叠轨中的视频素材局部透空叠加，如下图所示。

素材文件	光盘\素材文件\第 10 章\松鼠 1.jpg、松鼠 2.jpg
效果文件	光盘\效果文件\第 10 章\可爱松鼠.VSP
视频文件	光盘\视频文件\第 10 章\10.5.7　制作遮罩效果——可爱松鼠.mp4

01 进入会声会影 X4 编辑器，分别在视频轨和覆叠轨中插入素材图像（光盘\素材文件\第 10 章\松鼠 1.jpg、松鼠 2.jpg），在覆叠轨中选择插入的素材，在预览窗口中对选择的素材图像进行适当缩放和移动操作，效果如下图所示。

02 展开"属性"选项面板，单击"遮罩和色度键"按钮，打开相应选项面板，选中"应用覆叠选项"复选框，单击"类型"选项右侧的下三角按钮，在弹出的列表框中选择"遮罩帧"选项，在弹出的面板中选择一种遮罩样式，如下图所示。

03 展开"属性"选项面板，单击"从左边进入"和"从左边退出"按钮，如下图所示。

04 单击"淡入动画效果"和"淡出动画效果"按钮，如下图所示。

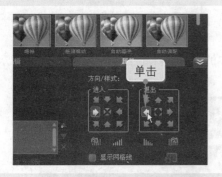

05 设置完成后，单击导览面板中的"播放修整后的素材"按钮，即可预览遮罩动画效果，如下图所示。

10.5.8 添加 Flash 动画——惊喜一刻

在会声会影中为静态图像添加动态的 Flash 效果，可以增加画面的动感，如下图所示。

素材文件	光盘\素材文件\第 10 章\美女.jpg、031.png
效果文件	光盘\效果文件\第 10 章\惊喜一刻.VSP
视频文件	光盘\视频文件\第 10 章\10.5.8 添加 Flash 动画——惊喜一刻.mp4

01 进入会声会影 X4 编辑器在视频轨中插入素材图像（光盘\素材文件\第 10 章\美女.jpg），如下图所示。

02 单击"图形"按钮，切换至"图形"选项卡，在"对象"素材库中选择 031.png 素材，如下图所示。

03 将该素材拖曳至覆叠轨中，并在预览窗口中调整其位置，效果如下图所示。

04 单击"轨道管理器"按钮，在弹出的"轨道管理器"对话框中选中"覆叠轨#2"和"覆叠轨#3"复选框，如下图所示，单击"确定"按钮。

05 单击"图形"按钮，在"边框"素材库中选择 04.png 素材，如下图所示，将其拖曳至覆叠轨 2 中。

06 在预览窗口中调整素材的大小与位置，效果如下图所示。

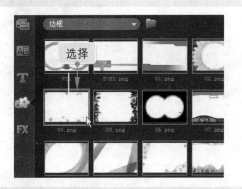

07 切换至"图形"选项卡，在"Flash 动画"素材库中选择 MotionD01 选项，将其拖曳至覆叠轨 3 中，并在预览窗口中调整其位置，效果如下图所示。

08 调整视频轨和覆叠轨 1 的区间长度为 00:00:04:09，调整覆叠轨 2 的区间长度为 3s，如下图所示。

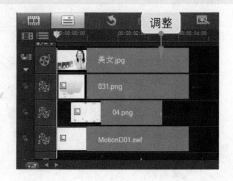

09 选中覆叠轨 1 中的素材，展开"属性"选项面板，单击"淡入动画效果"和"淡出动画效果"按钮，如下图所示。

10 使用同样的方法为覆叠轨 2 中的素材设置"淡入动画效果"和"淡出动画效果"，选中覆叠轨 3 中的素材，在"属性"选项面板设置各选项，如下图所示。

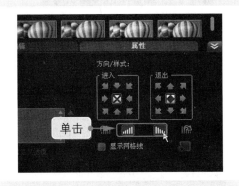 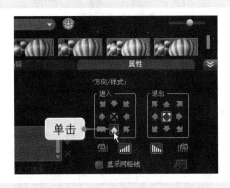

11 将飞梭栏移至素材的开始位置，单击"播放修整后的素材"按钮，即可预览添加的 Flash 动画效果，如下图所示。

10.6　知识盘点

　　本章以实例的形式全面介绍了会声会影的覆叠功能，这对于用户在实际视频编辑工作中制作丰富的视频叠加效果起到了很大的帮助作用。

　　通过对本章内容的学习，在进行视频编辑时，可大胆地使用会声会影 X4 提供的各种"方向／样式"模式，使制作的影片更加多样和生动。

第**11**章 制作影片滤镜效果

学前提示

随着数字时代的到来，越来越多的数码特效出现在各种影视节目中，视频滤镜效果就是其中的一种。通过对视频滤镜效果的使用，用户可以制作出各种神奇视觉效果，从而使视频作品更加能够吸引人们的眼球。本章主要介绍视频滤镜效果的编辑与使用方法。

本章内容

- 视频滤镜简介
- 添加视频滤镜
- 删除视频滤镜
- 替换视频滤镜
- 设置视频滤镜
- 视频滤镜精彩应用 10 例

通过本章的学习，您可以

- 掌握视频滤镜的基本知识
- 掌握添加视频滤镜的方法
- 掌握删除视频滤镜的方法
- 掌握替换视频滤镜的方法
- 掌握预设视频滤镜的方法
- 掌握消除视频偏色的方法

视频演示

11.1　视频滤镜简介

　　视频滤镜是指可以应用到视频素材中的效果，它可以改变视频文件的外观和样式。会声会影 X4 提供了多达 13 大类 60 多种的滤镜效果以供用户选择，如下图所示。运用视频滤镜对视频进行处理，可以掩盖一些由于拍摄造成的缺陷，并且可以使画面更加生动。

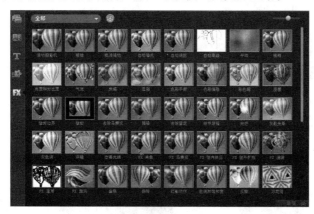

　　展开滤镜的"属性"选项面板，如下图所示。

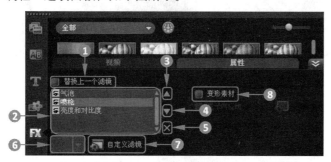

序　号	名　称	说　明
①	替换上一个滤镜	选中该复选框，将新滤镜应用到素材中时，将替换素材中已经应用的滤镜。如果希望在素材中应用多个滤镜，则不选中此复选框
②	已用滤镜	显示已经应用到素材中的视频滤镜列表
③	上移滤镜▲	单击该按钮可以调整视频滤镜在列表中的位置，使当前所选择的滤镜提前应用
④	下移滤镜▼	单击该按钮可以调整视频滤镜在列表中的位置，使当前所选择的滤镜延后应用
⑤	删除滤镜✕	选中已经添加的视频滤镜，单击该按钮可以从视频滤镜列表中删除所选择的视频滤镜
⑥	预设	会声会影为滤镜效果预设了多种不同的类型，单击右侧的下三角按钮，从弹出的下拉列表中可以选择不同的预设类型，并将其应用到素材中
⑦	自定义滤镜	单击"自定义滤镜"按钮，在弹出的对话框中可以自定义滤镜属性。根据所选滤镜类型的不同，在弹出的对话框中设置不同的选项参数
⑧	变形素材	选中该复选框，可以拖动控制点任意倾斜或者扭曲视频轨中的素材，使视频应用变得更加自由

视频滤镜可以模拟各种艺术效果来对素材进行美化，为素材添加云彩或气泡等效果，从而制作出精美的视频作品，如下图所示。

添加视频滤镜后，滤镜效果将会应用到视频素材的每一帧上，通过调整滤镜的属性，来控制起始帧到结束帧之间的滤镜强度、效果和速度等。下图所示为应用"云彩"滤镜后，在"属性"选项面板中单击"自定义"按钮弹出的对话框。

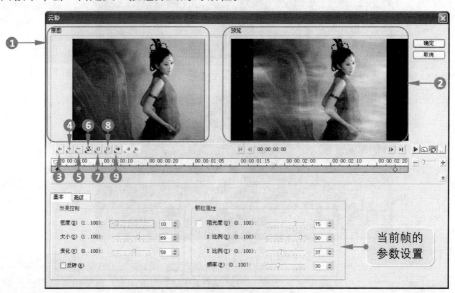

序 号	名 称	说 明
①	原图	该区域显示的是图像在未应用视频滤镜效果之前的效果
②	预览	该区域显示的是图像应用视频滤镜后的效果
③	转到上一个关键帧	单击该按钮，可以使上一个关键帧处于编辑状态
④	添加关键帧	单击该按钮，可以将当前帧设置为关键帧
⑤	删除关键帧	单击该按钮，可以删除已经存在的关键帧
⑥	翻转关键帧	单击该按钮，可以翻转时间轴中关键帧的顺序。视频序列将从终止关键帧开始到起始关键帧结束
⑦	将关键帧移到左边	单击该按钮，可以将关键帧向左侧移动一帧
⑧	将关键帧移到右边	单击该按钮，可以将关键帧向右侧移动一帧
⑨	转到下一个关键帧	单击该按钮，可以使下一个关键帧处于编辑状态

"云彩"滤镜对话框中的各选项含义介绍如下表所示。

名　称	说　明
密度	确定云彩的数目
大小	设置单个云彩大小的上限
变化	控制云彩大小的变化
反转	选中该复选框，可以使云彩的透明和非透明区域反转
阻光度	控制云彩的透明度
X 比例	控制水平方向的平滑程度。设置的值越低，图像显得越破碎
Y 比例	控制垂直方向的平滑程度。设置的值越低，图像显得越破碎
频率	设置破碎云彩或颗粒的数目。设置的值越高，破碎云彩的数量就越多；设置的值越低，云彩就越大、越平滑

对素材图像应用"气泡"滤镜后，单击"属性"选项面板中的"自定义滤镜"按钮，弹出"气泡"滤镜对话框如下图所示。

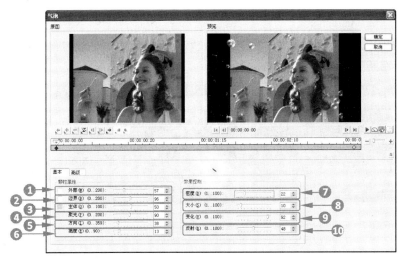

（1）"基本"选项卡

序　号	名　称	说　明
❶	外部	控制外部光线
❷	边界	设置边缘或边框的色彩
❸	主体	设置内部或主体的色彩
❹	聚光	设置聚光的强度
❺	方向	设置光线照射的角度
❻	高度	调整光源相对于 Z 轴的高度
❼	密度	控制气泡的数量
❽	大小	设置最大的气泡的尺寸上限
❾	变化	控制气泡大小的变化
❿	反射	调整强光在气泡表面的反射方式

（2）"高级"选项卡

名 称	说 明
方向	选中该单选按钮，气泡随机运动
发散	选中该单选按钮，气泡从中央区域向外发散运动
调整大小的类型	用于指定发散时，气泡大小的变化
速度	控制气泡的加速度
移动方向	指定气泡的移动角度
湍流	控制气泡从移动方向上偏离的变化程度
振动	控制气泡摇摆运动的强度

下表所示参数需要选中"动作类型"选项组中的"发散"单选按钮，才处于可设置状态。

名 称	说 明
区间	为每个气泡指定动画周期
发散宽度	控制气泡发散的区域宽度
发散高度	控制气泡发散的区域高度

对素材图像应用"闪光"滤镜后，单击"属性"选项面板中的"自定义滤镜"按钮，弹出"闪电"对话框，如下图所示。

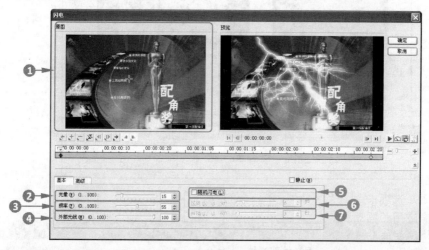

（1）"基本"选项卡

序 号	名 称	说 明
1	原图	拖动"原图"窗口中的十字标记，可以调整闪电的中心位置和方向
2	光晕	设置闪电发散出的光晕大小
3	频率	设置闪电旋转扭曲的次数，较高的值可以产生更多的分叉
4	外部光线	设置闪电对周围环境的照亮程度，数值越大，环境光越强
5	随机闪电	选中该复选框，将随机地生成动态的闪电效果
6	区间	以"帧"为单位设置闪电的出现频率
7	间隔	以"秒"为单位设置闪电的出现频率

（2）"高级"选项卡

名　称	说　明
闪电色彩	单击右侧的色块，在弹出的"Corel 色彩选取器"对话框中可以设置闪电的颜色（默认色为白色）
因子	拖动滑块可以随机改变闪电的方向
幅度	调整闪电振幅，从而设置分支移动的范围
亮度	向右拖动滑块可以增强闪电的亮度
阻光度	设置闪电混合到图像上的方式。较低的值使闪电更透明，较高的值使其更不透明
长度	设置闪电中分支的大小，选取较高的值可以增加其尺寸

对素材图像应用"自动草绘"滤镜后，单击"属性"选项面板中的"自定义滤镜"按钮，弹出"自动草绘"对话框，如下图所示。

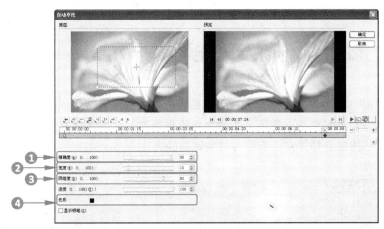

序　号	名　称	说　明
1	精确度	调整绘制的笔触的精细程度，数值越大，线条越细，效果越接近于原始画面
2	宽度	调整绘制的线条宽度，数值越大，线条越粗
3	阴暗度	调整画面的线条明暗比例，数值越大，暗色区域越多，阴影越浓重
4	色彩	单击右侧的色块，在弹出的"Corel 色彩选取器"对话框中可以选择使用的画笔色彩

对素材图像应用"摇动和缩放"滤镜后，单击"属性"面板中的"自定义滤镜"按钮，弹出"摇动和缩放"对话框，如下图所示。

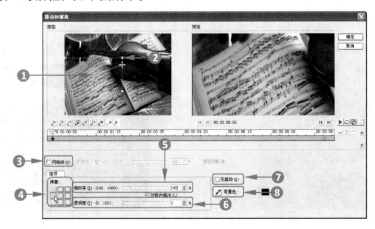

序 号	名 称	说 明
①	"原图"窗口中的红色十字标记	表示当前位置的设置可以调整，以产生摇动和缩放效果
②	"原图"窗口中的黄色控制点	拖曳"原图"窗口中的黄色控制点，可以调整要缩放的主题区域
③	网格线	选中"网格线"复选框，可以在原图窗口中显示网格，以便于精确定位
④	停靠	单击"停靠"框中的一个小方格，可以在固定方位移动"原图"窗口中的选取框
⑤	缩放率	指定一个关键帧后，调整该窗口下方的参数可以自定义缩放效果
⑥	透明度	要同时实现淡入或淡出效果，应调整"透明度"。这样，图像将淡化到背景色
⑦	无摇动	要放大或缩小固定区域而不摇动图像，应选中"无摇动"复选框
⑧	背景色	单击"背景色"右侧的色块，可以设置背景色

11.2 　添加、删除与替换滤镜

在会声会影 X4 中，为素材添加和删除视频滤镜特效的方法比较简单。在为视频素材添加视频滤镜后，若发现为素材添加视频滤镜所产生的效果不理想时，可以选择其他的视频滤镜来替换添加的视频滤镜。本节主要介绍添加、删除与替换滤镜的方法。

11.2.1 　添加视频滤镜

若用户需要制作特殊的视频效果，则可以为视频素材添加相应的视频滤镜，使视频素材产生符合用户需要的效果。

实 例 步 解 添加视频滤镜

素材文件	光盘\素材文件\第 11 章\蓝蜻蜓.jpg
效果文件	光盘\效果文件\第 11 章\蓝蜻蜓.VSP
视频文件	光盘\视频文件\第 11 章\11.2.1　添加视频滤镜.mp4

步骤 01 启动会声会影 X4 编辑器，并在故事板视图中插入素材图像（光盘\素材文件\第 11 章\蓝蜻蜓.jpg），如下图所示。

步骤 02 单击"滤镜"按钮，切换至"滤镜"选项卡，单击窗口上方的"画廊"按钮，在弹出的下拉列表中选择"二维映射"选项，如下图所示。

步骤03 打开"二维映射"素材库,在素材库中选择"修剪"选项,如下图所示。

步骤04 按住鼠标左键不放并将其拖曳至故事板视图中素材图像的上方,添加视频滤镜,如下图所示。

步骤05 释放鼠标左键后,即可为图像添加视频滤镜效果。单击导览面板中的"播放修整后的素材"按钮,即可预览添加的视频滤镜效果,如下图所示。

11.2.2 添加多个视频滤镜

在会声会影 X4 中,用户可以为素材添加多个滤镜效果,使素材效果更加丰富。

实 例 步 解 添加多个视频滤镜

素材文件	光盘\素材文件\第 11 章\越野.jpg	
效果文件	光盘\效果文件\第 11 章\越野.VSP	
视频文件	光盘\视频文件\第 11 章\11.2.2 添加多个视频滤镜.mp4	

步骤01 启动会声会影 X4 编辑器,在故事板视图中插入素材图像(光盘\素材文件\第 11 章\越野.jpg),如下图所示。

步骤02 单击"滤镜"按钮,切换至"滤镜"选项卡,在"特殊"素材库中选择"幻影动作"视频滤镜,如下图所示。

步骤03 按住鼠标左键不放并将其拖曳至故事板视图中的素材图像上方，即可添加相应的视频滤镜，如下图所示。

步骤04 双击故事板视图的素材图像，展开"属性"选项面板，取消选中"替换上一个滤镜"复选框，如下图所示。

步骤05 使用同样的方法，将"视频摇动和缩放"视频滤镜拖曳至故事板视图中的素材图像上方，单击导览面板中的"播放修整后的素材"按钮，即可预览添加多个视频滤镜后的视频效果，如右图所示。

专家点拨

会声会影允许最多将 5 个滤镜应用到同一个素材中。

11.2.3 删除视频滤镜

如果用户为一个视频素材添加了多个滤镜效果，若发现某个滤镜并未达到自己所需要的效果时，可以将该滤镜效果删除。

实例步解 删除视频滤镜

素材文件	光盘\素材文件\第 11 章\礼物.VSP	
效果文件	光盘\效果文件\第 11 章\礼物.VSP	
视频文件	光盘\视频文件\第 11 章\11.2.3 删除视频滤镜.mp4	

步骤01 启动会声会影 X4 编辑器，打开项目文件（光盘\素材文件\第 11 章\礼物.VSP），如下图所示。

步骤02 双击故事板视图中的素材图像，展开"属性"选项面板，❶在滤镜列表框中选择"光芒"视频滤镜，❷单击滤镜列表框右下方的"删除滤镜"按钮，即可删除所选择的滤镜，如下图所示。

专家点拨

在选项面板的"属性"选项卡中，单击滤镜名称前面的 🔄 按钮，可以查看素材未应用滤镜前的初始效果。

步骤03 单击导览面板中的"播放修整后的素材"按钮，即可预览删除视频滤镜后的视频效果，如右图所示。

11.2.4 替换视频滤镜

用户为视频素材添加视频滤镜后，如果发现素材添加的滤镜所产生的效果并不是自己所需要的，此时可以选择其他的视频滤镜来替换现有的视频滤镜。

实 例 步 解 **替换视频滤镜**

素材文件	光盘\素材文件\第 11 章\小狗.VSP	
效果文件	光盘\效果文件\第 11 章\小狗.VSP	
视频文件	光盘\视频文件\第 11 章\11.2.4　替换视频滤镜.mp4	

步骤01 启动会声会影 X4 编辑器，打开项目文件（光盘\素材文件\第 11 章\小狗.VSP），如下图所示。

步骤02 在故事板视图中选择已经添加了视频滤镜效果的素材图像，在"属性"选项面板中选中"替换上一个滤镜"复选框，如下图所示。

步骤03 在"滤镜"素材库中选择"水彩"选项，按住鼠标左键不放并将其拖曳至故事板视图中的素材图像上，展开"属性"选项面板，即可查看已替换的视频滤镜效果，如右图所示。

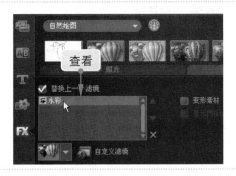

步骤 04 单击导览面板中的"播放修整后的素材"按钮，即可预览替换滤镜后的滤镜效果，如右图所示。

替换视频滤镜效果时，一定要确认"属性"选项面板中的"替换上一个滤镜"复选框处于选中状态，因为如果该复选框没有被选中，那么系统并不会将新添加的视频滤镜效果替换之前添加的滤镜效果，而是同时使用两个滤镜效果。

11.3　设置视频滤镜

为视频素材添加视频滤镜后，系统会自动为所添加的视频滤镜效果指定预设模式。当系统指定的滤镜预设模式制作的画面效果不能达到需要的效果时，可以重新为使用的滤镜效果指定预设模式或自定义滤镜效果，从而制作出更加精美的画面效果。

11.3.1　选择预设的视频滤镜

在会声会影 X4 中，每一个视频滤镜都会提供多个预设的滤镜模式，以供用户进行选择。

实 例 步 解　选择预设的视频滤镜

素材文件	光盘\素材文件\第 11 章\向日葵.jpg
效果文件	光盘\效果文件\第 11 章\向日葵.VSP
视频文件	光盘\视频文件\第 11 章\11.3.1　选择预设的视频滤镜.mp4

步骤 01 启动会声会影 X4 编辑器，在故事板视图中插入素材图像（光盘\素材文件\第 11 章\向日葵.jpg），如下图所示，并为该素材图像添加"光芒"视频滤镜。

步骤 02 展开"属性"选项面板，单击滤镜列表框左下方的下三角按钮，在弹出的列表框中即可选择需要的视频滤镜模式，如下图所示。双击所选的视频滤镜模式，即可将其应用到素材图像中。

专家点拨

在舞台表演中聚光灯的应用是非常重要的，但是在日常拍摄环境中不可能在任何时候都让拍摄的主角出现在聚光灯下，而通过会声会影中的"光芒"滤镜可以很容易实现聚光效果。

步骤 03 单击导览面板中的"播放修整后的素材"按钮，即可预览滤镜效果的预设模式，效果如下图所示。

11.3.2 自定义视频滤镜效果

虽然会声会影 X4 为所有的视频滤镜效果提供了多种可供选择的预设模式，但是在视频编辑过程中，这些预设效果毕竟有限，并不能完全满足用户在实际编辑工作中的需要。为了使制作出来的视频作品更加丰富，可以自定义视频滤镜，通过对滤镜效果的某些参数进行设置，从而创建出无限的可能。

实 例 步 解 自定义视频滤镜效果

素材文件	光盘\素材文件\第 11 章\花.jpg
效果文件	光盘\效果文件\第 11 章\雨点.VSP
视频文件	光盘\视频文件\第 11 章\11.3.2 自定义视频滤镜效果.mp4

步骤 01 启动会声会影 X4 编辑器，在故事板中插入素材图像（光盘\素材文件\第 11 章\花.jpg），如下图所示，并为该素材图像添加"雨点"视频滤镜。

步骤 02 单击"属性"选项面板中的"自定义滤镜"按钮，如下图所示。

步骤03 弹出"雨点"对话框，设置参数如下图所示。

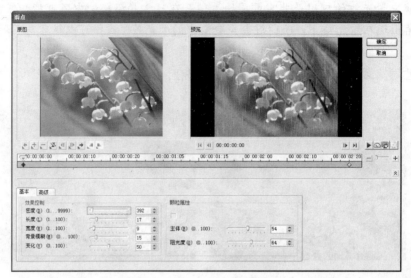

步骤04 单击"确定"按钮，返回会声会影 X4 编辑器。单击导览面板中的"播放修整后的素材"按钮，即可预览自定义的视频滤镜效果，如右图所示。

"雨点"对话框中的各选项含义介绍如下。

（1）"基本"选项卡

名　　称	说　　明
密度	调整雨滴的个数
长度	设置雨丝的长度
宽度	设置雨丝的宽度
背景模糊	控制背景图像被雨滴模糊的程度
变化	控制颗粒大小的变化
主体	确定雨滴的色彩以及打在图像上的重量
阻光度	设置图像透过雨幕的可见度

（2）"高级"选项卡

名　　称	说　　明
速度	控制雨滴的加速度
风向	控制变化率，或使雨滴倾斜的风向
湍流	控制雨滴从移动方向上偏离的变化程度
振动	控制雨滴摇摆运动的强度

如果在"基本"选项卡中的各选项参数设置如下左图所示。那么所得到的效果如下右图所示。

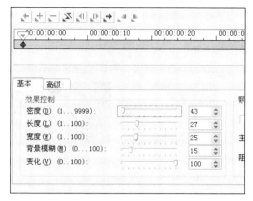

 专家点拨

在自定义视频滤镜操作过程中，由于会声会影 X4 每一种视频滤镜的参数均有所不同，因此，相应的自定义对话框也会有很大的差别，但对这些属性的调节方法大同小异。

11.3.3　调整视频对比度效果

用户在使用 DV 拍摄影片时，一般都会使用 DV 的自动曝光方式，拍摄的影片经常出现曝光不足或曝光过度的情况，影响影片的观感。会声会影 X4 提供的"亮度和对比度"视频滤镜，可以显著改善这种问题。

实 例 步 解　调整视频对比度效果

素材文件	光盘\素材文件\第 11 章\茶花.jpg
效果文件	光盘\效果文件\第 11 章\茶花.VSP
视频文件	光盘\视频文件\第 11 章\11.3.3　调整视频对比度效果.mp4

步骤01 启动会声会影 X4 编辑器，在故事板视图中插入素材图像（光盘\素材文件\第 11 章\茶花.jpg），如下图所示。

步骤02 打开"滤镜"选项卡中的"暗房"素材库，选择"亮度和对比度"视频滤镜，按住鼠标左键不放并将其拖曳至视频素材上方，如下图所示。

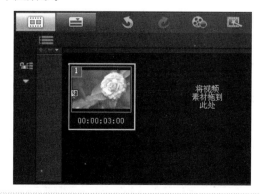

步骤 03 释放鼠标左键后，即可应用"亮度和对比度"视频滤镜效果，单击滤镜列表框下方的"自定义滤镜"按钮，弹出"亮度和对比度"对话框，各选项设置如下图所示。

步骤 04 ❶选中最后一帧，❷各选项设置如下图所示，单击"确定"按钮。

专家点拨

"亮度和对比度"滤镜使用技巧表现为：电视机屏幕中播放的画面要比电脑屏幕中明亮，如果影片最终在电视机中播放，调节时要比预想的暗一些。

步骤 05 单击导览面板中的"播放修整后的素材"按钮，即可预览调整后的视频滤镜效果，如下图所示。

11.3.4　还原正确的视频色彩

如果白平衡设置不当，或者现场光线情况比较复杂，使用 DV 摄像出来的照片会出现整段或局部偏色现象。会声会影 X4 中的"色彩平衡"视频滤镜可以有效地解决这种偏色问题，使其还原为正确的色彩。

实 例 步 解 还原正确的视频色彩

素材文件	光盘\素材文件\第 11 章\太阳花.jpg
效果文件	光盘\效果文件\第 11 章\太阳花.VSP
视频文件	光盘\视频文件\第 11 章\11.3.4　还原正确的视频色彩.mp4

步骤01 进入会声会影 X4 编辑器，在故事板视图中插入素材图像（光盘\素材文件\第 11 章\太阳花.jpg），如下图所示，然后打开"滤镜"选项卡。

步骤02 在素材库中选择"色彩平衡"滤镜效果，按住鼠标左键不放并拖曳至故事板视图的素材图像上方，即可添加该滤镜，展开"属性"选项面板，单击滤镜列表框下方的"自定义滤镜"按钮，弹出"色彩平衡"对话框，❶选中最后一帧，❷设置其他各参数，如下图所示，单击"确定"按钮。

步骤03 单击导览面板中的"播放修整后的素材"按钮，即可预览应用"色彩平衡"滤镜后的视频效果，如下图所示。

专家点拨

应用"色彩平衡"滤镜，可以改变图像中颜色混合的情况，使所有的色彩趋向于平衡。

11.3.5　添加关键帧消除偏色

若视频素材添加"色彩平衡"滤镜后，还存在偏色现象，则用户可在其中添加关键帧，以消除偏色。

实例步解 添加关键帧消除偏色

素材文件	光盘\素材文件\第 11 章\小动物.jpg
效果文件	光盘\效果文件\第 11 章\小动物.VSP
视频文件	光盘\视频文件\第 11 章\11.3.5　添加关键帧消除偏色.mp4

步骤01 进入会声会影 X4 编辑器，在故事板视图中插入素材图像（光盘\素材文件\第 11 章\小动物.jpg），如下图所示，并为该素材添加"色彩平衡"滤镜。

步骤02 在"属性"选项面板中单击"自定义滤镜"按钮，如下图所示。

步骤03 弹出"色彩平衡"对话框，单击"播放修整后的素材"按钮，选中需要添加帧的位置，如下图所示。

步骤04 单击"添加关键帧"按钮，即可添加关键帧，然后设置各选项参数，如下图所示。

步骤05 单击导览面板中的"播放修整后的素材"按钮，即可预览调整后的视频滤镜效果，如下图所示。

11.4　视频滤镜精彩应用 10 例

　　通过前面知识的讲解，用户已经对视频滤镜的基本使用方法有了一定的了解。下面具体向用户介绍这些视频滤镜的应用方法，以加深用户对软件的了解与认识。

11.4.1　"雨点"滤镜——细雨蒙蒙　　　　　　　主要功能：雨点滤镜

　　"特殊"素材库中的滤镜可以模拟云、雨、闪电等自然效果。本例运用"雨点"滤镜模拟下雨的效果，如下图所示。

素材文件	光盘\素材文件\第 11 章\荷花.jpg
效果文件	光盘\效果文件\第 11 章\细雨蒙蒙.VSP
视频文件	光盘\视频文件\第 11 章\11.4.1　"雨点"滤镜——细雨蒙蒙.mp4

01 进入会声会影 X4 编辑器，在故事板视图中插入素材图像（光盘\素材文件\第 11 章\荷花.jpg），如下图所示，然后打开"滤镜"选项卡。

02 将"滤镜"素材库中的"雨点"滤镜拖曳至故事板视图中的素材图像上，如下图所示。

03 双击素材图像，展开"属性"选项面板，单击"自定义滤镜"按钮，如下图所示。

04 弹出"雨点"对话框，❶选中第一个关键帧，❷设置"密度"参数为 200，如下图所示。

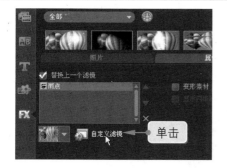

05 设置完成后，选中最后一个关键帧，如下图所示。

06 设置"背景模糊"参数为 40，如下图所示。

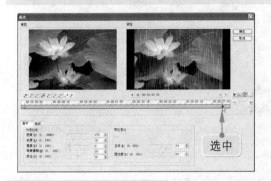

07 单击"确定"按钮，返回会声会影 X4 编辑器。单击导览面板中的"播放修整后的素材"按钮，即可预览添加的雨点滤镜效果，如右图所示。

11.4.2 "气泡"滤镜——动感气泡

主要功能：气泡滤镜

运用"气泡"滤镜可以在影片中产生气泡飘动效果。本例将运用"气泡"滤镜制作吹气泡动画效果，如下图所示。

素材文件	光盘\素材文件\第 11 章\吹气泡.mpg
效果文件	光盘\效果文件\第 11 章\动感气泡.VSP
视频文件	光盘\视频文件\第 11 章\11.4.2　"气泡"滤镜——动感气泡.mp4

01 进入会声会影 X4 编辑器，在故事板视图中插入视频素材（光盘\素材文件\第 11 章\吹气泡.mpg），单击导览面板中的"播放"按钮，即可预览视频素材，如下图所示。

02 将"滤镜"素材库中的"气泡"滤镜拖曳至故事板视图中的素材图像上，如下图所示。

03 展开"属性"选项面板，单击滤镜列表框左下方的下三角按钮，在弹出的下拉列表中选择需要的视频滤镜模式，如下图所示。

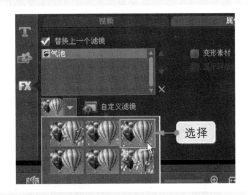

04 双击鼠标，即可选择滤镜效果预设模式，返回会声会影 X4 编辑器，单击导览面板中的"播放修整后的素材"按钮，即可预览气泡滤镜效果，如下图所示。

11.4.3　"闪电"滤镜——闪亮登场

主要功能：闪电滤镜

运用"闪电"滤镜可以模拟闪电照射的效果。本例将运用"闪电"滤镜制作出场效果，如下图页所示。

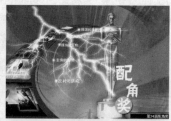

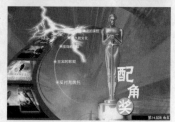

素材文件	光盘\素材文件\第 11 章\闪亮登场.jpg
效果文件	光盘\效果文件\第 11 章\闪亮登场.VSP
视频文件	光盘\视频文件\第 11 章\11.4.3 "闪电"滤镜——闪亮登场.mp4

01 进入会声会影 X4 编辑器，在故事板视图中插入素材图像（光盘\素材文件\第 11 章\闪亮登场.jpg），然后打开"滤镜"选项卡，将"滤镜"素材库中的"闪电"视频滤镜拖曳至故事板视图中的素材图像上。

02 在"属性"选项面板中，单击滤镜列表框左下角的下三角按钮，在弹出的下拉列表中选择需要的预设模式，如下图所示。

03 单击"自定义滤镜"按钮，弹出"闪电"对话框，从中设置相应选项参数，如下图所示。

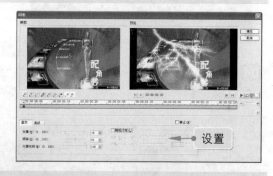

04 单击"确定"按钮，返回会声会影 X4 编辑器，单击导览面板中的"播放修整后的素材"按钮，即可预览添加的闪电滤镜效果，如下图所示。

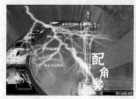
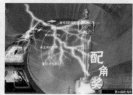
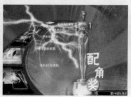

11.4.4 "自动草绘"滤镜——彩绘花朵

主要功能："自动草绘"滤镜

　　"自动草绘"滤镜是一个可以模拟手绘过程的滤镜。本例将运用"自动草绘"滤镜制作手绘动画效果，如下图所示。

素材文件	光盘\素材文件\第 11 章\彩绘花朵.jpg
效果文件	光盘\效果文件\第 11 章\彩绘花朵.VSP
视频文件	光盘\视频文件\第 11 章\11.4.4 "自动草绘"滤镜——彩绘花朵.mp4

01 进入会声会影 X4 编辑器，在故事板视图中插入素材图像（光盘\素材文件\第 11 章\彩绘花朵.jpg），然后打开"滤镜"选项卡，将"滤镜"素材库中的"自动草绘"滤镜拖曳至故事板视图中的素材图像上。

02 在"照片"选项面板中，设置"照片区间"参数为 8s，如下图所示。

03 展开"属性"选项面板，单击"自定义滤镜"按钮，弹出"自动草绘"对话框，设置各选项参数，如下图所示。

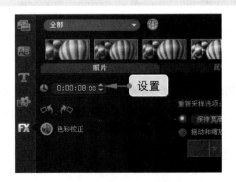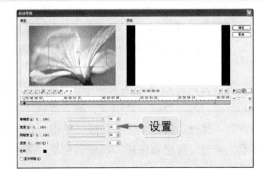

04 单击"确定"按钮，返回会声会影 X4 编辑器，单击导览面板中的"播放修整后的素材"按钮，即可预览自动草绘滤镜效果，如下图所示。

11.4.5　"肖像画"滤镜——油漆孩子　　　　　　　　　　主要功能：肖像画滤镜

"肖像画"滤镜主要用于描述人物肖像。本例将运用"肖像画"滤镜制作肖像画效果，如下图所示。

素材文件	光盘\素材文件\第 11 章\油漆孩子.jpg
效果文件	光盘\效果文件\第 11 章\油漆孩子.VSP
视频文件	光盘\视频文件\第 11 章\11.4.5　"肖像画"滤镜——油漆孩子.mp4

进入会声会影 X4 编辑器，在故事板视图中插入图像素材（光盘\素材文件\第 11 章\油漆孩子.jpg），打开"滤镜"选项卡，将"滤镜"素材库中的"肖像画"滤镜拖曳至故事板视图中的素材图像上。展开"属性"选项面板，单击"自定义滤镜"按钮，弹出"肖像画"对话框，如下页左图所示。单击"镂空罩色彩"右侧的色块，弹出"Corel 色彩选取器"对话框，设置各选项参数，如下页右图所示。

 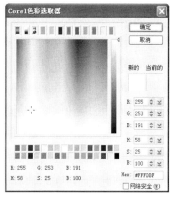

"肖像画"滤镜对话框中的各选项参数介绍如下。

名 称	说 明
镂空罩色彩	单击右侧色块，在弹出的"Corel 色彩选取器"对话框中可以设置主体边缘被透空后的填充色彩
形状	单击选项右侧的下三角按钮，在下拉列表中可以选择椭圆、正方形以及矩形等不同的形状
柔和度	设置边缘的柔化程度，数值越高，柔化效果越明显

单击导览面板中的"播放修整后的素材"按钮，即可预览肖像画视频滤镜效果，如下图所示。

11.4.6 "老电影"滤镜——经典回顾

主要功能："老电影"滤镜

"老电影"滤镜可以创建色彩单一的影片，播放时会出现抖动、刮痕、光线变化忽明忽暗的画面效果。本例将运用"老电影"滤镜使影片充满怀旧的气氛，如下图所示。

素材文件	光盘\素材文件\第 11 章\老照片.jpg
效果文件	光盘\效果文件\第 11 章\经典回顾.VSP
视频文件	光盘\视频文件\第 11 章\11.4.6 "老电影"滤镜——经典回顾.mp4

01 进入会声会影 X4 编辑器，在故事板视图中插入素材图像（光盘\素材文件\第 11 章\老照片.jpg），然后打开"滤镜"选项卡，将"滤镜"素材库中的"老电影"滤镜拖曳至故事板视图中的素材图像上。

02 在"属性"选项面板中，单击"自定义滤镜"按钮，弹出"老电影"对话框，设置各选项参数，如下图所示。

03 单击"替换色彩"右侧的方块，弹出"Corel 色彩选取器"对话框，设置各选项参数，如下图所示。

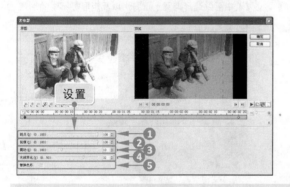

04 依次单击"确定"按钮，返回会声会影 X4 编辑器，单击导览面板中的"播放修整后的素材"按钮，即可预览老电影滤镜效果，如下图所示。

"老电影"滤镜对话框中的各选项参数介绍如下表所示。

序 号	名 称	说 明
❶	斑点	设置在画面上出现斑点明显程度，数值越大，斑点越多、越明显
❷	刮痕	设置在画面上出现刮痕的数量，数值越大，刮痕越多
❸	震动	设置画面的晃动程度，数值越大，画面抖动越厉害
❹	光线变化	设置画面上光线的明暗变化程度，数值越大，明暗变化越明显
❺	替换色彩	单击右侧色块，在弹出的"Corel 色彩选取器"对话框中可以指定需要使用的单色色彩

11.4.7 "云彩"滤镜——蓝天白云

"云彩"滤镜用于在视频画面上添加流动的云彩效果，可以逼真模拟天空中的云彩。本例将运用"云彩"滤镜制作蓝天白云效果，如下图所示。

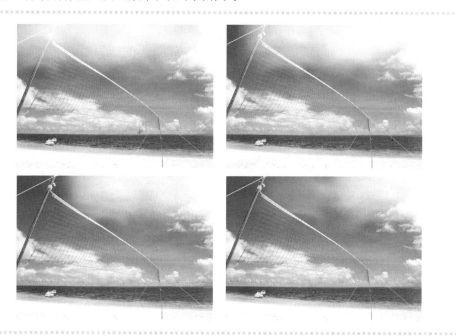

素材文件	光盘\素材文件\第 11 章\蓝天.jpg
效果文件	光盘\效果文件\第 11 章\蓝天白云.VSP
视频文件	光盘\视频文件\第 11 章\11.4.7 "云彩"滤镜——蓝天白云.mp4

[01] 进入会声会影 X4 编辑器，在故事板视图中插入图像素材（光盘\素材文件\第 11 章\蓝天.jpg），打开"滤镜"选项卡，将"滤镜"素材库中的"云彩"滤镜拖曳至故事板视图中的素材图像上。

[02] 展开"属性"选项面板，单击滤镜列表框左下角的下三角按钮，在弹出的下拉列表中选择需要的滤镜预设模式，如下图所示。

[03] 单击"自定义滤镜"按钮，弹出"云彩"对话框，❶移动十字标记至合适位置，❷设置各选项参数，如下图所示，单击"确定"按钮。

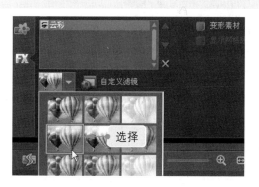

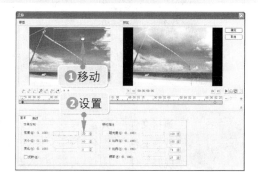

04 单击导览面板中的"播放修整后的素材"按钮，即可预览云彩视频滤镜效果，如下图所示。

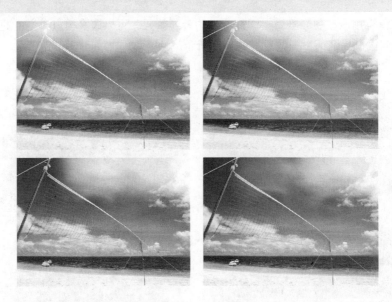

| 11.4.8 | "涟漪"滤镜——水波荡漾 | 主要功能："FX 涟漪"滤镜 |

"涟漪"滤镜可以让影片产生一种类似波纹滚动的效果。本例将运用"FX 涟漪"滤镜制作动态的涟漪，然后运用"平均"滤镜制作模糊的平静效果，如下图所示。

素材文件	光盘\素材文件\第 11 章\涟漪.jpg
效果文件	光盘\效果文件\第 11 章\水波荡漾.VSP
视频文件	光盘\视频文件\第 11 章\11.4.8　"涟漪"滤镜——水波荡漾.mp4

01 进入会声会影 X4 编辑器，在故事板视图中插入素材图像（光盘\素材文件\第 11 章\涟漪.jpg），然后打开"滤镜"选项卡，将"滤镜"素材库中的"FX 涟漪"滤镜拖曳至故事板视图中的素材图像上。

02 在"照片"选项面板中，设置"照片区间"参数为 8s，如下图所示。

03 展开"属性"选项面板，单击"自定义滤镜"按钮，弹出"FX 涟漪"对话框，设置各选项参数，如下图所示。

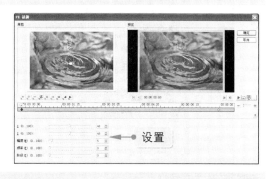

04 ❶选择最后一个关键帧，❷设置各选项参数，如下图所示，单击"确定"按钮。

05 返回会声会影 X4 编辑器，取消选中"替换上一个滤镜"复选框，如下图所示。

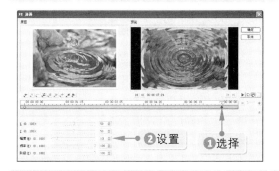

06 在"滤镜"素材库中选择"平均"选项，如下图所示，将"平均"滤镜拖曳至故事板视图中的素材图像上。

07 单击"属性"选项面板中的"自定义滤镜"按钮，弹出"平均"对话框，设置第一帧的"方格大小"为 2，❶选择最后一帧，❷设置最后一帧的"方格大小"为 6，如下图所示。

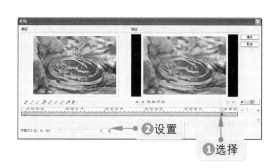

专家点拨

"平均"滤镜对话框中的"方格大小"数值表示设置查找平均色的范围，数值越大，画面的模糊程度越明显。

08 单击"确定"按钮，返回会声会影 X4 编辑器。单击导览面板中的"播放修整后的素材"按钮，即可预览涟漪滤镜效果，如下图所示。

| 11.4.9 | "光线"滤镜——浪漫烛光 | 主要功能：光线滤镜 |

"光线"滤镜用于在画面添加光线效果，可以模仿舞台上的聚光灯效果。本例将运用"光线"滤镜制作类似烛光照明效果，如下图所示。

素材文件	光盘\素材文件\第 11 章\小提琴.bmp
效果文件	光盘\效果文件\第 11 章\浪漫烛光.VSP
视频文件	光盘\视频文件\第 11 章\11.4.9 "光线"滤镜——浪漫烛光.mp4

01 进入会声会影 X4 编辑器，在故事板视图中插入图像素材（光盘\素材文件\第 11 章\小提琴.bmp），如下图所示，然后打开"滤镜"选项卡。

02 将"滤镜"素材库中的"光线"滤镜拖曳至故事板视图中的素材图像上，如下图所示。

03 设置"照片"选项面板中的"照片区间"参数为 10s，如下图所示。

04 选中"摇动和缩放"单选按钮，单击"自定义"按钮，如下图所示。

05 ①在"摇动和缩放"对话框中设置"缩放率"参数为 245，②在"停靠"选项组中单击左侧中间的按钮，如下图所示。

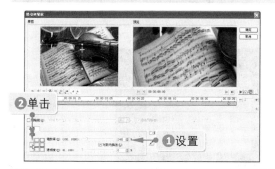

06 ①选择最后一个关键帧，②设置"缩放率"参数为 174，③在"停靠"选项组中单击右侧中间的按钮，如下图所示。

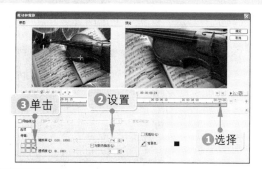

07 展开"属性"选项面板，单击"自定义滤镜"按钮，弹出"光线"对话框，设置各选项参数如下图所示。

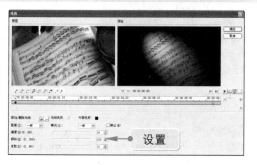

08 ①选择最后一个关键帧，②设置各选项参数，如下图所示，单击"确定"按钮，返回编辑器。

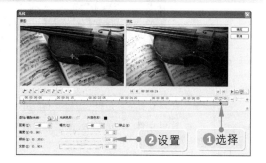

> **专家点拨**
>
> 在"光线"对话框中，设置"距离"、"曝光"选项时，单击所需要设置选项右侧的下拉按钮，在弹出的下拉列表中选择所需要的模式即可。而设置"光线色彩"及"外部色彩"时，单击所需要设置选项右侧的颜色方块，在打开的颜色选取器中，选择需要的颜色即可。设置"高度"、"倾斜"以及"发散"属性时，直接拖动需要设置选项右侧的调节栏中的滑块或者直接在右侧的数值栏输入需要的数值即可。

09 单击导览面板中的"播放修整后的素材"按钮，即可预览光线视频滤镜效果，如右图所示。

> **专家点拨**
>
> 人们在观看节目时，常常看到舞台上有很多漂亮的聚光灯，在日常拍摄中，不可能任何时候都有聚光灯出现在拍摄场景中，而使用"光线"滤镜就可以达到这种效果。

11.4.10 "画中画"滤镜——新房一角

主要功能：画中画滤镜

画中画是指在主画面内插入一个或多个尺寸较小的副画面，从而达到同时显示多个镜头的目的，它能够在同一时间内向观众传送出更多、更炫目、更安全的视觉信息。本例将讲述"画中画"滤镜的使用方法，效果如下图所示。

素材文件	光盘\素材文件\第 11 章\新房一角.mpg	
效果文件	光盘\效果文件\第 11 章\新房一角.VSP	
视频文件	光盘\视频文件\第 11 章\11.4.10 "画中画"滤镜——新房一角.mp4	

01 进入会声会影 X4 编辑器，在故事板视图中插入视频素材（光盘\素材文件\第 11 章\新房一角.mpg），单击导览面板中的"播放"按钮，即可预览视频效果，如下图所示。

02 将"滤镜"素材库中的"画中画"滤镜拖曳至故事板视图中的素材图像上，如下图所示。

03 单击"属性"选项面板中的"自定义滤镜"按钮，弹出"画中画"对话框，设置各选项参数，如下图所示。

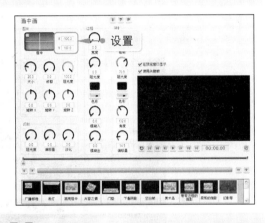

04 在"边框"选项组中设置"宽度"参数为 20，"阻光度"参数为 100，"色彩"为白色，如下图所示。

05 ❶将擦洗器拖曳到 1s 的位置，❷设置 X 和 Y 参数均为 0，"大小"参数为 60，❸在"边框"选项组中设置各选项参数，如下图所示。

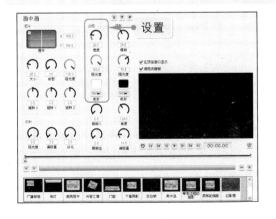
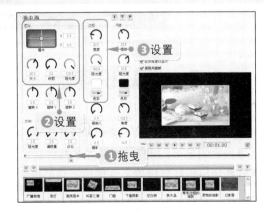

06 ❶将擦洗器拖曳到 3.16s 的位置，❷设置 X 和 Y 参数均为 0，"大小"参数为 60，❸在"边框"选项组中设置各选项参数，如下图所示。

07 ❶选择最后一帧，❷单击预设栏中的"重置为无"缩略图，❸设置 X 和 Y 参数均为 0，如下图所示。

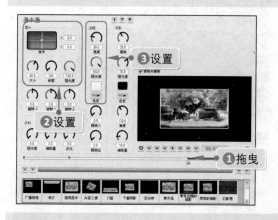

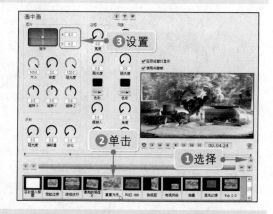

08 单击"确定"按钮，返回会声会影 X4 编辑器。单击导览面板中的"播放修整后的素材"按钮，即可预览画中画滤镜效果，如下图所示。

11.5 知识盘点

　　本章全面介绍了会声会影 X4 视频滤镜效果的添加、设置、自定义等具体操作方法。通过对本章内容的学习，用户可以熟练掌握会声会影 X4 视频滤镜的各种使用方法和技巧，并能够理论结合实践地将视频滤镜效果合理地运用到所制作的视频作品中。

第**12**章　添加与编辑字幕效果

学前提示

　　字幕是影视作品的重要组成部分，在影片中加入一些说明性文字，能够有效地帮助观众理解影片的内容，同时，字幕也是视频作品中一项重要的视觉元素。本章主要介绍字幕的精彩应用。

本章内容

- 添加标题字幕
- 设置标题字幕的时间
- 设置标题字幕的 8 项属性

- 制作 5 种标题字幕特殊效果
- 动画标题精彩应用 8 例

通过本章的学习，您可以

- 掌握创建标题字幕的多种方法
- 掌握更改多个标题字幕的方法
- 掌握更改标题字幕属性的方法

- 掌握快速搜索间隔的方法
- 掌握制作标题字幕的方法
- 掌握标题字幕动画精彩 8 例

视频演示

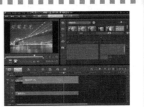

12.1 添加标题字幕

"标题"选项卡用于为影片添加文字说明，包括影片的片名、字幕等，如右图所示。会声会影 X4 可以使用多个标题和单个标题来添加文字。多个标题能够灵活地将文字中的不同单词放到视频帧的任何位置，并允许排列文字的叠放顺序；单个标题则可以方便地为影片创建开幕词和闭幕词。

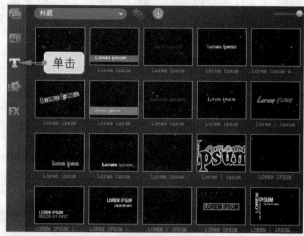

进入会声会影 X4 编辑器，为图像素材添加标题样式后，双击打开"编辑"选项面板，如下图所示。

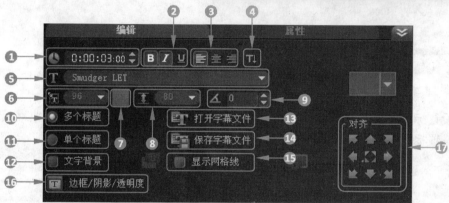

序号	名称	说明
①	区间 0:00:03:00	各组数字从左至右分别以"时:分:秒:帧"的形式显示标题的区间。可以通过修改时间码的值来调整标题的时间总长度
②	字体样式 B I U	为选中的文字设置粗体、斜体或下划线效果。单击 B 按钮可添加粗体效果；单击 I 按钮可以添加斜体效果；单击 U 按钮可以添加下划线效果。与当前添加到文字中的字体样式相应的按钮以黄色显示，在按钮上再次单击，可以取消应用的字体样式
③	对齐方式	可以设置多行文本的对齐方式，当前正在使用的对齐方式以黄色按钮显。单击 按钮可以使文字左对齐；单击 按钮可以使文字居中对齐；单击 按钮可以使文字右对齐
④	将方向更改为垂直	单击该按钮，可以使水平排列的标题变为垂直排列
⑤	字体	单击文本框右侧的下三角按钮，从下拉列表中可以为"预览窗口"中选中的文字设置新的字体，也可以先在这里设置字体，然后输入新的文字
⑥	字体大小	单击右侧的下三角按钮，从下拉列表中可以指定标题中所选文字的大小，也可以直接在文本框中输入数值进行调整
⑦	色彩	在"预览窗口"中选中需要调整色彩的文字，单击右侧的色块，从弹出的下拉列表中可以为选中的文字指定新的色彩

（续表）

序 号	名 称	说 明
⑧	行间距	调整标题素材中两行之间的距离。在"预览窗口"中选中需要调整行间距的文字（必须是多行文字），单击"行间距"文本框右侧的下三角按钮，从下拉列表中选择需要使用的行间距的数值或者在文本框中直接输入数值，即可改变选中的多行文本的行间距
⑨	按角度旋转	在文本框中输入数值（范围为-359~35g）可以调整文字的旋转角度
⑩	多个标题	选中该单选按钮，可以为文字使用多个文字框
⑪	单个标题	选中该单选按钮，可以为文字使用单个文字框。在老版本的会声会影中编辑项目文件时，此单选按钮会被自动选中
⑫	文字背景	选中该复选框，可以将文字放在一个色彩栏中。单击右侧的 按钮，在弹出的"文字背景"对话框中可以修改文字背景的属性，如色彩和透明度等
⑬	打开字幕文件	字幕文件包括 srt、ass、smi、ssa、utf 等多种格式。单击该按钮，在弹出的"打开"对话框中选择 utf 格式的字幕文件，可以一次批量导入字幕
⑭	保存字幕文件	单击该按钮，在弹出的对话框中可以将自定义的影片字幕保存为 utf 格式的字幕文件，以备将来使用，也可以修改并保存已经存在的 utf 字幕文件
⑮	显示网格线	选中该复选框，可以显示网格线。单击 按钮，在弹出的"网络线选项"对话框中可以为网络线设定参数
⑯	边框/阴影/透明度	允许为文字添加阴影和边框，并调整透明度
⑰	对齐	设置文字在画面中的对齐方式。单击相应的按钮，可以将文字对齐到左上角、上方中央、居中和右下方等位置

展开"属性"选项面板，如下图所示。

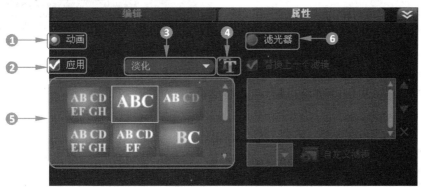

序 号	名 称	说 明
❶	动画	选中该单选按钮，将启用动画标题功能
❷	应用	选中该复选框，可以选择预设的动画效果，并将其应用到标题上
❸	选取动画类型	单击右侧的下三角按钮，从下拉列表中可以选择需要使用的标题运动类型
❹	自定义动画属性	单击该按钮，在弹出的"淡化动画"对话框中可以定义所选择的动画类型的属性
❺	预设	在下拉列表框中可以选择预设的标题动画
❻	滤光器	选中该单选按钮，素材库中将显示滤镜。将滤镜拖动到标题上，可以将相应的滤镜效果应用到标题中

12.1.1 通过标题模板创建字幕

　　会声会影的"标题"素材库中提供了丰富的预设标题，用户可以直接将其添加到标题轨上，然后根据需要修改标题的内容，使预设的标题能够与影片融为一体。

实 例 步 解 通过标题模板创建字幕

素材文件	光盘\素材文件\第 12 章\春天的味道.mpg
效果文件	光盘\效果文件\第 12 章\春天的味道.VSP
视频文件	光盘\视频文件\第 12 章\12.1.1　通过标题模板创建字幕.mp4

步骤01 进入会声会影 X4 编辑器，在故事板视图中插入视频素材（光盘\素材文件\第 12 章\春天的味道.mpg），效果如下图所示。

步骤03 从中选择需要的标题样式，此时将在预览窗口中观看该标题的效果。切换至时间轴视图中，将选择的标题拖曳至标题轨中，如下图所示。

步骤02 单击"标题"按钮，切换至"标题"选项卡，此时在"标题"素材库中将显示系统预设的标题，如下图所示。

步骤04 双击标题轨中的素材，将鼠标移至预览窗口中的标题上，按住鼠标左键不放并拖曳至合适位置后释放鼠标，即可移动标题位置，如下图所示。

步骤05 在预览窗口中的文字上双击鼠标，在文本框中选择需要删除的标题文本，如下图所示。

步骤06 此时，可以根据需要直接修改文字内容，并可以在"编辑"选项面板上设置标题的字体、色彩、样式和对齐方式等属性，效果如下图所示。

步骤07 单击导览面板中的"播放修整后的素材"按钮，即可预览添加的字幕效果，如下图所示。

> **专家点拨**

会声会影的单个标题功能主要用于制作片尾的长段字幕。一般情况下，建议使用多个标题功能。用户还可以在单个标题与多个标题之间进行转换，需要注意以下几个问题。

➢ 单个标题转换为多个标题之后，将无法撤销还原。

➢ 多个标题转换为单个标题时有两种情况，一种是如果选择了多个标题中的某一个标题，转换时将只有选中的标题被保留，而未被选中的标题内容将被删除；另一种是如果没有选中任何标题，那么在转换时，将只保留首次输入的标题。在这两种情况下，如果应用了文字背景，该效果会被删除。

12.1.2　创建一个标题字幕

标题字幕设计与书写是视频编辑的艺术手段之一，下面将向用户介绍创建一个标题字幕的方法。

实例步解　创建一个标题字幕

素材文件	光盘\素材文件\第 12 章\车.jpg
效果文件	光盘\效果文件\第 12 章\急速越野.VSP
视频文件	光盘\视频文件\第 12 章\12.1.2　创建一个标题字幕.mp4

步骤01 进入会声会影 X4 编辑器，在故事板视图中插入素材图像（光盘\素材文件\第 12 章\车.jpg），切换至时间轴视图中，如下图所示。

步骤02 单击"标题"按钮，切换至"标题"选项卡，此时可在预览窗口中看到"双击这里可以添加标题"字样，如下图所示。

专家点拨

预览窗口中有一个矩形框标出的区域，它表示标题的安全区，即程序允许输入标题的范围，在该范围内输入的文字才会在电视上播放时正确显示。

步骤03 在预览窗口中双击显示的字样，展开"编辑"选项面板选中"单个标题"单选按钮，然后在预览窗口中双击显示的字幕，将会出现一个文本输入框，其中有光标在不停地闪烁，如下图所示。

步骤04 在文本框中输入文字"急速越野"，然后选中输入的文字，效果如下图所示。

步骤05 在"编辑"选项卡中可以根据需要设置文字的字体、大小和对齐方式等属性，如下图所示。

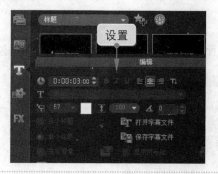

步骤06 设置完成后，在标题轨中单击鼠标，输入的文字将被添加到标题轨中，效果如下图所示。

在文字输入的过程中，按【Backspace】键，可以删除错误输入的文字。

12.1.3　创建多个标题字幕

会声会影 X4 允许用户在同一个画面中创建多个标题字幕。通过在同一个画面中创建多个标题字幕，可以使画面更加丰富，视觉效果更加完美。

实 例 步 解　创建多个标题字幕

素材文件	光盘\素材文件\第 12 章\海南之家.jpg
效果文件	光盘\效果文件\第 12 章\海南之家.VSP
视频文件	光盘\视频文件\第 12 章\12.1.3　创建多个标题字幕.mp4

步骤 01 进入会声会影 X4 编辑器，在视频轨中插入素材图像（光盘\素材文件\第 12 章\海南之家.jpg），如下图所示。

步骤 02 单击"标题"按钮，切换至"标题"选项卡，在预览窗口中双击显示的字样，在"编辑"选项面板中选中"多个标题"单选按钮，如下图所示。

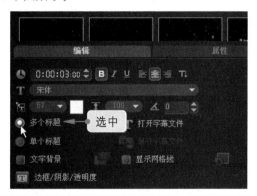

步骤 03 在预览窗口中需要输入文字的位置双击鼠标，将出现闪动的光标，在光标处输入相应的文字，然后在"编辑"选项面板中设置文字的相应属性，效果如下图所示。

步骤 04 在"编辑"选项卡中设置文字的相应属性，然后在预览窗口中需要添加标题的位置处双击鼠标，此时将出现闪动的光标，在光标处输入相应的文字，效果如下图所示。

12.2　设置标题字幕的时间

在标题轨中添加标题后，可以调整标题的时间长度，以控制标题文本的播放时间。本节主要介绍更改标题字幕时间的两种方法。

12.2.1　通过区间调整长度

标题字幕创建之后，系统会为创建的标题字幕设置一个默认的播放时间长度，用户可以通过对标题字幕的调节，从而改变这一默认的播放时间长度来完善视频效果。下面向用户介绍通过区间来调整长度的方法。

实 例 步 解　通过区间调整长度

素材文件	光盘\素材文件\第 12 章\瀑布.VSP
效果文件	光盘\效果文件\第 12 章\瀑布.VSP
视频文件	光盘\视频文件\第 12 章\12.2.1　通过区间调整长度.mp4

步骤01 在视频轨中打开项目文件（光盘\素材\第 12 章\瀑布.VSP），如下图所示。

步骤02 在标题轨中选择标题字幕，如下图所示。

步骤03 展开"编辑"选项面板，设置"区间"为 8s，如下图所示。

步骤04 "区间"参数设置完成后，在时间轴视图面板中即可查看更改区间后的效果，如下图所示。

步骤05 单击导览面板中的"播放修整后的素材"按钮，即可预览修改区间后的视频动画效果，如下图所示。

12.2.2　通过时间轴调整长度

除了上述方法可以改变标题字幕素材的播放区间之外，用户还可以直接在"标题轨"中通过拖动素材的起点或终点进行调整，下面向用户介绍通过时间轴调整长度的方法。

实 例 步 解　通过时间轴调整长度

素材文件	光盘\素材文件\第 12 章\生命之花.VSP
效果文件	光盘\效果文件\第 12 章\生命之花.VSP
视频文件	光盘\视频文件\第 12 章\12.2.2　通过时间轴调整长度.mp4

步骤01 在视频轨中打开项目文件（光盘\素材\第 12 章\生命之花.VSP），如下图所示。

步骤02 选择标题轨中的标题字幕，将鼠标移至字幕右侧的黄色标记上，按住鼠标左键不放并向右拖曳，至合适位置后释放鼠标，即可调整标题的时间长度，如下图所示。

专家点拨

在步骤 2 中，按住鼠标左键不放并向左或向左拖曳，均可调整字幕的时间长度。向左拖曳，将缩短字幕的时间长度；向右拖曳，将延长字幕的时间长度。

步骤03 单击导览面板中的"播放修整后的素材"按钮，即可预览修改区间后的视频动画效果，如右图所示。

专家点拨

上面所介绍的两种方法，均是改变标题字幕素材播放区间的常用方法，对标题字幕素材的调整，除了可以调整其播放区间外，用户还可以调整它在整个项目中的具体播放位置。在标题轨中，选择需要调整的标题字幕素材，将光标拖曳到标题字幕素材上，按住鼠标左键不放并拖曳，至合适位置释放鼠标，即可完成标题字幕的位置调整。

12.3 设置标题字幕的 8 项属性

在会声会影 X4 中，可以对创建好的标题设置颜色、字体、大小和样式等属性。本节将对这些操作进行详细的介绍。

12.3.1 设置添加标题帧位置

在输入文字之前，先设置好添加标题帧的位置，可以在更精确的位置上显示字幕。

实 例 步 解 设置添加标题帧位置

素材文件	光盘\素材文件\第 12 章\早上好.jpg
效果文件	光盘\效果文件\第 12 章\早上好.VSP
视频文件	光盘\视频文件\第 12 章\12.3.1 设置添加标题帧位置.mp4

步骤01 在视频轨中插入素材图像（光盘\素材\第 12 章\早上好.jpg），如下图所示，设置区间为 8s。

步骤02 单击"标题"按钮，展开"标题"素材库，按住鼠标左键不放并将导览面板下方的飞梭栏上的擦洗器拖曳至合适位置，释放鼠标后，即可设置添加标题的帧位置，如下图所示。

步骤03 在预览窗口中双击鼠标左键，即可输入文字，并调整字幕区间长度，效果如下图所示。

步骤04 使用同样的方法，拖曳擦洗器至合适位置后，并输入文字，效果如下图所示。

12.3.2 设置标题的字体类型

在画面中添加标题文字后，设置合适的字体可以使标题与画面显得更加协调。

实 例 步 解 **更改标题的字体类型**

素材文件	光盘\素材文件\第 12 章\江南.VSP
效果文件	光盘\效果文件\第 12 章\江南.VSP
视频文件	光盘\视频文件\第 12 章\12.3.2　更改标题的字体类型.mp4

步骤01 打开项目文件（光盘\素材文件\第 12 章\江南.VSP），效果如下图所示。

步骤02 在标题轨中选择标题文本，在预览窗口中单击需要更改标题字体的文本，在"编辑"选项面板中单击"字体"选项右侧的下三角按钮，在弹出的下拉列表中选择"楷体_GB2312"选项，如下图所示。

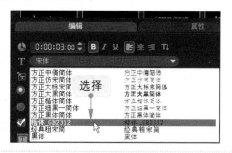

步骤03 设置完成后，单击导览面板中的"播放修整后的素材"按钮，即可预览视频字幕效果，如下图所示。

12.3.3　设置标题的字体大小

将标题文字设置成合适的大小，可以使文字更具观赏性。

实 例 步 解　设置标题的字体大小

素材文件	光盘\素材文件\第 12 章\放飞.VSP
效果文件	光盘\效果文件\第 12 章\放飞.VSP
视频文件	光盘\视频文件\第 12 章\12.3.3　设置标题的字体大小.mp4

步骤01 打开项目文件（光盘\素材文件\第 12 章\放飞.VSP），如下图所示。

步骤02 在标题轨中选择需要更改字体大小的标题字幕，然后在预览窗口中单击需要更改的标题文本，如下图所示。

步骤03 单击"编辑"选项面板中的"字体大小"下拉按钮，在弹出的下拉列表中选择 70，如下图所示。

步骤04 使用同样的方法设置"放飞"文字的字体大小为 40，并调整文字的位置，效果如下图所示。

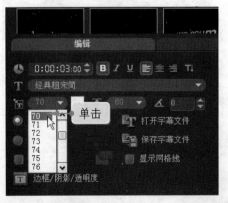

知识链接

选择需要更改的标题字幕后，在"编辑"选项面板中，单击相应的按钮，可以设置文字的行间距、加粗、倾斜以及添加下划线等效果。

12.3.4　设置标题的行间距

增加行间距，可以使行与行之间的显示更加清晰、整齐。

实 例 步 解 设置标题的行间距

素材文件	光盘\素材文件\第 12 章\向日葵.VSP
效果文件	光盘\效果文件\第 12 章\向日葵.VSP
视频文件	光盘\视频文件\第 12 章\12.3.4　设置标题的行间距.mp4

步骤 01　打开项目文件（光盘\素材文件\第 12 章\向日葵.VSP），如下图所示。

步骤 02　双击标题轨中的标题字幕，设置"编辑"选项面板中的"行间距"参数为 100，如下图所示。

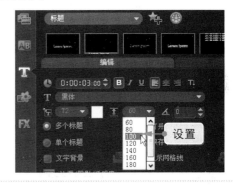

步骤 03　设置完成后，即可更改标题字幕的行间距，效果如下图所示。

12.3.5　设置标题的倾斜角度

在会声会影 X4 中，适当地设置文本的倾斜角度，可以使文本更具艺术美感。

实 例 步 解 设置标题的倾斜角度

素材文件	光盘\素材文件\第 12 章\小狗.VSP
效果文件	光盘\效果文件\第 12 章\小狗.VSP
视频文件	光盘\视频文件\第 12 章\12.3.5　设置标题的倾斜角度.mp4

步骤01 打开项目文件（光盘\素材文件\第 12 章\小狗.VSP），如下图所示。

步骤02 双击标题轨中的标题字幕，设置"编辑"选项面板中的"按角度旋转"选项参数为 9，如下图所示。

步骤03 设置完成后，即可更改标题字体的方向，并将文字拖曳至合适位置，效果如右图所示。

12.3.6 设置标题的显示方向

在"编辑"属性面板中，用户可以根据需要随意更改文本的显示方向。

实 例 步 解 设置标题的显示方向

素材文件	光盘\素材文件\第 12 章\荷花.VSP
效果文件	光盘\效果文件\第 12 章\荷花.VSP
视频文件	光盘\视频文件\第 12 章\12.3.6　设置标题的显示方向.mp4

步骤01 打开项目文件（光盘\素材文件\第 12 章\荷花.VSP），如下图所示。

步骤02 在标题轨中选择需要更改显示方向的标题字幕，在预览窗口中单击需要更改的标题文本，如下图所示。

步骤03　单击"编辑"选项面板中的"将方向更改为垂直"按钮，如下图所示。

步骤04　设置完成后，即可更改标题字体的方向，并将文字拖曳至合适位置，效果如下图所示。

12.3.7　设置标题的背景效果

设置文字背景是指在文字下方显示一个颜色块，以更加突出文字效果。

实 例 步 解　设置标题的背景效果

素材文件	光盘\素材文件\第 12 章\车展.mpg
效果文件	光盘\效果文件\第 12 章\车展.VSP
视频文件	光盘\视频文件\第 12 章\12.3.7　设置标题的背景效果.mp4

步骤01　在视频轨中插入视频素材（光盘\素材文件\第 12 章\车展.mpg），如下图所示。

步骤02　在预览窗口中添加标题字幕，并设置字幕时间与视频时间等长，如下图所示。

步骤03　双击标题轨中的文字，展开"编辑"选项面板，选中"文字背景"复选框，如右图所示。

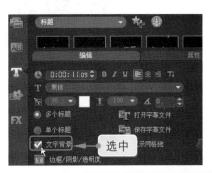

步骤 04 单击"自定义文字背景的属性"按钮 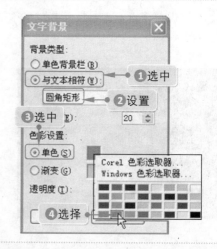，弹出"文字背景"对话框。❶选中"与文本相符"单选按钮，❷设置类型为"圆角矩形"，❸选中"单色"单选按钮，单击右侧的色块，❹在弹出的下拉列表中选择需要的颜色，如右图所示。

专家点拨

为影片叠加单个标题时，不能对单个标题应用背景效果，无论标题文字有多长，它都是一个标题，当输入的文字超出窗口范围时，可以通过拖曳导览窗口右侧的滑块来查看。

步骤 05 ❶设置"透明度"为 30，❷单击"确定"按钮，如下图所示。

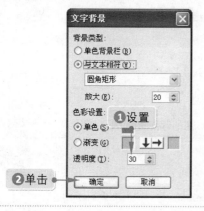

步骤 06 展开"属性"选项面板，选中"应用"复选框，选择一种合适的动画类型，如下图所示。

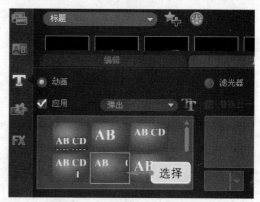

步骤 07 设置完成后，单击导览面板中的"播放修整后的素材"按钮，即可预览标题字幕的背景效果，如下图所示。

12.3.8 将标题素材添加至素材库

在会声会影 X4 中，用户可以将自己设置的标题添加至素材库中，以便下次使用。

视频文件 光盘\视频文件\第 12 章\12.3.8 将标题素材添加至素材库.mp4

在标题轨中选择需要添加至素材库的标题文本，按住鼠标左键不放并拖曳至素材库中，如下左图所示，释放鼠标后，即可将标题素材添加至素材库中，如下右图所示。

用户还可以将素材保存至收藏夹中，在标题轨中选择需要添加至素材库的标题文本，单击鼠标右键，在弹出的快捷菜单中选择"添加到 收藏夹"选项，如下左图所示。执行操作后，即可将标题素材添加至收藏夹中，如下右图所示。

12.4　制作 5 种标题字幕特殊效果

在会声会影 X4 中，除了改变文字的字体、字体大小和背景效果外，还可以为文字添加一些装饰因素使其更加出彩。最常用的装饰因素是添加边框、阴影和透明度等，灵活运用这些装饰因素，可以制作出很多的标题效果。

12.4.1　描边字幕——蔚蓝海岸

为了使标题字幕样式更加丰富多彩，用户可以为标题字幕设置描边效果。

视频文件　光盘\视频文件\第 12 章\12.4.1　描边字幕——蔚蓝海岸.mp4

在视频轨中插入素材图像（光盘\素材文件\第 12 章\蔚蓝海岸.jpg），切换至"标题"选项卡，在预览窗口中输入文字"蔚蓝海岸"，选择输入的标题字幕，在"编辑"选项面板中单击 按钮，弹出"边框/阴影/透明度"对话框，设置"边框宽度"为 4.0、"线条色彩"为橙色，如下页左图所示。设置完成后，单击"确定"按钮，制作的描边字幕效果如下页右图所示。

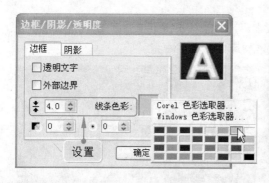

12.4.2 光晕字幕——春天的气息

在会声会影 X4 中，制作光晕字幕可以让字幕更具吸引力。

> **视频文件** 光盘\视频文件\第 12 章\12.4.2 光晕字幕——春天的气息.mp4

在视频轨中插入项目文件（光盘\素材文件\第 12 章\春天的气息.jpg），如下图所示。

切换至"标题"选项卡，在预览窗口中输入文字"春天的气息"，选择输入的标题字幕，在"编辑"选项面板中单击 □ 按钮，弹出"边框/阴影/透明度"对话框，切换至"阴影"选项卡，❶ 单击"光晕阴影"按钮 A，❷ 设置各参数，如下左图所示。

展开"属性"选项面板，选中"应用"复选框，在动画类型列表中选择一种合适的字幕动画效果，如下右图所示。

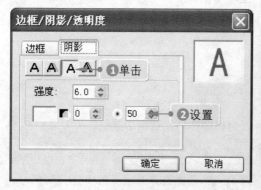
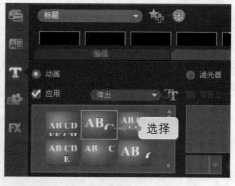

设置完成后，单击导览面板中的"播放修整后的素材"按钮，即可预览制作的光晕字幕效果，如下页图所示。

12.4.3　突起字幕——假日休闲

在会声会影 X4 中，如果需要强调或突出显示字幕文本，此时可设置字幕的突起效果。

> **视频文件**　光盘\视频文件\第 12 章\12.4.3　突起字幕——假日休闲.mp4

在视频轨中插入素材图像（光盘\素材文件\第 12 章\海滩.jpg），在预览窗口中输入相应的文字，在"编辑"选项面板中单击 T 按钮，弹出"边框/阴影/透明度"对话框，切换至"阴影"选项卡，❶单击 "突起阴影"按钮 A，❷设置各选项，如下左图所示。单击"确定"按钮，即可预览制作的突起字幕效果，如下右图所示。

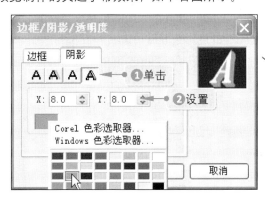

12.4.4　镂空字幕——提拉米苏

在"边框/阴影/透明度"对话框中，选中"边框"选项卡中的"透明文字"复选框，可以制作镂空字幕效果。

> **视频文件**　光盘\视频文件\第 12 章\12.4.4　镂空字幕——提拉米苏.mp4

在视频轨中插入素材图像（光盘\素材文件\第 12 章\提拉米苏.jpg），在预览窗口中输入文字"提拉米苏"，并设置文字的相应属性，在预览窗口中选择输入的标题字幕，在"编辑"选项面板中单击 T 按钮，弹出"边框/阴影/透明度"对话框。❶在"边框"选项卡中选中"透明文字"复选框，❷设置"边框宽度"为 3.0，❸设置"线条颜色"为深红色，如下左图所示。单击"确定"按钮，制作的镂空字幕效果如下页右图所示。

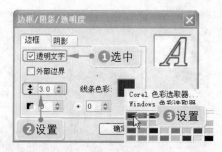

12.4.5 投影字幕——水果拼盘

为了让标题字幕更加美观，用户可以为标题字幕添加投影效果。

 实 例 步 解 水果拼盘

素材文件	光盘\素材文件\第 12 章\水果.jpg
效果文件	光盘\效果文件\第 12 章\水果拼盘.VSP
视频文件	光盘\视频文件\第 12 章\12.4.5　投影字幕——水果拼盘.mp4

步骤 01 在视频轨中插入素材图像（光盘\素材文件\第 12 章\水果.jpg），在预览窗口中输入文字"水果拼盘"，如下图所示。

步骤 02 在预览窗口中选择输入的标题字幕，在"编辑"选项面板中单击█按钮，弹出"边框/阴影/透明度"对话框，切换至"阴影"选项卡，单击"下垂阴影"按钮█，在下方设置各选项参数，单击颜色色块，在弹出的下拉列表中选择"Corel 色彩选取器"选项，如下图所示。

步骤 03 弹出"Corel 色彩选取器"对话框，设置 RGB 参数值分别为 247、234、112，如下图所示。

步骤 04 依次单击"确定"按钮，制作的投影字幕效果如下图所示。

12.5　动画标题精彩应用 8 例

在会声会影 X4 中，集成了 8 种类型的字幕动画效果，每种类型还有很多的预设，使用户不用再进行烦琐的设置。下面将通过 8 个具体实例的制作，介绍视频编辑中比较常用的字幕动画制作方法。

12.5.1　飞行效果——稀世珍宝　　　　　　　　　　主要功能："飞行"动画类型

飞行动画可以使字符或者单词沿着一定的路径飞行，如下图所示。

素材文件	光盘\素材文件\第 12 章\稀世珍宝.VSP
效果文件	光盘\效果文件\第 12 章\稀世珍宝.VSP
视频文件	光盘\视频文件\第 12 章\12.5.1　飞行效果——稀世珍宝.mp4

01 打开项目文件（光盘\素材文件\第 12 章\稀世珍宝.VSP），双击标题轨中的标题字幕，选中"属性"选项面板中的"应用"复选框，如下图所示。

02 设置"选取动画类型"为"飞行"，并选择合适的动画类型，如下图所示。

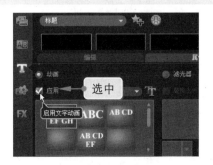
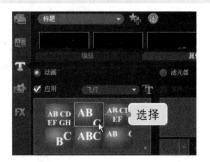

03 单击导览面板中的"播放修整后的素材"按钮，即可预览标题字幕的飞行动画效果，如下图所示。

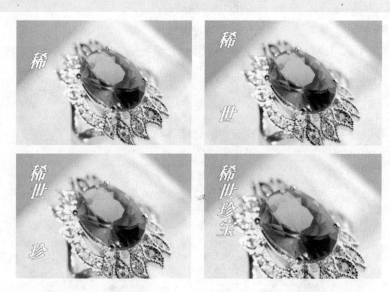

12.5.2 摇摆效果——烟花灿烂

主要功能："摇摆"动画类型

摇摆动画可以使文字产生左右摇摆运动的效果，如下图所示。

素材文件	光盘\素材文件\第 12 章\烟花.mpg
效果文件	光盘\效果文件\第 12 章\烟花灿烂.VSP
视频文件	光盘\视频文件\第 12 章\12.5.2 摇摆效果——烟花灿烂.mp4

01 在视频轨中，打开一段视频素材（光盘\素材文件\第 12 章\烟花.mpg），单击"标题"按钮，并在预览窗口中输入文字"烟花灿烂"，效果如下图所示。

02 双击标题轨中的文字，展开"编辑"选项面板，单击"将方向更改为垂直"按钮，如下图所示。

03 在预览窗口中选中文字，通过拖曳鼠标调整文字的位置，效果如下图所示。

04 在预览窗口中选中文字，单击"编辑"选项面板中的"边框/阴影/透明度"按钮，在弹出的对话框中设置各选项，如下图所示。

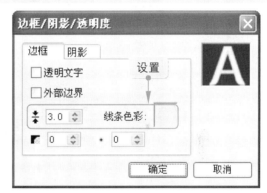

05 ❶切换至"阴影"选项卡，❷单击"下垂阴影"按钮，设置各选项，如下图所示，单击"确定"按钮。

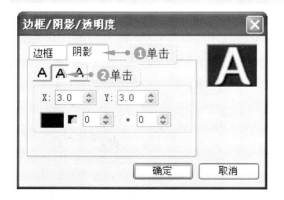

06 展开"属性"选项面板，❶选中"应用"复选框，❷在"摇摆"动画类型中选择一种合适的动画类型，如下图所示。

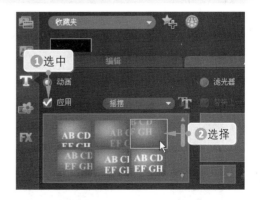

07 单击导览面板中的"播放修整后的素材"按钮，即可预览标题字幕的摇摆动画效果，如下图所示。

12.5.3 变形效果——人间仙境

主要功能："移动路径"动画类型

在会声会影 X4 中，"移动路径"动画可以使标题字幕产生沿指定路径运动的效果，如下图所示。

素材文件	光盘\素材文件\第 12 章\人间仙境.jpg
效果文件	光盘\效果文件\第 12 章\人间仙境.VSP
视频文件	光盘\视频文件\第 12 章\12.5.3　变形效果——人间仙境.mp4

01 在视频轨中插入素材图像（光盘\素材文件\第 12 章\人间仙境.jpg），单击"标题"按钮，并在预览窗口中输入文字"人间仙境"，效果如下图所示。

02 双击标题轨中的文字素材，展开"属性"选项面板，❶选中"应用"复选框，❷在"移动路径"动画类型中选择一种合适的动画类型，如下图所示。

03 单击导览面板中的"播放修整后的素材"按钮，即可预览标题字幕的变形动画效果，如下图所示。

12.5.4　缩放效果——蓝天白云

主要功能："缩放"动画类型

"缩放"动画可以使文字在运动的过程中产生放大或缩小的变化，如下图所示。

素材文件	光盘\素材文件\第 12 章\蓝天白云.VSP
效果文件	光盘\效果文件\第 12 章\蓝天白云.VSP
视频文件	光盘\视频文件\第 12 章\12.5.4　缩放效果——蓝天白云.mp4

01 打开项目文件（光盘\素材文件\第 12 章\蓝天白云.VSP），如下图所示，选择标题轨中的标题字幕。

02 在"属性"选项面板中，❶选中"应用"复选框，❷设置"选取动画类型"为"缩放"，❸选择合适的动画类型，如下图所示。

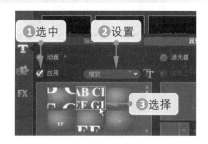

03 单击导览面板中的"播放修整后的素材"按钮，即可预览标题字幕的缩放动画效果，如下图所示。

12.5.5 旋转效果——璀璨星光

主要功能："幻影动作"滤镜

"翻转"动画可以使文字产生翻转回旋的动画效果，如下图所示。

素材文件	光盘\素材文件\第 12 章\璀璨星光.VSP
效果文件	光盘\效果文件\第 12 章\璀璨星光.VSP
视频文件	光盘\视频文件\第 12 章\12.5.5　旋转效果——璀璨星光.mp4

01 打开项目文件（光盘\素材文件\第 12 章\璀璨星光.VSP），如下图所示。

02 双击标题轨中的素材，❶选中"属性"选项面板中的"应用"复选框，❷在"选取动画类型"下拉列表中选择"移动路径"选项，❸选择第一个预设动画，如下图所示。

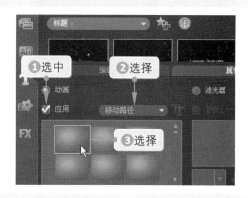

03 在预览窗口中通过拖曳"暂停区间"调整"移动路径"动画的暂停时间，如下图所示。

04 进入"滤镜"素材库，在"画廊"下拉列表中选择"特殊"选项，将"幻影动作"滤镜拖曳至标题轨中，如下图所示。

05 双击标题轨中的素材，在"属性"选项面板中选中"滤光器"单选按钮，单击"自定义滤镜"按钮，弹出"幻影动作"对话框，各选项设置如下图所示。

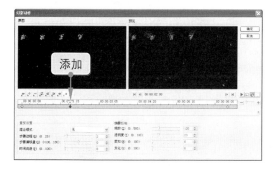

06 设置"步骤边框"为 4，"透明度"为 50，"柔和"为 30，如下图所示。

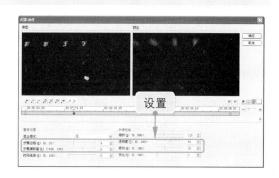

07 将飞梭栏拖曳至 00:00:04:07 的位置，添加新的关键帧，设置各选项，如下图所示。

08 ❶选择最后一个关键帧，❷设置各选项，如下图所示，单击"确定"按钮。

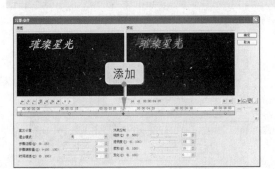

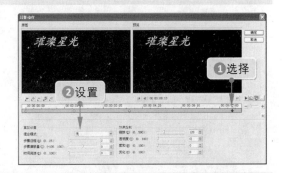

09 单击导览面板中的"播放修整后的素材"按钮，即可预览标题字幕的旋转动画效果，如下图所示。

12.5.6 **滚动效果——电影海报**

主要功能："发散光晕"滤镜

电影海报一般绚丽多彩，字体效果也非常丰富。本例将运用"缩放动作"滤镜和"发散光晕"滤镜制作出绚丽的电影海报字幕，如下页图所示。

素材文件	光盘\素材文件\第 12 章\蜘蛛侠.VSP
效果文件	光盘\效果文件\第 12 章\电影海报.VSP
视频文件	光盘\视频文件\第 12 章\12.5.6　滚动效果——电影海报.mp4

01 打开项目文件（光盘\素材文件\第 12 章\蜘蛛侠.VSP），如下图所示。

02 进入"滤镜"素材库，将"缩放动作"滤镜拖曳到标题轨中，效果如下图所示。

03 双击标题轨中的素材，❶选中"属性"选项面板中的"滤光器"单选按钮，❷单击"自定义滤镜"按钮，如下图所示。

04 弹出"缩放动作"对话框，❶选择第一个关键帧，❷设置"速度"为 1，如下图所示。

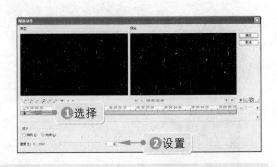

05 将飞梭栏拖曳至 00:00:01:10 的位置，❶添加一个关键帧，❷设置各选项，如下图所示。

06 将飞梭栏拖曳至 2s 的位置，❶添加一个新关键帧，❷设置各选项，如下图所示。

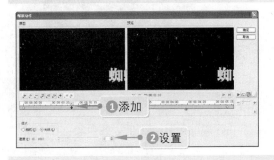

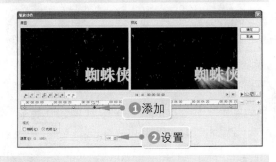

07 将飞梭栏拖曳至 4s 的位置，❶添加一个新关键帧，❷设置各选项，如下图所示，单击"确定"按钮。

08 进入"滤镜"素材库，将"发散光晕"滤镜拖曳到标题轨上，如下图所示。

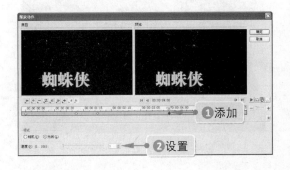

09 双击标题轨中的素材，进入"属性"选项面板，选中"滤光器"单选按钮，单击"自定义滤镜"按钮，弹出"发散光晕"对话框，设置各选项，如下图所示。

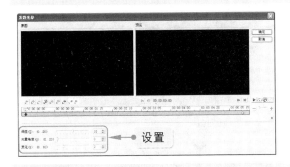

10 将飞梭栏拖曳至 00:00:01:10 的位置，❶添加新的关键帧，❷设置"阈值"为 10，"光晕角度"为 0，如下图所示。

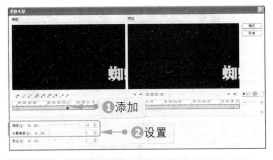

11 将飞梭栏拖曳至 2s 的位置，❶添加一个新关键帧，❷设置各选项，如下图所示。

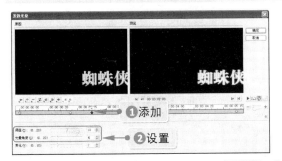

12 将飞梭栏拖曳至 4s 的位置，❶添加一个新关键帧，❷设置各选项，如下图所示，单击"确定"按钮。

13 单击"播放修整后的素材"按钮，即可预览标题字幕的滚动动画效果，如右图所示。

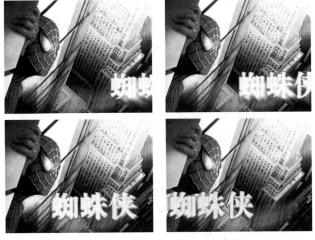

知识链接

运用缩放动作和"发散光晕"滤镜还可以制作出扫光的效果，但扫光的收放要配合标题的运动，标题静止时的扫光效果不如标题运动时理想，而且最好使用横向或纵向地飞行或弹出动画。在制作扫光效果时还要注意，标题背景最好使用黑色或比较深的颜色。光晕滤镜可以进一步增强光线的亮度，光晕滤镜的关键帧位置要与缩放动作滤镜的动作相同，做到同步发光。

12.5.7 立体效果——沙漠探险

会声会影不能制作出真正的 3D 文字，但是可以利用文字的阴影模拟出具有立体感的文字。下面将介绍运用"光线"和"发散光晕"滤镜制作流光的效果，如下图所示。

素材文件	光盘\素材文件\第 12 章\沙漠探险.VSP
效果文件	光盘\效果文件\第 12 章\沙漠探险.VSP
视频文件	光盘\视频文件\第 12 章\12.5.7　立体效果——沙漠探险.mp4

01 打开项目文件（光盘\素材文件\第 12 章\沙漠探险.VSP），如下图所示。

02 进入"滤镜"素材库，在"画廊"下拉列表中选择"暗房"选项，将"光线"滤镜拖曳到标题轨中，效果如下图所示。

03 双击标题轨中的素材，在"属性"选项面板中选中"滤光器"单选按钮，单击"自定义滤镜"按钮，如下图所示。

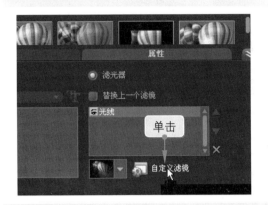

05 ❶设置"光线色彩"的 RGB 参数为 173、130、0，"发散"参数为 30，在关键帧上单击鼠标右键，❷在弹出的快捷菜单中选择"复制"选项，复制第一个关键帧，如下图所示。

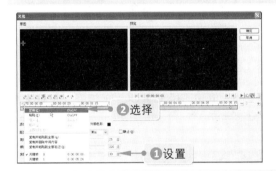

07 ❶选择最后一个关键帧，单击鼠标右键，在弹出的快捷菜单中选择"粘贴"选项，❷设置各选项，如下图所示，单击"确定"按钮。

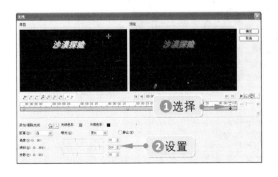

04 弹出"光线"对话框，❶将十字标记拖曳至左侧的位置，❷设置各选项，如下图所示。

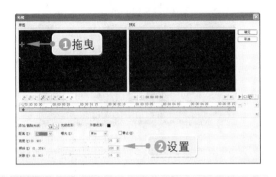

06 将飞梭栏拖曳至 3s 的位置，❶添加一个关键帧，单击鼠标右键，在弹出的快捷菜单中选择"粘贴"选项，❷设置各选项，如下图所示。

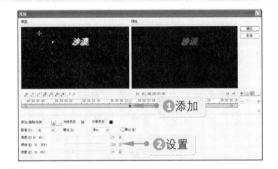

08 进入"滤镜"素材库，在"画廊"下拉列表中选择"相机镜头"选项，将"发散光晕"滤镜拖曳到标题轨中，如下图所示。

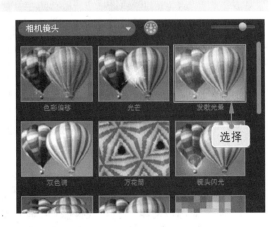

09 双击标题轨中的素材，❶在"属性"选项面板中选中"滤光器"单选按钮，❷单击"自定义滤镜"按钮，如下图所示。

10 弹出"发散光晕"对话框，选择第一个关键帧，设置"光晕角度"为 2，❶选择第二个关键帧，❷设置各选项，如下图所示。

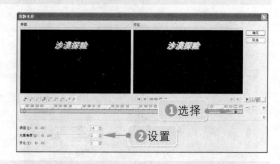

11 单击导览面板中的"播放修整后的素材"按钮，即可预览标题字幕的动画效果，如下图所示。

12.5.8 上滚效果——结束开幕

主要功能："飞行"动画类型

在很多影视节目中，演职员的名称会置于影片结束处，并以上滚字幕的方式播出，本节将详细介绍在会声会影中制作上滚字幕的方法，效果如下图所示。

素材文件	光盘\素材文件\第 12 章\荷花.mpg
效果文件	光盘\效果文件\第 12 章\结束字幕.VSP
视频文件	光盘\视频文件\第 12 章\12.5.8 上滚效果——结束字幕.mp4

01 在视频轨中插入一段视频素材（光盘\素材文件\第 12 章\荷花.mpg），单击"图形"按钮，在"色彩"素材库中选择"白色"图形，如下图所示。

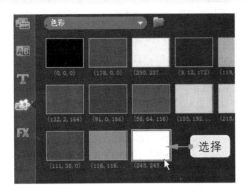

02 将"白色"图形拖曳至覆叠轨中，选中覆叠轨中的素材，调整其与视频轨中的素材等长，如下图所示。

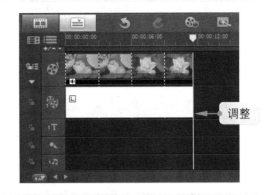

03 在预览框中单击鼠标右键，在弹出的快捷菜单中选择"调整到屏幕大小"命令，将素材调整到屏幕大小，如下图所示。

04 选中覆叠轨中的素材，将鼠标拖曳至虚线框右侧的节点上，按住鼠标左键不放并向左拖曳，如下图所示。

05 在白色素材上单击鼠标右键，在弹出的快捷菜单中选择"停靠在中央"|"居中"选项，效果如下图所示。

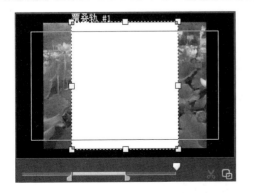

06 双击覆叠轨中的素材，展开"属性"选项面板，设置"透明度"为 70，效果如下图所示。

07 单击"标题"按钮，在预览窗口中输入文字，并调整字幕的视频区间与视频轨中的素材等长，如下图所示。

08 选中标题轨中的素材，展开"属性"选项面板，选择"飞行"动画类型，如下图所示。

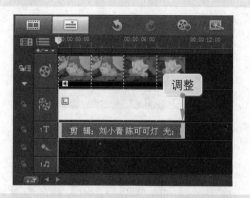

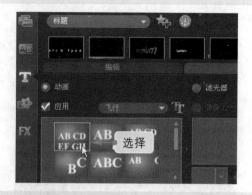

09 单击导览面板中的"播放修整后的素材"按钮，即可预览标题字幕效果，如下图所示。

12.6 知识盘点

　　本章通过大量的实例制作，全面、详尽地讲解了会声会影 X4 标题字幕的创建、调整以及具体的属性和动画设置的操作与技巧，以便用户通过边做边学并结合实践的方法，更深入地了解和掌握会声会影 X4 的标题字幕功能。

　　标题和字幕的制作本身并不复杂，但是要制作出优秀的标题和字幕，需要用户多加练习，这样对自己熟练掌握标题和字幕有很大的帮助。

第**13**章 添加与编辑音频素材

学前提示

影视作品是一门声画艺术，音频在影片中是一个不可或缺的元素。音频是一部影片的灵魂，在后期制作过程中，音频的处理相当重要，如果声音应用恰到好处，往往能为观众带来耳目一新的感觉。本章主要介绍音频的精彩应用。

本章内容

- 音频效果简介
- 添加音频文件
- 调整音频素材

- 管理音频素材库
- 调整音频音量
- 混音器使用的 7 个技巧

通过本章的学习，您可以

- 掌握添加音频文件的方法
- 掌握修整音频文件的方法
- 掌握管理音频素材库的方法

- 掌握调整音频音量的方法
- 掌握使用混音器的 7 个技巧
- 掌握音频特效精彩应用 5 例

视频演示

13.1 音频效果参数设置

如果一部影片缺少了声音，再优美的画面也将会黯然失色，而优美动听的背景音乐和款款深情的配音，不仅可以为影片起到锦上添花的作用，更能使影片颇有感染力，从而使影片更上一个台阶。

在会声会影 X4 中，"音频"选项面板包括两个选项面板，分别为"音乐和声音"选项面板和"自动音乐"选项面板，本节主要向用户介绍这两个选项面板的应用。

13.1.1 "音乐和声音"选项面板

"音乐和声音"选项面板可以让用户从音频 CD 中复制音乐、录制声音，以及将音频滤镜应用到音乐轨中，如下图所示。

"音乐和声音"选项面板中各主要选项含义介绍如下表所示。

序号	名称	说明
1	"区间"数值框 0:00:02:00	该数值框以"时:分:秒:帧"的形式显示音频的区间，可以输入一个区间值来预设录音的长度或者调整音频素材的长度。单击其右侧的微调按钮，可以调整数值的大小，也可以单击时间码上的数字，待数字处于闪烁状态时，输入新的数字后按【Enter】键确认，即可改变原来音频素材的播放时间长度
2	素材音量	数值框中的 100 表示原始声音的大小。单击右侧的下三角按钮，在弹出的音量调节器中通过拖曳滑块以百分比的形式调整视频和音频素材的音量；也可以直接在数值框中输入一个数值来调整素材的音量
3	淡入	单击该按钮，可以使所选择的声音素材的开始部分音量逐渐增大
4	淡出	单击该按钮，可以使所选择的声音素材的结束部分音量逐渐减小
5	"速度/时间流逝"按钮	单击该按钮，弹出"速度/时间流逝"对话框，如下左图所示，在弹出的对话框中，用户可以根据需要调整视频的播放速度
6	"音频滤镜"按钮	单击该按钮，弹出"音频滤镜"对话框，如下右图所示，通过该对话框可以将音频滤镜应用到所选的音频素材上

13.1.2 "自动音乐"选项面板

在"自动音乐"选项面板中,可以从音频库中选择音乐轨并自动与影片相配合,如下图所示。

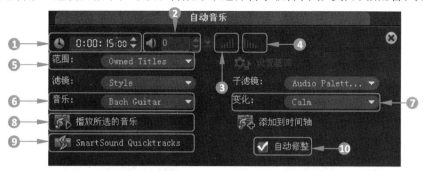

"自动音乐"选项面板中各主要选项含义介绍如下表所示。

序 号	名 称	说 明
❶	区间	该数值框用于显示所选音乐的总长度
❷	素材音量	用于调整所选音乐的音量,值为 100 时可以保留音乐的原始音量
❸	淡入	单击该按钮,可以使自动音乐的开始部分音量逐渐增大
❹	淡出	单击该按钮,可以使自动音乐的结束部分音量逐渐减小
❺	范围	用户指定 SmartSound 文件的方法
❻	音乐	单击右侧的下三角按钮,在弹出的下拉列表中可以选择用于添加到项目中的音乐
❼	变化	单击右侧的下三角按钮,在弹出的下拉列表中可以选择不同的乐器和节奏,并将其应用于所选择的音乐中
❽	播放所选的音乐	单击该按钮,可以播放应用"变化"效果后的音乐
❾	SmartSound Quicktracks	单击该按钮,弹出 SmartSound Quicktracks5 对话框,从中可以查看和管理 SmartSound 素材库
❿	自动修整	选中该复选框,将基于飞梭栏的位置自动修整音频素材,使其与视频相配合

专家点拨

SmartSound 是一种智能音频技术,只需要通过简单的曲风选择,就可以从无到有、自动生成符合影片长度的专业级配乐,还可以实时、快速地改变音乐的节奏。

13.2 添加音频文件

会声会影 X4 提供了向影片中加入背景音乐和声音,并且不需要使用其他软件就能从 CD 上攫取音乐、从文件夹中添加音频素材等简单的方法。本节主要介绍添加音频文件的方法。

13.2.1 导入自动音频文件

"自动音乐"是会声会影 X4 自带的另一个音频素材库,同一个音乐有许多变化的风格可供用户选择,下面向用户介绍添加自动音频文件的方法。

实 例 步 解　导入自动音频文件

🔘 **视频文件**　光盘\视频文件\第 13 章\13.2.1　导入自动音频文件.mp4

步骤01 进入会声会影 X4 编辑器，单击"自动音乐"按钮，展开"自动音乐"选项面板，单击"音乐"右侧的下拉按钮，在弹出的下拉列表中选择一种音乐，如下图所示。

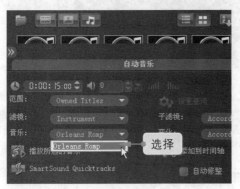

步骤02 单击"变化"右侧的下拉按钮，在弹出的列表中选择一种变化风格，如下图所示。

步骤03 单击"自动音乐"选项面板中的"播放所选的音乐"按钮，如下图所示。

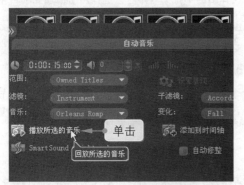

步骤04 播放至合适位置后，单击"停止"按钮，如下图所示。

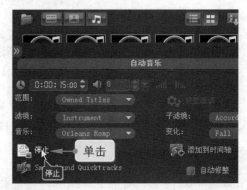

步骤05 取消选中"自动音乐"选项面板中的"自动修剪"复选框，然后单击"添加到时间轴"按钮，如下图所示。

步骤06 此时，可在时间轴中的音乐轨中添加自动音乐，如下图所示。

13.2.2　导入硬盘中的音频文件

在会声会影 X4 中，可将硬盘中的音频文件直接添加至当前影片中，而不需要添加至"音频"素材库中。

进入会声会影 X4 编辑器，在时间轴的任意空白位置处单击鼠标右键，在弹出的快捷菜单中选择"插入音频"｜"到音频轨#1"选项，如下左图所示。

弹出"打开音频文件"对话框，选择需要添加的音频文件（光盘\素材文件\第 13 章\音频.mp3），单击"打开"按钮，即可将选择的音频素材作为最后一段音频插入到指定的声音轨中，如下右图所示。

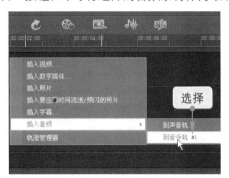 

13.2.3　导入素材库中的音频文件

添加素材库中的音频文件是最常用的添加声音文件的方法，使用这种方法可以将声音素材添加到素材库中，并且方便在以后的操作中快速调用。

实 例 步 解　导入素材库中的音频文件

素材文件	光盘\素材文件\第 13 章\音频.mp3
视频文件	光盘\视频文件\第 13 章\导入素材库中的音频文件.mp4

步骤01 单击"媒体"按钮，❶单击"隐藏视频"和"隐藏照片"按钮隐藏视频和照片文件，❷显示音频文件，如下图所示。

步骤02 单击素材库上方的"导入媒体文件"按钮，弹出"浏览媒体文件"对话框，选择需要添加的音频文件（光盘\素材文件\第 13 章\音频.mp3），单击"打开"按钮，即可将该音频文件加载至素材库中，如下图所示。

专家点拨

在"浏览媒体文件"对话框中，若选择的是一个带音频的视频文件，单击"打开"按钮后，系统也可以将视频文件中的声音分离为单独的音频素材并添加至"音频"素材库中。

13.2.4 从 CD 中导入音频文件

很多 CD 光盘上的音乐都制作得非常精良，音质也相当不错，作为家庭影片的背景音乐，是非常好的一种音频素材。

步骤 01 单击"录制/捕获选项"按钮，弹出"录制/捕获选项"对话框，将 CD 放入光驱中，然后单击"从音频 CD 导入"按钮，如下图所示。

步骤 02 弹出"转存 CD 音频"对话框，如下图所示。

步骤 03 在下拉列表框中选择需要的音频文件，并在对应的"轨道"列中选中相应的复选框，单击"转存"按钮，即可开始转存文件，并在"状态"列中显示当前状态，如下图所示。

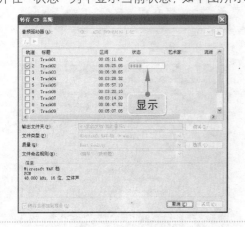

步骤 04 转存完成后，单击"关闭"按钮，即可将选择的音频文件添加到音频素材库中，并同时将音频插入音乐轨中，如下图所示。

13.3　调整音频素材

将声音或背景音乐添加到音频轨或音乐轨后，可以根据实际需要修整音频素材，如使用区间修整音频、通过修整栏修整音频以及通过缩略图修整音频等。下面将对这些操作进行详细的介绍。

13.3.1　通过修整栏修整音频

使用修整栏修整音频素材是最为直观的方式，通过使用这种方式可以对音频素材开始和结束部分进行修整。

实 例 步 解 通过修整栏修整音频

素材文件	光盘\素材文件\第 13 章\世界杯.mpg
效果文件	光盘\效果文件\第 13 章\欢呼.VSP
视频文件	光盘\视频文件\第 13 章\13.3.1　通过修整栏修整音频.mp4

步骤01 在视频轨中打开视频素材（光盘\素材文件\第 13 章\世界杯.mpg），在素材上单击鼠标右键，在弹出的快捷菜单中选择"分割音频"选项，如下图所示。

步骤02 执行该操作后，音频即可被分割，在声音轨中选择需要编辑的音频素材，如下图所示。

步骤03 单击导览面板中的"播放修整后的素材"按钮，播放至合适位置后，单击导览面板中的"暂停"按钮，找到音频的起始位置，如下图所示。

步骤04 单击修整栏中的"开始标记"按钮，标记音频的开始点，如下图所示。

步骤 05 再次单击导览面板中的"播放修整后的素材"按钮，至合适位置后，单击"暂停"按钮，找到音频的结束位置，如下图所示。

步骤 06 单击修整栏中的"结束标记"按钮，即可完成使用修整栏修整音频的操作，如下图所示。

13.3.2 通过区间修整音频

使用区间进行修整可以精确地控制声音或音乐的播放时间。若对整个影片的播放时间有严格的限制，可以使用区间修整音频的方式来调整。

实 例 步 解 通过区间修整音频

素材文件	光盘\素材文件\第 13 章\世界杯.mpg
效果文件	光盘\效果文件\第 13 章\世界杯.VSP
视频文件	光盘\视频文件\第 13 章\13.3.2　通过区间修整音频.mp4

步骤 01 打开视频素材（光盘\素材文件\第 13 章\世界杯.mpg），如下图所示。

步骤 02 双击视频轨中的素材文件，在"视频"选项面板中单击"分割音频"按钮，如下图所示。

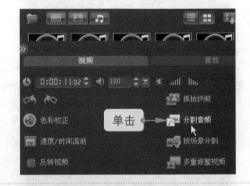

步骤 03 执行该操作后，视频与音频分割，并设置音频的"区间"为 6s，如右图所示。

步骤04 按【Enter】键，即可通过区间修整音频，如右图所示。

13.3.3　改变音频的回放速度

在会声会影 X4 中，可以通过改变音频的回放速度，使其与影片更好地配合。

 改变音频的回放速度

素材文件	光盘\素材文件\第 13 章\花香.VSP
效果文件	光盘\效果文件\第 13 章\花香.VSP
视频文件	光盘\视频文件\第 13 章\13.3.3　改变音频的回放速度.mp4

步骤01 打开项目文件（光盘\素材文件\第 13 章\花香.VSP），如下图所示。

步骤02 在音乐轨中选择音频素材，然后单击"音乐和声音"选项面板中的"速度/时间流逝"按钮，如下图所示。

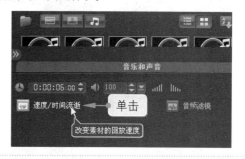

步骤03 弹出"速度/时间流逝"对话框，在"速度"数值框中输入 200，如下图所示。

步骤04 单击"确定"按钮，即可改变音频的回放速度，如下图所示。

13.3.4 运用缩略图修整音频

使用缩略图修整素材是最为快捷的修整方式，但缺点是不容易精确地控制修剪的位置。

实 例 步 解 通过缩略图修整音频

素材文件	光盘\素材文件\第 13 章\面若桃花.VSP	
效果文件	光盘\效果文件\第 13 章\面若桃花.VSP	
视频文件	光盘\视频文件\第 13 章\13.3.4　通过缩略图修整音频.mp4	

步骤 01 打开项目文件（光盘\素材文件\第 13 章\面若桃花.VSP），如下图所示。

步骤 02 在音乐轨中选择需要进行修整的音频素材，将鼠标移至右侧的黄色标记上，按住鼠标左键不放并向左拖曳，如下图所示。

步骤 03 至合适位置后释放鼠标，即可完成通过缩略图修整音频的操作，如下图所示。

13.4　管理音频素材库

通过前面知识的学习，用户已经基本掌握了音频素材的添加与修整方法，下面介绍管理音频素材的方法。

13.4.1 在素材库中重命名素材

为了便于音频素材的管理，用户可以将素材库中的音频文件重命名。

　　进入会声会影 X4 编辑器，切换至"音频"步骤面板，在素材库中选择需要进行重命名的音频素材文件，在音频素材的名称上单击鼠标，光标呈闪烁状态，如下左图所示。

　　选择一种合适的输入法，输入需要的名称，如下右图所示，然后按【Enter】键确认，即可完成重命名素材的操作。

用户可以更改"音频"素材库中任何音频格式的素材名称。

13.4.2　删除音乐轨中的素材

　　在音乐轨或声音轨中，用户可以删除不需要的音频素材。

　　选择声音轨中的素材文件，单击鼠标右键，在弹出的快捷菜单中选择"删除"选项，如下左图所示。执行该操作后，即可删除插入的声音素材，如下右图所示。

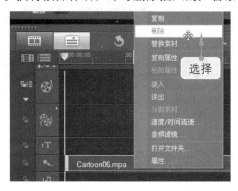

选择声音轨或音乐轨中的素材文件，按【Delete】键，同样可以删除插入的声音素材。

13.4.3　使用 5.1 声道调整音量

　　5.1 声道是指使用 5 个喇叭和 1 个超低音扬声器组成的音乐播放方式。与立体声相比，5.1 声道可以实现身临其境的真实感，但是需要设备的支持。会声会影 X4 可以编辑 5.1 声道的音频，也可以对 5.1 声道的音频进行混音，还可以输出 5.1 声道的音频文件。

实 例 步 解　使用 5.1 声道调整音量

| 效果文件 | 光盘\效果文件\第 13 章\5.1 声道音频.wav |
| 视频文件 | 光盘\视频文件\第 13 章\13.4.3　使用 5.1 声道调整音量.mp4 |

步骤01 进入"音频"素材库，选择 M01 音频，并将其拖曳至声音轨中，如下图所示。

步骤02 单击"设置" | "启用 5.1 环绕声"命令，如下图所示。

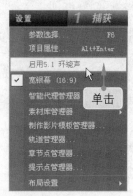

步骤03 执行该操作后，弹出信息提示框，单击"确定"按钮，如下图所示。

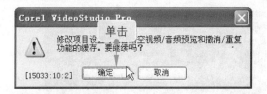

步骤04 单击"混音器"按钮，展开"环绕混音"选项面板，此时，选项面板中的"中央"和"副低音"声道的音量可以随意调节，音符按钮也可以随意地调整位置，如下图所示。

步骤05 进入"分享"步骤，单击"分享"选项面板中的"创建声音文件"按钮，如下图所示。

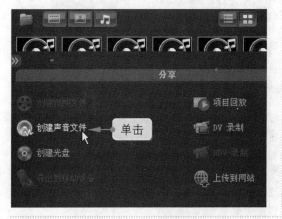

步骤06 弹出"创建声音文件"对话框，选择需要的音频格式，单击"选项"按钮，如下图所示。

步骤07 弹出〝音频保存选项〞对话框，进入〝压缩〞选项卡，设置〝属性〞为〝48.000kHz，16 位，5.1 声道〞选项，如下图所示，单击〝确定〞按钮。

步骤08 返回〝创建声音文件〞对话框，输入音频的文件名，单击〝保存〞按钮，即可输出 5.1 声道音频，如下图所示。

13.5　调整音频音量

在会声会影 X4 中，有时会对添加的音频素材的音量不满意，此时就需要对该音频素材进行音量的调节，以满足用户的需要。下面将对音频音量的调整进行详细介绍。

13.5.1　调整整个音频音量

影片中可能存在 4 种声音，分别是视频轨素材声音、覆叠轨素材声音、音频轨素材声音和音乐轨素材声音，如果这 4 种声音同时以 100% 的音量播放，整个影片的音响效果就会显得杂乱无章。因此，需要对整个音频的音量进行调节。

打开项目文件（光盘\素材文件\第 13 章\调节音量.mpg），将音频与视频分割，如下左图所示。

选择声音轨中的音频文件，然后单击〝音乐和声音〞选项面板中〝素材音量〞选项右侧的下三角按钮，在弹出的音量调节器中拖曳滑块至 200 处，如下右图所示。

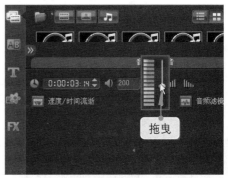

13.5.2 使用调节线调整音量

音量调节线是轨中央的水平线条，仅在音频视图中可以看到，在这条线上可以添加关键帧，关键帧点的高低决定着该处的音频。

实 例 步 解 使用调节线调整音量

素材文件	光盘\素材文件\第 13 章\田间.VSP
效果文件	光盘\效果文件\第 13 章\田间.VSP
视频文件	光盘\视频文件\第 13 章\13.5.2 使用调节线调整音量.mp4

步骤 01 打开项目文件（光盘\素材文件\第 13 章\田间.VSP），如下图所示。

步骤 02 双击声音轨中的素材，展开"音乐和声音"选项面板，❶设置"区间"为 3s，❷单击"淡入"和"淡出"按钮，如下图所示。

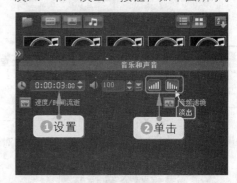

专家点拨

音频的淡入淡出效果是一段音乐在开始时，音量由小渐大直到以正常的音量播放，而在即将结束时，则由正常的音量逐渐变小，直至消失。这是一种在视频编辑中常用的音频编辑效果，使用这种编辑效果，可以避免音乐的突然出现和突然消失，使音乐能够有一种自然的过渡效果。

步骤 03 选中声音轨中的素材，单击工具栏上的"混音器"按钮，显示音量调节线，如下图所示。

步骤 04 在音量调节线上空白位置单击鼠标即可创建一个关键帧点，如下图所示。

专家点拨

为音频素材设置好淡入淡出效果后，此时系统将根据默认的参数设置，为音频素材设置相应的淡入与淡入的时间。而音频的淡入与淡出时间，用户也可以根据实际需要进行自定义。只需单击"设置"|"参数选择"命令，弹出"参数选择"对话框，切换至"编辑"选项卡，在"默认音频淡入/淡出区间"数值框中输入所需要的数值，单击"确定"按钮，即可完成自定义设置。

步骤05 此时鼠标指针呈小手形状，将鼠标移至另一位置，按住鼠标左键不放并向上拖曳，如下图所示。

步骤06 使用相同的方法，添加一个关键帧，并调整关键帧的位置，如下图所示。

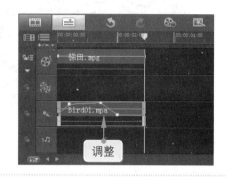

13.6　混音器使用的 7 个技巧

混音器是一种"动态"调整音量调节线的方式，它允许在播放影片项目的同时，实时调整某个轨道素材任意一点的音量。如果乐感很好，借助混音器可以像专业混音师一样混合影片的精彩声响效果。

13.6.1 选择需要调节的音轨

在使用混音器调节音量前，首先需要选择要调节音量的音轨。

在音乐轨中插入一段音频文件，选择需要调节的音频素材，如下左图所示。

单击"混音器"按钮，在"环绕混音"选项面板中单击"音乐轨"按钮，该按钮呈黄色显示，此时可选择要调节的音轨，如下右图所示。

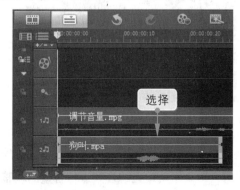

13.6.2　使轨道音频暂时静音

在视频编辑过程中，有时为了在混音时听清楚某个轨中素材的声音，可能需要将其他轨的素材静音。

在音乐轨中选择需要静音的音频文件，如下左图所示。

单击"混音器"按钮，在"环绕混音"选项面板中单击"音乐轨"按钮左侧的"启动/禁用预览"按钮 ，使其处于关闭状态，如下右图所示，即可使轨道音频暂时静音。

专家点拨

使某个轨道素材静音并不表示混音时不能调节它的音量调节线，如果该轨道图标处于选择状态，虽然该轨的声音听不见，但仍然可以通过混音器滑块调节其音量。

13.6.3　恢复音量至原始状态

在前面用户已经对使用音量调节线调节音量的具体操作有了一定的了解，使用音量调节线调节音量后，如果用户对当前设置不满意，还可以将音量调节线恢复到原始状态。

在音乐轨中选择需要恢复到原始状态的音频素材文件，并在该轨中单击鼠标右键，在弹出的快捷菜单中选择"重置音量"选项，如下左图所示。

此时，即可将音量调节线恢复到原始状态，如下右图所示。

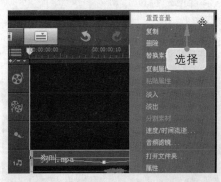

13.6.4　播放并实时调节音量

在会声会影 X4 中，用户可以在播放项目的同时，对某个轨道上的音频进行音量的调整。

　　选择需要调节的音轨后，单击"环绕混音"选项面板中的"播放修整后的素材"按钮，如下左图所示。此时，即可试听选择轨道的音频效果，并且可在混音器中看到音量起伏的变化，如下右图所示。

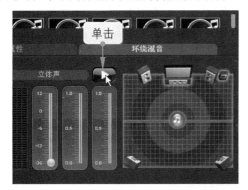 

　　单击"环绕混音"选项面板中的"音量"按钮，并向上或向下拖曳，即可实时调节音量，如下左图所示。此时，音频视图中的音频调节效果如下右图所示。

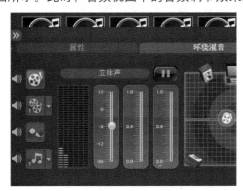 

13.6.5　调节音频素材的左/右声道

　　在"环绕混音"选项面板上单击音频轨对应的"启用/禁用预览"按钮◀，可以决定需要回放的特定音频轨；当标记处于◀状态时，表示对应的音频轨中的声音不播放，拖动选项面板右侧的"环绕混音"中的音符按钮◉，可以控制音频左、右声道的音量大小，如右图所示。

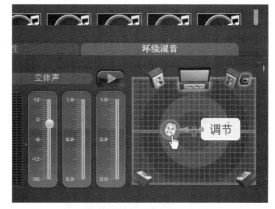

专家点拨

音轨与声道是两个不同的概念，音轨是指音频的轨道，DVD 和蓝光电影提供的多语言功能，就是将多国的语言放置到不同的音轨中，而每条音轨都可以是单声道、双声道或 5.1 声道的。会声会影虽然提供了多个音频轨，但是只能制作一个音轨的音频。若将音频左右声道分离，然后利用其他的刻录软件，如 TMPGEncDVD，可以将左右声道转换为二音轨。

13.7　音频特效精彩应用 5 例

在会声会影 X4 中，可以将音频滤镜添加到声音或音乐轨的音频素材上，如淡入淡出、长回音、音乐厅以及放大等。本节将通过 5 个具体实例的制作，介绍音频特效的制作方法。

13.7.1　"声音降低"滤镜——黑夜降临

主要功能："声音降低"音频滤镜

下面向用户介绍添加"声音降低"音频滤镜的方法，效果如下图所示。

素材文件	光盘\素材文件\第 13 章\黑夜降临.mpg、黑夜降临.mp3
效果文件	光盘\效果文件\第 13 章\黑夜降临.VSP
视频文件	光盘\视频文件\第 13 章\13.7.1　"声音降低"滤镜——黑夜降临.mp4

01 在视频轨和音乐轨中分别插入素材文件（光盘\素材文件\第 13 章\黑夜降临.mpg、黑夜降临.mp3），调整播放长度，如下图所示，选择音乐轨中的音频文件，单击"音乐和声音"选项面板中的"音频滤镜"按钮。

02 弹出"音频滤镜"对话框，❶在"可用滤镜"下拉列表框中选择"声音降低"选项，❷单击"添加"按钮，选择的滤镜样式即可显示在"已用滤镜"列表框中，如下图所示。

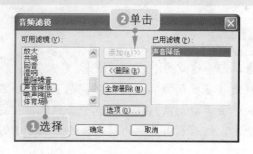

03 单击"确定"按钮，即可将选择的滤镜样式添加到音乐轨的音频文件中，单击导览面板中的"播放修整后的素材"按钮，试听"声音降低"音频滤镜效果，如下图所示。

13.7.2 "放大"滤镜——直上云霄

主要功能："放大"音频滤镜

下面向用户介绍添加"放大"音频滤镜的方法，效果如下图所示。

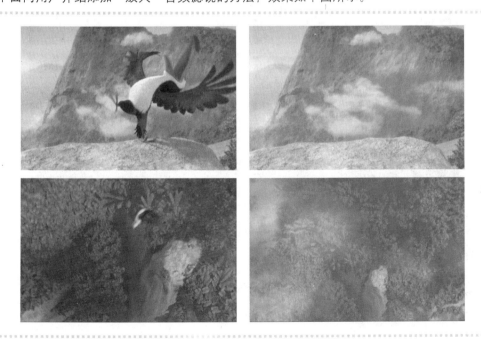

素材文件	光盘\素材文件\第 13 章\直上云霄.VSP
效果文件	光盘\效果文件\第 13 章\直上云霄.VSP
视频文件	光盘\视频文件\第 13 章\13.7.2　"放大"滤镜——直上云霄.mp4

01 打开项目文件（光盘\素材文件\第 13 章\直上云霄.VSP），双击音频文件，单击"音频滤镜"按钮，如下图所示。

02 弹出"音频滤镜"对话框，❶在"可用滤镜"下拉列表框中选择"放大"选项，❷单击"添加"按钮，选择的滤镜样式即可显示在"已用滤镜"列表框中，如下图所示。

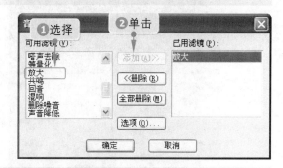

03 单击"确定"按钮，即可将选择的滤镜样式添加到音乐轨的音频文件中。单击导览面板中的"播放修整后的素材"按钮，试听"放大"音频滤镜效果，如下图所示。

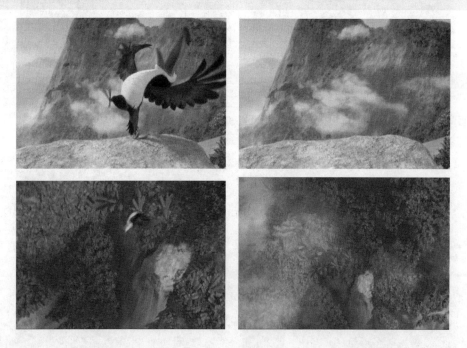

13.7.3　"混响"滤镜——圣诞礼物

主要功能："混响"音频滤镜

下面向用户介绍添加"混响"音频滤镜的方法，效果如下页图所示。

素材文件	光盘\素材文件\第 13 章\圣诞礼物.mov、圣诞礼物.mp3
效果文件	光盘\效果文件\第 13 章\圣诞礼物.VSP
视频文件	光盘\视频文件\第 13 章\13.7.3　"混响"滤镜——圣诞快乐.mp4

01 在视频轨和音乐轨中分别插入素材文件（光盘\素材文件\第 13 章\圣诞礼物.mov、圣诞礼物.mp3），单击"音频滤镜"按钮，❶在"音频滤镜"对话框中选择"混响"选项，❷单击"添加"按钮，❸再单击"选项"按钮，如下图所示。

02 执行该操作后，弹出"混响"对话框，设置"回馈"和"强度"均为 8，如下图所示，单击"确定"按钮，返回"音频滤镜"对话框，再次单击"确定"按钮，即可将选择的滤镜样式添加到音乐轨的音频文件中。

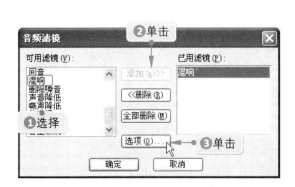

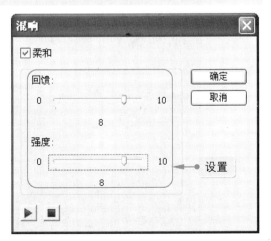

专家点拨

在会声会影 X4 中，如果添加的音频滤镜不合适，用户可将其删除，只需在时间轴中选择添加了音频滤镜的音频文件，单击"音乐和声音"选项面板中的"音频滤镜"按钮，弹出"音频滤镜"对话框，在"已用滤镜"列表框中，选择需要删除的音频滤镜，然后单击"删除"按钮，选择的滤镜样式即可被删除。

03 单击导览面板中的"播放修整后的素材"按钮，试听"混响"音频滤镜效果，如右图所示。

13.7.4 "长回音"滤镜——余音绕梁

主要功能："长回音"音频滤镜

下面向用户介绍添加"长回音"音频滤镜的方法，效果如下图所示。

素材文件	光盘\素材文件\第 13 章\余音绕梁.mpg、余音绕梁.mp4
效果文件	光盘\效果文件\第 13 章\余音绕梁.VSP
视频文件	光盘\视频文件\第 13 章\13.7.4　"长回音"滤镜——余音绕梁.mp4

01 在视频轨和音乐轨中分别插入素材文件（光盘\素材文件\第 13 章\余音绕梁.mpg、余音绕梁.mp4），单击"音乐和声音"选项面板中的"音频滤镜"按钮，❶在"音频滤镜"对话框中选择"长回音"选项，❷单击"添加"按钮，如下图所示。

02 单击"确定"按钮，即可将选择的滤镜样式添加到音乐轨的音频文件中，如下图所示。

03 单击导览面板中的"播放修整后的素材"按钮，试听"长回音"音频滤镜效果，如右图所示。

13.7.5　数码变声特效——鸭子变声

主要功能："音调偏移"音频滤镜

会声会影 X4 中的音频滤镜可以实现一些特殊的声音效果。例如，添加音频滤镜中的"音调偏移"滤镜后，影片声音将发生极大的变化，产生一种数码变声的特殊效果。

素材文件	光盘\素材文件\第 13 章\鸭子.jpg、特殊音效.mpa
效果文件	光盘\效果文件\第 13 章\鸭子变声.VSP
视频文件	光盘\视频文件\第 13 章\13.7.5　数码变声特效——鸭子变声.mp4

01 在视频轨和声音轨中分别插入素材文件（光盘\素材文件\第 13 章\鸭子.jpg、特殊音效.mpa），如下图所示。

02 双击声音轨中的素材，展开"音乐和声音"选项面板，单击"音频滤镜"按钮，如下图所示。

03 弹出"音频滤镜"对话框，❶在"可用滤镜"下拉列表框中选择"音调偏移"选项，❷单击"添加"按钮，❸单击"选项"按钮，如下图所示。

04 弹出"音调偏移"对话框，设置"半音调"为 12，单击"确定"按钮，如下图所示。

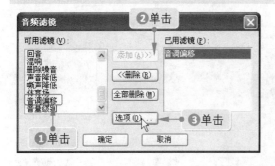

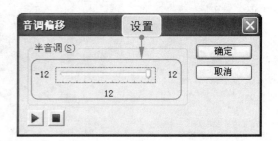

05 单击导览面板中的"播放修整后素材"按钮，试听"音调偏移"音频滤镜效果。

13.8　知识盘点

　　本章主要介绍了如何使用会声会影 X4 为影片添加背景音乐和声音，以及怎样编辑音频文件和合理地混合各音频文件，以便得到满意的效果。

　　通过对本章内容的学习，可以掌握和了解在影片中音频的添加与混合效果的制作，从而为自己的影视作品制作出完美的音乐环境。

第 **14** 章　渲染与输出影片

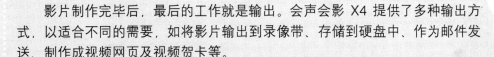

学前提示

影片制作完毕后，最后的工作就是输出。会声会影 X4 提供了多种输出方式，以适合不同的需要，如将影片输出到录像带、存储到硬盘中、作为邮件发送、制作成视频网页及视频贺卡等。

本章内容

- 渲染输出影片
- 输出影片模板
- 设置输出影片
- 输出影片音频

通过本章的学习，您可以

- 掌握输出整部影片的方法
- 掌握输出部分影片的方法
- 掌握输出 PAL DV 的方法
- 掌握单独输出影片声音的方法
- 掌握切割保存视频文件的方法
- 掌握设置影片项目回放的方法

视频演示

14.1 渲染输出影片

创建并保存视频文件后，用户即可将视频文件进行渲染输出，并将其保存到系统的硬盘中。本节主要向用户介绍渲染输出影片的方法。

14.1.1 渲染输出整部影片

当用户完成影片的所有剪辑和编辑操作后，即可将项目文件创建成 AVI、QuickTime 或其他视频文件格式。

实 例 步 解 渲染输出整部影片

素材文件	光盘\素材文件\第 14 章\奇景 1.jpg、奇景 2.jpg
效果文件	光盘\效果文件\第 14 章\奇景.mpg
视频文件	光盘\视频文件\第 14 章\14.1.1　渲染输出整部影片.mp4

步骤01 进入会声会影 X4 编辑器，在视频轨中插入两幅素材图像（光盘\素材文件\第 14 章\奇景 1.jpg、奇景 2.jpg），如下图所示。

步骤02 切换至"分享"步骤面板，单击"分享"选项面板中的"创建视频文件"按钮，在弹出的下拉列表中选择"自定义"选项，如下图所示。

步骤03 弹出"创建视频文件"对话框，设置视频素材文件的保存位置和文件名，如下图所示。

预设和自定义视频保存选项的区别在于在前一步选择"自定义"选项后,这里的"视频保存选项"对话框中将有更多的设置内容。

步骤 04 单击对话框中的"选项"按钮,弹出"视频保存选项"对话框,选中"整个选项"单选按钮,如下图所示。

步骤 05 单击"确定"按钮,返回"创建视频文件"对话框,单击"保存"按钮,程序将开始渲染影片,如下图所示,渲染完成后,即可在"视频"素材库中查看影片。

在"视频保存选项"对话框中,各主要选项含义介绍如下。

➢ 整个项目:此为默认选项,保存整个文件的所有帧,也就是输出完整的影片。

➢ 预览范围:只保存所设置的预览范围内的素材所组成的视频文件。

➢ 创建后播放文件:此为默认选项,可以在会声会影保存完成后立即播放此视频文件。

在会声会影 X4 中添加各种视频、图像、音频素材以及转场效果后,单击步骤面板上的"分享"按钮,进入影片"分享"步骤面板,从中可以渲染项目,并将创建完成的影片按照指定的格式输出。"分享"步骤选项面板如下图所示。

"分享"选项面板上的各个按钮含义介绍如下表所示。

序 号	名 称	说 明
1	创建视频文件	单击 按钮,从弹出的下拉列表中可以选择需要创建的视频文件的类型。通过该操作,可以将项目文件中的视频、图像、声音、背景音乐、字幕与特效等所有素材连接在一起,生成影片并保存在硬盘上
2	创建声音文件	单击 按钮,可以将项目的音频部分单独保存为声音文件

（续表）

序　号	名　称	说　明
③	创建光盘	单击按钮，将打开 DVD 制作向导 Corel DVD Factory，允许用户将项目刻录为 DVD、蓝光或 AVCHD 高清光盘
④	导出到移动设备	单击此按钮，可以将视频文件导出到 SONY PSP、Apple iPod 以及基于 Windows Mobile 的智能手机和 PDA 等移动设备中
⑤	项目回放	单击按钮，在弹出的"项目回放-选项"对话框中选择回放范围后，将在黑色屏幕背景上播放整个项目或所选的片段。如果系统中连接了 VGA 到电视的转换器、数码摄像机或视频录像机，就可以将项目输出到录像带中。在录制时，还可以手动控制输出设备
⑥	DV 录制	将视频文件直接输出到 DV 摄像机并将其录制到 DV 带上
⑦	HDV 录制	将视频文件直接输出到 HDV 摄像机并将其录制到 DV 带上
⑧	上传到网站	允许用户将项目输出为 FLV 文件直接上传到视频分享网站 YouTube 或 Vimeo

14.1.2　渲染输出部分影片

　　如果要输出整个影片，可以跳过该步骤。有的时候，可能只想将影片中的一小段精彩部分输出为视频文件，这样就需要事先指定影片的预览范围。

实 例 步 解　渲染输出部分影片

素材文件	光盘\素材文件\第 14 章\个人写真.mpg
效果文件	光盘\效果文件\第 14 章\写真集.mpg
视频文件	光盘\视频文件\第 14 章\14.1.2　渲染输出部分影片.mp4

步骤 01　进入会声会影 X4 编辑器，在视频轨中插入一段视频文件（光盘\素材文件\第 14 章\个人写真.mpg），如下图所示。

步骤 02　在时间轴中，拖曳当前时间标记至 00:00:03:14 的位置，单击"开始标记"按钮，此时，时间轴上将出现黄色标记，如下图所示。

专家点拨

　　单击"上一帧"或"下一帧"按钮，可以微调当前时间标记的位置，预览窗口中画面也会同时发生改变。

步骤 03 拖曳当前时间标记至 00:00:15:00 的位置，单击"结束标记"按钮，时间轴上黄色标记的区域为用户所指定的预览范围，如下图所示。

步骤 04 单击"分享"选项卡，切换至"分享"步骤面板，单击选项面板中的"创建视频文件"按钮，在弹出的下拉列表中选择相应选项，如下图所示。

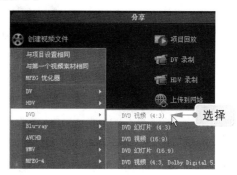

视频格式区别如下表所示。

文件格式	画面质量	文件大小	应用范围
DV	好	较大	普通数码摄像机
HDV	高清	最大	高清磁带数码摄像机
DVD	很好	很大	输出 DVD 光盘
Blu-ray	一般	较大	输出蓝光光盘
AVCHD	好	较大	高清光盘数码摄像机
WMV	好	小	网络传输
MPEG-4	好	大	手机、PSP 游戏机
FLV	差	小	网络在线观看

专家点拨

如果"创建视频文件"下拉列表中的预设格式不能满足用户的要求，此时可以更改预设，或者选择"自定义"选项，将其他预设添加到这个下拉列表中。

步骤 05 弹出"MPEG 优化器"对话框，单击"接受"按钮，如下图所示。

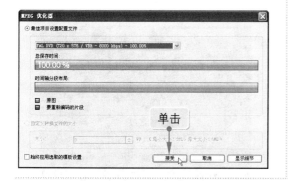

步骤 06 弹出"创建视频文件"对话框，单击"选项"按钮，弹出 Corel VideoStudio Pro 对话框，❶选中"预览范围"单选按钮，❷单击"确定"按钮，如下图所示。

步骤07 返回"创建视频文件"对话框，单击"保存"按钮，开始渲染指定范围的影片，渲染结束后，用户可以使用相应的软件预览影片效果，如右图所示。

14.1.3 渲染输出高清视频

　　HDV 视频编码方式主要应用于高清磁带数码摄像机，若想要输出为该种格式，只需切换至"分享"步骤面板，单击"创建视频文件"按钮，在弹出的下拉列表中选择 HDV|"HDV 1080i-50i（针对 HDV）"选项，如下左图所示。执行该操作后，将弹出"创建视频文件"对话框，设置各选项，单击"保存"按钮即可，如下右图所示。

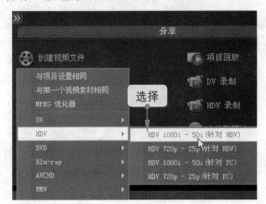

14.1.4 设置视频保存格式

　　在会声会影 X4 中，为用户提供了多种视频保存格式，用户可以根据需要进行相应的选择。

实例步解 设置视频保存格式

 视频文件　光盘\视频文件\第 14 章\14.1.4　设置视频保存格式.mp4

步骤01 在会声会影 X4 编辑器中，切换至"分享"步骤面板，如右图所示。

步骤02 单击〝创建视频文件〞按钮，在弹出的下拉列表中选择一种预设的视频保存格式即可，如右图所示。

14.1.5 设置视频保存选项

选择一种视频文件格式后，在弹出的〝创建视频文件〞对话框中，用户可以根据需要设置相应的文件路径及文件名称，如下左图所示。系统将再次提醒，保存文件夹要有足够的硬盘空间存放视频文件。单击〝选项〞按钮，可以打开〝视频保存选项〞对话框，从中用户可以根据需要进行一些通用设置，如下右图所示。

14.2 输出影片模板

会声会影 X4 预置了一些输出模板，以便于影片输出操作。这些模板定义了几种常用的输出文件格式及压缩编码和质量等输出参数。不过，在实际应用中，这些模板可能太少，可能无法满足用户的要求。虽然可以进行自定义设置，但是每次都需要打开几个对话框，操作未免太烦琐。此时，就需要自定义视频文件输出模板，以便提高影片输出效率。

14.2.1 输出 PAL DV 模板格式

DV 格式是 AVI 格式的一种，输出的影像质量几乎没有损失，但文件尺寸非常大，当要以最高质量输出影片时，或要回录到 DV 当中时，可以选择 DV 格式。

输出 PAL DV 模板格式

视频文件　　光盘\视频文件\第 14 章\14.2.1　输出 PAL DV 模板格式.mp4

步骤01 单击"设置"|"制作影片模板管理器"命令，弹出"制作影片模板管理器"对话框，从中可以查看已有的模板设置，单击"新建"按钮，如下图所示。

步骤02 弹出"新建模板"对话框，在"模板名称"文本框中，❶输入名称"PAL DV"，❷单击"确定"按钮，如下图所示。

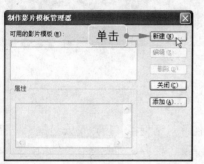

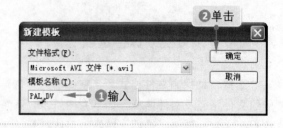

步骤03 弹出"模板选项"对话框，❶其中显示了模板名称，❷单击打开"常规"选项卡，如下图所示。

步骤04 切换至"常规"选项卡，设置该选项卡中的各选项，如下图所示。

步骤05 ❶切换至 AVI 选项卡，单击"压缩"右侧的下拉按钮，在弹出的下拉列表中，❷选择"DV 视频编码器--类型 2"选项，设置其他各选项，如下图所示。

步骤06 单击"确定"按钮，返回"制作影片模板管理器"对话框，此时新创建的模板将出现在该对话框的"可用的影片模板"列表框中，如下图所示。

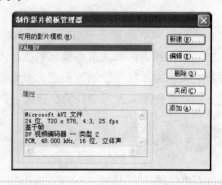

步骤07 单击"关闭"按钮，即可完成模板的创建。

14.2.2　自定义输出模板

在会声会影 X4 中，用户可以根据影片自定义输出模板。

实 例 步 解　自定义输出模板

 视频文件　　光盘\视频文件\第 14 章\14.2.2　自定义输出模板.mp4

步骤 01 在视频轨中插入任意一段视频后切换到"分享"步骤面板，在"分享"选项面板中单击"创建视频文件"按钮，在下拉列表中选择"自定义"选项，如下图所示。

步骤 02 ❶设置"创建视频文件"对话框中的"保存类型"为"3GPP 文件（＊.3gp）"，❷再单击"选项"按钮，如下图所示。

步骤 03 弹出"视频保存选项"对话框，进入"常规"选项卡，❶设置"帧速率"为"30.000 帧/秒"，❷在"标准"下拉列表中选择"704×576"，如下图所示。

步骤 04 进入"压缩"选项卡，❶设置"视频数据速率"为 800kbps，❷设置"音频类型"为 ÀAC，如下图所示。

步骤 05 单击"确定"按钮，返回"创建视频文件"对话框，设置件的输出保存路径和文件名，单击"保存"按钮，即可进行影片的输出。

14.2.3　输出 WMV 模板格式

WMV 也是一种流视频格式，由微软公司开发，WMV 在编码速度、压缩比率、画面质量、兼容性等方面都具有相当明显的优势，其格式详解如下页表所示。

选　项	说　明	选　项	说　明
压缩格式	WMV	画面尺寸	多种选择
影像品质	多种选择	占用空间	很小，多种变化

WMV 具有很多输出配置文件可供选择，版本越高或者 kbps 越大，影像质量越高，文件也越大，还可以允许加入标题、作者、版权等信息，如下图所示。

14.2.4　输出 RM 模板格式

RM 格式是一种流媒体视频文件格式，文件很小，适合网络实时传输，在 Realone Player 媒体播放器上播放。主要设置选择在"目标听众设置"中进行，28k Modem 网速最慢，得到的文件最小，影像质量最差。"局域网"速度最快，得到的文件最大，影像质量最好。另外，还可以选择帧大小、音频、视频质量高的参数，得到的文件也就越大，如下图所示。

14.3　输出影片音频

如果用户并不需要将整个影片输出，而只需要输出影片中的声音部分并存储到硬盘上，则可以将影片中的声音部分单独输出，以便于使用其他的音频软件进行再加工。本节主要介绍输出影片音频等内容。

14.3.1　选择音频保存格式

在会声会影 X4 中，为用户提供了 4 种音频保存格式，用户可以根据需要进行选择。音频格式详解如下页表所示。

音频格式	声音质量	文件大小	压缩选项	其　他
mpa	很好	较大	压缩选项有限	不可根据预览范围创建
rm	好	小	压缩选项有限	可根据预览范围创建
wma	很好	很小	压缩选项很多	可根据预览范围创建
wav	最好	很大	压缩选项很多	可根据预览范围创建，并可指定预览图像

14.3.2　单独输出影片声音

　　单独输出影片中的声音素材可以将整个项目的音频部分单独保存，以便在声音编辑软件中进一步处理声音或者应用到其他影片中。

 实 例 步 解　单独输出影片声音

> 视频文件　　光盘\视频文件\第 14 章\14.3.2　单独输出影片声音.mp4

步骤 01 打开需要输出声音的素材文件，切换至 "分享" 步骤面板，单击 "分享" 选项面板中的 "创建声音文件" 按钮，如下图所示。

步骤 02 弹出 "创建声音文件" 对话框，❶选择文件的保存路径，❷并在 "文件名" 文本框中输出文件名，如下图所示。

步骤 03 单击 "选项" 按钮，弹出 "音频保存选项" 对话框，选中 "整个项目" 单选按钮和 "创建后播放文件" 复选框，如下图所示。

步骤 04 进入 "压缩" 选项卡，设置相应选项，如下图所示。

步骤 05 单击 "确定" 按钮，返回 "创建声音文件" 对话框，单击 "保存" 按钮，此时即可将视频中所包含的音频部分单独输出，并试听声音。

专家点拨

需要注意的是，这里输出的音频文件是包含了项目中的视频轨、覆叠轨、声音轨以及音乐
轨的混合音频，也就是预览项目时所听到的声音效果。

14.3.3　WAV 格式的预览图像

如果保存为 WAV 音频格式时单击"创建声音文件"对话框右下
角的"选取"按钮，弹出"选取预览图像"对话框，在此，可指定声
音文件所对应的预览图像，如右图所示。以后，在会声会影中选择插
入该 WAV 文件时，在"打开音频文件"对话框中右下角就能看到预
览图像，以方便区分不同的声音文件。

14.4　设置输出影片

本节主要向用户介绍输出影片的其他设置，如按指定时间切割保存视频文件、导出到移动设
备以及设置影片项目回放等。

14.4.1　切割保存视频文件

在会声会影 X4 中，可以将影片切割成一段一段，然后进行保存。

实 例 步 解　切割保存视频文件

 视频文件　光盘\视频文件\第 14 章\14.4.1　切割保存视频文件.mp4

步骤01 单击"分享"步骤，切换至"分享"
步骤面板，单击"分享"选项面板中的"创建
视频文件"按钮，在弹出的下拉列表中选择相
应选项，如下图所示。

步骤02 在弹出的"创建视频文件"对话框中
选择视频文件的路径和文件名，再单击"选项"
按钮，如下图所示。

步骤03 ❶在弹出的对话框中选中"整个项目"单选按钮，❷选中"按指定的区间创建视频文件"复选框，如下图所示。

步骤04 ❶在"区间"文本框中输入视频的区间范围，❷单击"确定"按钮即可，如下图所示。

步骤05 返回"创建视频文件"对话框，单击"保存"按钮，会声会影将开始渲染并切割视频文件，渲染完成后，即可在"视频"素材库中显示切割后的视频片段。

14.4.2 导出到移动设备中

在会声会影 X4 中，用户可以轻松将制作好的影片导出到 iPod、PSP、Zune 以及 PDA/PMP、Mobile Phone 等移动设备中。

实 例 步 解 导出到移动设备中

 视频文件　光盘\视频文件\第 14 章\14.4.2　导出到移动设备中.mp4

步骤01 使用相应的连接线将移动设备与计算机连接，并安装必要的驱动程序，使计算机正确识别移动设备。

步骤02 切换至"分享"步骤面板，单击"分享"选项面板中的"导出到移动设备"按钮，在弹出的下拉列表中选择相应的视频格式，如下图所示。

步骤03 弹出"将媒体文件保存至硬盘/外部设备"对话框，选择视频输出的目的设备，如下图所示。

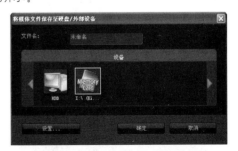

步骤04 单击"确定"按钮，即可将当前项目中的视频进行渲染，并以指定的格式输出到移动设备中，如右图所示。

步骤 05 渲染完成后，可在"视频"素材库中显示渲染后的视频文件，如右图所示。

14.4.3 设置影片项目回放

项目回放用于在计算机上全屏预览实际大小的影片，或者将整个项目输出到 DV 摄像机上查看效果。

 设置影片项目回放

素材文件	光盘\素材文件\第 14 章\菊花.VSP
效果文件	光盘\素材文件\第 14 章\菊花.VSP
视频文件	光盘\视频文件\第 14 章\14.4.3　设置影片项目回放.mp4

步骤 01 切换至"分享"步骤面板，单击"分享"选项面板中的"项目回放"按钮，弹出"项目回放-选项"对话框，选中"整个项目"单选按钮，如下图所示。

步骤 02 单击"完成"按钮，即可在全屏幕状态下查看影片效果，如下图所示。

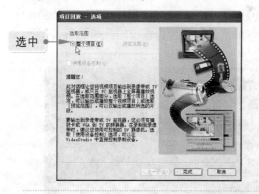

14.5　知识盘点

本章主要讲述了怎样将会声会影 X4 中的项目文件或视频文件输出为各种各样的格式或形式，以满足不同用户的需要。会声会影 X4 提供的输出方式既全面又简单，向导式的操作方式可以让用户在软件的带领下轻松完成影片的输出。

在实际应用中，要根据观看者的需要和各种硬件条件来选用合适的输出方式。

第 **15** 章 导出影片

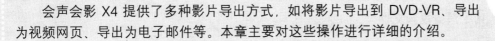

学前提示

　　会声会影 X4 提供了多种影片导出方式，如将影片导出到 DVD-VR、导出为视频网页、导出为电子邮件等。本章主要对这些操作进行详细的介绍。

本章内容

- 导出为视频网页
- 导出为屏幕保护程序

通过本章的学习，您可以

- 掌握渲染视频的方法
- 掌握导出为视频网页的方法
- 掌握发送电子邮件的方法

- 掌握制作 WMV 文件的方法
- 掌握设置屏幕保护程序的方法
- 掌握预览屏幕保护程序的方法

视频演示

15.1 导出为视频网页

网络已经成为分享影片的最佳方式。利用会声会影 X4 提供的直接将视频文件保存到网页的功能，可以轻松地制作可视性极强的视频网页，为个人主页增光添彩。本节主要介绍导出为视频网页的具体步骤。

15.1.1 渲染视频文件

在将视频导出之前，首先需要渲染视频文件。

实 例 步 解 渲染视频文件

素材文件	光盘\素材文件\第 15 章\桂林全景.mpg
视频文件	光盘\视频文件\第 15 章\15.1.1　渲染视频文件.mp4

步骤01 切换至"分享"步骤面板，在"分享"选项面板中单击"创建视频文件"按钮，在弹出的下拉列表中选择 WMV｜Smartphone WMV（220×176，15fps）选项，如下图所示。

步骤02 弹出"创建视频文件"对话框，❶在"文件名"文本框中输入名称"桂林全景"，❷在"保存在"下拉列表中选择需要保存的路径，如下图所示。

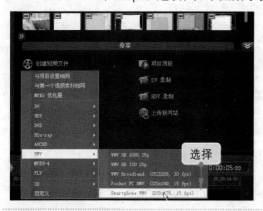

专家点拨

在针对网络输出影片时，文件所占的磁盘空间和传输速率非常重要。若希望在 Internet 上有效地使用视频，需要使用相当高的压缩率。这表示必须使用较小的窗口（320×240 或更小）、较小的帧速率（15 帧/秒）以及低质量的音频（收音机质量的 8 位声道）。

步骤03 单击"保存"按钮，系统自动进行渲染，渲染后的视频效果如右图所示。

15.1.2 导出为视频网页

在会声会影 X4 中，导出为视频网页的方法很简单，下面向用户进行详细的介绍。

实 例 步 解 导出为视频网页

| 效果文件 | 光盘\效果文件\第 15 章\桂林全景.htm |
| 视频文件 | 光盘\视频文件\第 15 章\15.1.2 导出为视频网页.mp4 |

步骤01 渲染完成后，单击"文件"|"导出"|"网页"命令，如下图所示。

步骤02 弹出"网页"信息提示框，单击"是"按钮，如下图所示。

步骤03 弹出"浏览"对话框，为网页指定文件名和保存路径，如下图所示。

步骤04 单击"确定"按钮，程序自动将视频嵌入网页并启动默认的浏览器展示视频网页效果。单击"播放修整后的素材"按钮，欣赏视频网页效果，如下图所示。

15.1.3 发送电子邮件

将视频寄给远方的家人、亲戚或朋友，是一件非常有趣而又温馨的事情。我们可以使用会声会影 X4 提供的将视频文件通过电子邮件传送的方式来实现。

下面向用户介绍发送电子邮件的方法。

实 例 步 解　发送电子邮件

	素材文件	光盘\素材文件\第 15 章\桂林全景.wmv
	视频文件	光盘\视频文件\第 15 章\15.1.3　发送电子邮件.mp4

步骤 01 渲染完成后，单击"文件"|"导出"| "电子邮件"命令，打开"新邮件"窗口，如下图所示。

步骤 02 输入收件人、主题等内容，如下图所示。

步骤 03 单击"发送"按钮，即可将制作的影片发送到指定的邮箱，朋友将与用户分享编辑的影片。

专家点拨

当用户执行"电子邮件"命令时，可能不会直接弹出邮件编辑工具（Outlook）对话框，但会弹出"Internet 连接向导"对话框，用户只需按照提示依次输入相关信息，即可创建网络连接。

15.2　导出为屏幕保护程序

将影片设置为 Windows 屏幕保护，可以制作个性化的电脑桌面。

15.2.1　制作 WMV 文件

下面向用户介绍制作 WMV 文件的方法。

实 例 步 解　设置屏幕保护程序

	素材文件	光盘\素材文件\第 15 章\金鱼.mpg
	效果文件	光盘\效果文件\第 15 章\桌面背景.wmv
	视频文件	光盘\视频文件\第 15 章\15.2.1　制作 WMV 文件.mp4

步骤01 切换至"分享"步骤面板,在"分享"选项面板中单击"创建视频文件"按钮,在弹出的下拉列表中选择 WMV | WMV HD 1080 25p 选项,如下图所示。

步骤02 弹出"创建视频文件"对话框,设置文件的保存路径及文件名称,如下图所示。

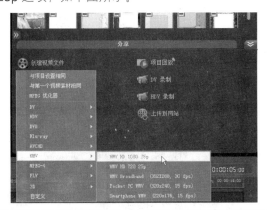

步骤03 单击"保存"按钮,渲染并保存文件,WMV 文件制作完成。

15.2.2　设置屏幕保护程序

下面向用户介绍设置屏幕保护程序的方法。

实 例 步 解　设置屏幕保护程序

视频文件　　光盘\视频文件\第 15 章\15.2.2　设置屏幕保护程序.mp4

步骤01 WMV 文件制作完成后,单击"文件" | "导出" | "影片屏幕保护"命令,如下图所示。

步骤02 弹出"显示 属性"对话框,将视频文件作为屏幕保护,如下图所示。

步骤03 单击"确定"按钮,应用影片屏幕保护,此时,电脑在超出指定的"等待"时间后,如果没有任何操作,将启动影片屏幕保护。

15.2.3 预览屏幕保护程序

下面向用户介绍预览屏幕保护程序的方法。

实 例 步 解 预览屏幕保护程序

> 视频文件　光盘\视频文件\第 15 章\15.2.3　预览屏幕保护程序.mp4

步骤 01 在"显示 属性"对话框中，单击"屏幕保护程序"选项组中的"预览"按钮。

步骤 02 执行该操作后，即可预览屏幕保护程序的效果，如下图所示。

专家点拨

当用户单击"预览"按钮后，此时鼠标不能执行任何操作（包括移动鼠标），否则将不能预览屏幕保护程序的效果。

15.3　知识盘点

　　本章主要介绍了导出为不同类型影片的操作方法，以满足观赏者的需要。通过对本章内容的学习，相信用户对影片的导出有了一定的了解，并且能够熟练地导出为不同类型的影片。

第**16**章 刻录视频光盘

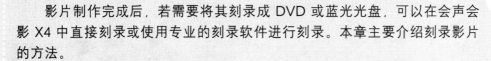

学前提示

影片制作完成后，若需要将其刻录成 DVD 或蓝光光盘，可以在会声会影 X4 中直接刻录或使用专业的刻录软件进行刻录。本章主要介绍刻录影片的方法。

本章内容

- 了解并安装刻录机
- 刻录 DVD 光盘
- 刻录蓝光光盘
- 运用 Nero 刻录 DVD 光盘

通过本章的学习，您可以

- 掌握安装刻录机的方法
- 掌握导入影片素材的方法
- 掌握选择光盘类型的方法
- 掌握设置项目参数的方法
- 掌握编辑图像菜单的方法
- 掌握刻录 DVD 光盘的方法

视频演示

16.1 了解并安装刻录机

运用会声会影完成视频编辑后，使用会声会影 X4 自带的 Ulead DVD plug-in 可以直接将影片刻录输出为 DVD、SVCD 等。用户在进行刻录之前，需要了解刻录的基本常识。

16.1.1 了解刻录机

随着科学技术的发展，光盘刻录机已经越来越普及。刻录机能够在 CD-R 或 CD-RW 光盘上记录数据。每张 CD-R 光盘的容量可达到 650MB，可以在普通的 CD-ROM 光盘上读取。因此，刻录机已经成为大容量数据备份、交换的最佳选择。

刻录机的外观如下图所示。

当用户刻录 CD-R 光盘时，刻录机会发出高功率的激光，聚集在 CD-R 盘片某个特定部位上，使这个部位的有机染料层产生化学反应，其反光特性改变后，这个部位就不能反射光驱所发生的激光，这相当于传统的 CD 光盘上的凹面。没有被高功率激光照到的地方可以依靠黄金层反射激光。这样刻录的光盘与普通 CD-ROM 的读取原理基本相同，因而刻录盘也可以在普通光驱上读取。

目前，大部分刻录机除了支持整盘刻录（Disk at Once）方式外，还支持轨道刻录（Track at Once）方式。使用整盘刻录方式时，用户必须要将所有数据一次性写入 CD-R 光盘，如果准备的数据较少，刻录一张势必会造成很大的浪费，而使用轨道刻录方式就可以避免这种浪费，这种方式允许一张 CD-R 盘在有多余空间的情况下进行多次刻录。

16.1.2 安装刻录机

要使用刻录机刻录光盘，就必须先安装刻录机，才能进行刻录操作。下面向用户介绍安装刻录机的方法。

实 例 步 解 安装刻录机

步骤 01 使用螺丝刀将机箱表面的挡板撬开并取下，如右图所示。

步骤02 将刻录机正面朝向机箱外，用手托住刻录机从机箱前面的缺口插入托架中，如下图所示。

步骤03 插好后，将刻录面板与机箱面板对齐，保持美观，如下图所示。

步骤04 调整好刻录机的位置，对齐刻录机上的螺丝孔与机箱上的螺丝孔，如下图所示。

步骤05 使用磁性螺丝刀将螺丝拧入螺丝孔中，如下图所示。

步骤06 将螺丝拧入，但不要拧得太紧，如下图所示。

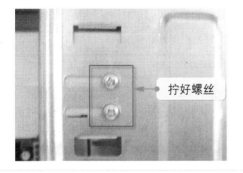

步骤07 拧入另外的螺丝钉，如下图所示，至此，刻录机驱动安装完毕。

16.2　刻录蓝光光盘

　　蓝光光盘（Blu-ray Disc，简称 BD）是 DVD 之后的下一代光盘格式之一，用以存储高品质的影音文件以及高容量的数据。蓝光光盘的命名是由于其采用波长 405 纳米（nm）的蓝色激光光束来进行读写操作（DVD 采用 650 纳米波长的红光读写器，CD 则是采用 780 纳米波长）。

　　一个单层的蓝光光盘的容量为 25GB 或 27GB，足够烧录一个长达 4 小时的高解析影片；双层可达到 46GB 或 54GB，足够烧录一个长达 8 小时的高解析影片；而容量为 100GB 或 200GB 的，分别是 4 层及 8 层。

16.3 　刻录 DVD 光盘

创建影片光盘主要有两种方法，一种是通过 Nero 等刻录软件把输出的各种视频文件直接刻录，这种光盘内容只能在电脑中播放；另一种是通过会声会影 X4 编辑器刻录，这种刻录的光盘能够在电脑和影碟播放机中直接播放。本节主要介绍运用会声会影 X4 编辑器直接将 DV 影片或视频刻成 DVD 光盘的方法。

16.3.1 　刻前准备事项

在会声会影中刻录 DVD 光盘之前，需要准备好以下事项。

➤ 　检查是否有足够的压缩暂存空间。无论刻录光盘是否还可以创建光盘影像，都需要进行视频文件压缩，压缩文件要有足够的硬盘空间存储，若空间不够，操作将半途而废。

➤ 　准备好刻录机。如果暂时没有刻录机，可以创建光盘影像文件或者 DVD 文件夹，然后复制到其他配有刻录机的电脑中，再刻录成光盘。

16.3.2 　导入影片素材

创建光盘的素材可以是会声会影的项目文件，也可以是其他的视频文件，用户可向光盘中添加影片或项目文件。

实 例 步 解 　导入影片素材

素材文件	光盘\素材文件\第 16 章\菊花.mpg
视频文件	光盘\视频文件\第 16 章\16.3.2 　导入影片素材.mp4

步骤 01 进入会声会影 X4 编辑器，在时间轴视图中单击鼠标右键，在弹出的快捷菜单中选择"插入视频"选项，如下图所示。

步骤 02 弹出"打开视频文件"对话框，从中选择需要添加的视频（光盘\素材文件\第 16 章\菊花.mpg），如下图所示。

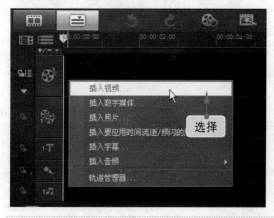

步骤03 单击"打开"按钮，即可添加到视频轨中，如下图所示。

步骤04 单击导览面板中的"播放修整后的素材"按钮，预览添加的视频效果，如下图所示。

16.3.3　选择光盘类型

在刻录光盘前，用户首先需要选择光盘的类型。

实 例 步 解 选择光盘类型

 视频文件　光盘\视频文件\第 16 章\16.3.3　选择光盘类型.mp4

步骤01 切换至"分享"步骤面板，单击"分享"选项面板中的"创建光盘"按钮，在弹出的下拉列表中选择 DVD 选项，如下图所示。

步骤02 执行上述操作后，即可弹出 Corel VideoStudio Pro 对话框，设置光盘的容量大小，如下图所示。

16.3.4　设置项目参数

在向导中添加素材后，用户需要对创建光盘的相关参数进行设置。下面将对具体的设置方法进行讲解。

实 例 步 解 设置项目参数

 视频文件　光盘\视频文件\第 16 章\16.3.4　设置项目参数.mp4

步骤01 单击 Corel VideoStudio Pro 对话框左下方的"项目设置"按钮，如下图所示。

步骤02 弹出"项目设置"对话框，选中"自动从起始影片淡化到菜单"复选框，如下图所示。

16.3.5 编辑图像菜单

用户在创建光盘时，可以根据需要对图像菜单进行编辑操作。

实例步解 编辑图像菜单

 视频文件 光盘\视频文件\第 16 章\16.3.5 编辑图像菜单.mp4

步骤01 单击 Corel VideoStudio Pro 对话框右下方的"下一步"按钮，进入"菜单和预览"选项卡，单击"菜单模板类别"选项右侧的下三角按钮，在弹出的下拉列表中选择"智能场景菜单"选项，如下图所示。

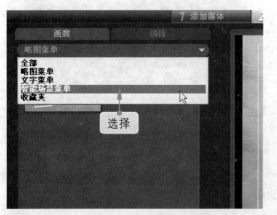

步骤02 选择列表中的一个智能场景，即可为影片添加智能场景效果，如下图所示。

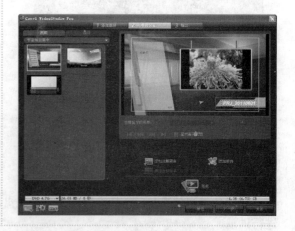

16.3.6 预览影片效果

在刻录光盘之前，可以预览影片效果。

实 例 步 解 预览影片效果

视频文件 光盘\视频文件\第 16 章\16.3.6 预览影片效果.mp4

步骤01 单击"菜单和预览"选项卡中的"预览"按钮,如下图所示。

步骤02 执行上述操作后,即可转到"预览"窗口,如下图所示。

步骤03 此时,即可预览影片效果,如下图所示。

16.3.7 刻录 DVD 光盘

为了方便查看和保存,用户可以将制作的影片刻录成 DVD 光盘。

实 例 步 解 刻录 DVD 光盘

视频文件 光盘\视频文件\第 16 章\16.3.7 刻录 DVD 光盘.mp4

步骤 01 影片预览完成后，单击"后退"按钮，返回"菜单和预览"选项卡，单击"下一步"按钮，如下图所示。

步骤 02 转到"输出"选项卡，将 DVD 光盘放入光驱中，单击窗口右下角的"刻录"按钮，如下图所示，开始刻录 DVD 光盘，接下来用户可以根据提示完成刻录操作。

16.4 运用 Nero 刻录 DVD 光盘

使用专业刻录软件，可以将会声会影输出的 DVD 文件刻录成 VCD 影片光盘。Nero 是一款非常著名的专业刻录软件，支持中文长文件名刻录，可以刻录多种类型的光盘。本节主要介绍运用 Nero 刻录 DVD 光盘的方法。

16.4.1 导入刻录内容

下面向用户介绍在 Nero 软件中导入刻录内容的方法。

实 例 步 解 导入刻录内容

 素材文件 光盘\素材文件\第 16 章\北京故宫.avi、海滨情缘.mpg、美景如花.mpg、美丽风光.mpg、山山水水.mpg、月湖公园.avi

步骤 01 双击桌面上的 Nero Start Smart 快捷图标，启动 Nero 程序欢迎界面，单击"照片和视频"按钮，切换至"照片和视频"界面，如右图所示。

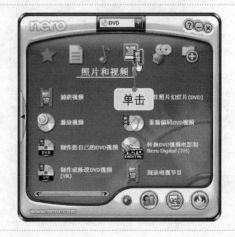

步骤 02 单击界面上方的下拉按钮，在弹出的下拉列表中选择 CD 选项，如下图所示。

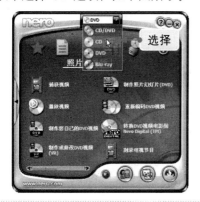

步骤 03 在界面中单击"创建视频光盘"按钮，如下图所示。

步骤 04 弹出"未命名项目"对话框，在右侧区域中选择"添加视频文件"选项，如下图所示。

步骤 05 弹出"打开"对话框，从中选择需要添加的视频文件（光盘\素材文件\第 16 章\北京故宫.avi、海滨情缘.mpg、美景如花.mpg、美丽风光.mpg、山山水水.mpg、月湖公园.avi），如下图所示。

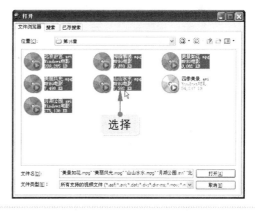

步骤 06 单击"打开"按钮，即可将其导入"未命名项目"窗口中，如右图所示。

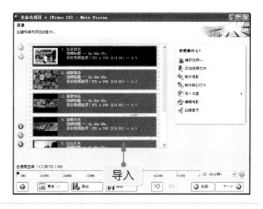

16.4.2　设置相应参数

下面向用户介绍在刻录 DVD 光盘时需要设置的相应参数。

实 例 步 解　设置相应参数

素材文件　光盘\素材文件\第 16 章\DVD 背景.jpg

步骤01 在"未命名项目"对话框中，单击"下一个"按钮，进入"选择菜单"界面，从中可以对 VCD 菜单进行相关的设置，如下图所示。

步骤02 在"页眉"文本框中输入文字"享受生活"，更改页眉，如下图所示。

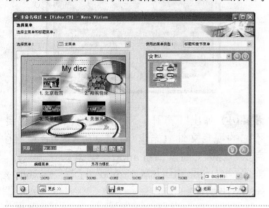

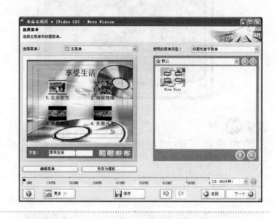

步骤03 单击"编辑菜单"按钮，进入"编辑菜单"界面，选择"配置"选项，弹出"配置"面板，选择"配置 2"选项，如下图所示。

步骤04 选择"背景"选项，弹出"背景属性"面板，如下图所示。

步骤05 单击"浏览画面"按钮，在弹出的"打开"对话框中选择素材图像（光盘\素材文件\第 16 章\DVD 背景.jpg），如右图所示。

步骤06 单击"打开"按钮，应用背景图像，效果如下图所示。

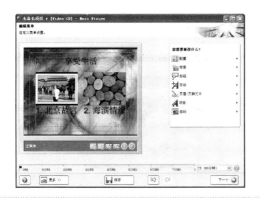

步骤07 选择"字体"选项，在弹出的"字体"面板中设置"字体"为"隶书"、"字体颜色"为白色，如下图所示。

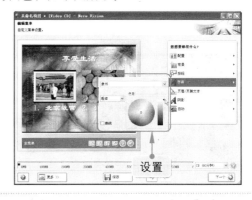

步骤08 选择"阴影"选项，弹出"阴影"面板，设置阴影参数，如下图所示。

步骤09 设置好各选项后，在预览窗口中的效果如下图所示。

16.4.3 测试视频效果

下面向用户介绍如何测试视频效果。

实 例 步 解 测试视频效果

步骤01 在"未命名项目"对话框中，单击"下一个"按钮，返回"选择菜单"界面，如右图所示。

步骤02 保持默认设置，单击"下一个"按钮，进入"预览"界面，从中可以对视频菜单进行测试，如下图所示。

步骤03 单击其中的缩略图，即可放大播放该视频，如下图所示。

知识链接

在遥控器上单击◀、▲、▶、▼按钮可以向左、上、右、下移动；**TITLE**按钮表示显示主菜单，**MENU**按钮表示显示章节菜单，◀按钮表示返回上一级菜单；▶按钮表示播放被激活的标题，■按钮表示停止播放，◀◀按钮表示播放上一标题，▶▶按钮表示播放下一标题。

16.4.4 开始刻录光盘

当用户通过测试需要刻录的视频效果发现没有问题时，即可开始刻录光盘。

实 例 步 解 开始刻录光盘

步骤01 在"未命名项目"对话框中，单击"下一个"按钮，进入"刻录选项"界面，从中可以设置刻录光盘的相关参数，如下图所示。

步骤02 选择"设定刻录参数"选项组中的"刻录"选项，在弹出的下拉列表中选择要使用的刻录机，如下图所示，用户可以根据自己的需要对其他参数进行设置。

步骤03 单击"刻录"按钮，即可开始刻录 VCD 视频光盘，如下图所示。

步骤04 视频光盘刻录完成后，弹出信息提示框，提示光盘刻录完成，如右图所示，此时光盘将自动退出刻录机。

步骤05 单击"否"按钮，在弹出的窗口中将提示下一步要做什么，从中可以对刚刻录的光盘内容进行相关设置。

步骤06 单击"退出"按钮，弹出信息提示框，提示是否要保存项目，一般情况下不需要进行保存，单击"否"按钮即可。至此，光盘刻录完成。

16.4.5　预览刻录光盘

当用户将 VCD 视频光盘刻录完成后，此时可对刻录完成的 VCD 光盘进行预览。

实 例 步 解　预览刻录光盘

步骤01 将刚刻录的光盘放入光驱中，启动暴风影音程序，在窗口上方单击"主菜单"按钮 □，在弹出的下拉菜单中选择"打开文件"命令，从中选择 VCD 中的影片文件，即可播放 VCD 视频光盘。

步骤02 在画面中单击相应的菜单，即可播放相应的视频，效果如下图所示。

16.5　知识盘点

本章主要讲述了如何将视频文件刻录成光盘的方法，包括刻录 DVD 光盘以及运用 Nero 刻录 VCD 光盘等。通过对本章内容的学习，用户可以熟练地掌握将使用会声会影 X4 制作的项目文件刻录成影音光盘的方法。

第 **17** 章 　 儿童相册——《快乐童年》

学前提示

　　儿时的回忆对每个人来说都是非常具有纪念价值的，是一生难忘的回忆。要通过影片记录下这些美好的时刻，除了必要的拍摄技巧外，后期处理也很重要。通过后期处理，不仅可以对儿时的原始素材进行合理的编辑，而且可以为影片添加各种文字、音乐及特效，使影片更具珍藏价值。

　　本章将向用户具体介绍儿童相册的制作过程，记录宝宝成长时的美好记忆。

本章内容

- 项目效果赏析
- 项目技术点睛
- 制作儿童视频并设置区间
- 制作与编辑相册转场效果

- 制作边框、Flash 等覆叠效果
- 制作"快乐童年"等字幕效果
- 添加音频效果
- 输出为 DVD

通过本章的学习，您可以

- 掌握校正视频颜色的操作
- 掌握设置视频区间的操作
- 掌握编辑相册转场的操作

- 掌握添加精彩覆叠效果的操作
- 掌握制作多种字幕效果的操作
- 掌握添加音频输出视频的操作

视频演示

17.1 前期准备阶段

在制作儿童相册之前，首先带领用户预览项目效果，并掌握项目技术点睛等内容。

17.1.1 项目效果赏析

本案例效果如下图所示。

17.1.2 项目技术点睛

核心技术 1：为素材添加转场效果，实现素材之间的平滑过渡。
核心技术 2：为素材添加覆叠效果，实现素材的边框装饰美感。
核心技术 3：为素材添加字幕效果，制作素材的重要视觉元素。
核心技术 4：为音频添加淡出效果，实现音频的完美音质结合。

17.2 中期制作阶段

本节主要向用户介绍制作儿童相册的主体阶段，如制作视频效果、添加黑色色块、制作转场效果、覆叠效果以及文字效果等。

17.2.1 制作儿童视频并设置区间

> **视频文件** 光盘\视频文件\第 17 章\17.2.1 制作儿童视频并设置区间.mp4

制作儿童视频效果并设置区间的具体操作步骤如下。

步骤01 进入会声会影操作 X4 界面，在项目时间轴中单击鼠标右键，在弹出的快捷菜单中选择"插入视频"选项，在视频轨中插入两个视频素材（光盘\素材文件\第 17 章\片头.wmv、圣诞老人.mpg），如下图所示。

步骤02 双击视频轨中的"圣诞老人.mpg"素材，展开"视频"选项面板，单击"色彩校正"按钮，在打开的选项面板中设置"饱和度"为 22，"亮度"为 10，如下图所示。

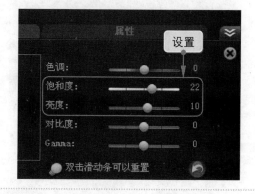

步骤03 切换至故事板视图，插入照片素材（光盘\素材文件\第 17 章\纯真.jpg），并设置"区间"为 3s，如下图所示。

步骤04 插入视频素材（光盘\素材文件\第 17 章\太空飞车.mpg），展开"视频"选项面板，单击"色彩校正"按钮，在展开的选项面板中设置"饱和度"为 4、"亮度"为 12，如下图所示。

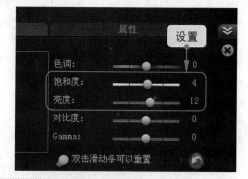

步骤05 使用同样的方法，依次插入照片和视频素材（光盘\素材文件\第 17 章\可爱.jpg、天真.jpg、转车.avi、宝贝.jpg、大牛.mpg），并设置各素材的区间，如下图所示。

步骤06 双击最后一个视频，单击"视频"选项面板中的"色彩校正"按钮，在展开的选项面板中设置"饱和度"为 8、"亮度"为 26，如下图所示。

步骤07 使用同样的方法，插入视频素材（光盘\素材文件\第 17 章\火车.avi、片尾.wmv），调整"火车.avi"素材的"区间"为"0:00:05:03"，如下图所示。然后单击"视频"选项面板中的"色彩校正"按钮，在展开的选项面板中设置"饱和度"为 18、"亮度"为 26。

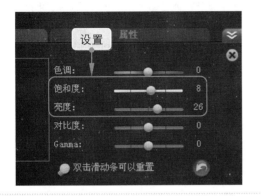

步骤08 单击导览面板中的"播放修整后的素材"按钮，即可预览视频效果，如下图所示。

17.2.2 制作与编辑相册转场效果

视频转场画面效果如下图所示。

 视频文件 光盘\视频文件\第 17 章\17.2.2 制作与编辑相册转场效果.mp4

制作与编辑相册转场效果的具体操作步骤如下。

步骤01 打开"转场"选项卡，单击"画廊"下拉按钮，在弹出的下拉列表中选择"相册"选项，然后选择"翻转"转场，单击"对视频轨应用当前效果"按钮，如下图所示。

步骤02 双击第一个转场，展开"转场"选项面板，单击"自定义"按钮，如下图所示。

步骤03 在弹出的"翻转-相册"对话框中设置各选项参数，如下图所示，单击"确定"按钮。

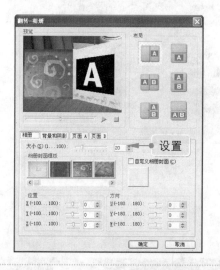

步骤04 双击第 2 个转场，单击"自定义"按钮，弹出"翻转-相册"对话框，设置各选项参数，如下图所示，单击"确定"按钮。

步骤05 单击导览面板中的"播放修整后的素材"按钮，即可预览视频效果，如下图所示。

步骤06 双击第 3 个转场，单击"自定义"按钮，弹出"翻转-相册"对话框，设置各选项参数，如下图所示，单击"确定"按钮。

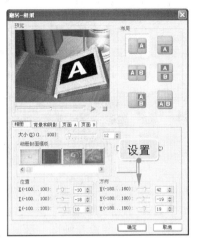

步骤07 双击第 4 个转场，单击"自定义"按钮，弹出"翻转-相册"对话框，并设置各选项参数，如下图所示，单击"确定"按钮。

步骤08 单击导览面板中的"播放修整后的素材"按钮，即可预览视频效果，如下图所示。

步骤09 双击第 5 个转场，单击"自定义"按钮，弹出"翻转-相册"对话框，并设置各选项参数，如下图所示，单击"确定"按钮。

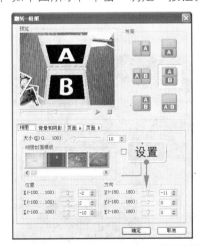

步骤10 双击第 6 个转场，单击"自定义"按钮，弹出"翻转-相册"对话框，并设置各选项参数，如下图所示，单击"确定"按钮。

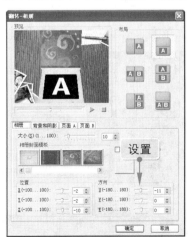

步骤⑪ 单击导览面板中的"播放修整后的素材"按钮，即可预览视频效果，如下图所示。

步骤⑫ 双击第 7 个转场，单击"自定义"按钮，弹出"翻转-相册"对话框，并设置各选项参数，如下图所示，单击"确定"按钮。

步骤⑬ 双击第 8 个转场，单击"自定义"按钮，弹出"翻转-相册"对话框，并设置各选项参数，如下图所示，单击"确定"按钮。

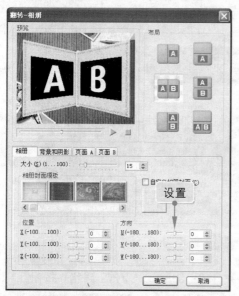 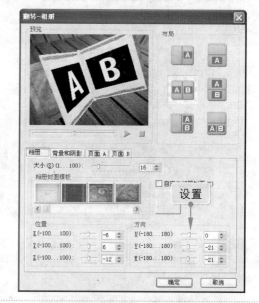

步骤⑭ 单击导览面板中的"播放修整后的素材"按钮，即可预览视频效果，如下图所示。

步骤15 双击第 9 个转场，单击"自定义"按钮，弹出"翻转-相册"对话框，并设置各选项参数，如下图所示，单击"确定"按钮。

步骤16 双击第 10 个转场，单击"自定义"按钮，弹出"翻转-相册"对话框，并设置各选项参数，如下图所示，单击"确定"按钮。

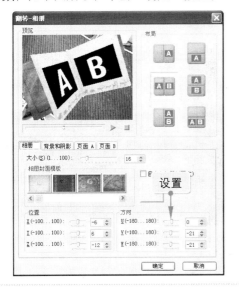

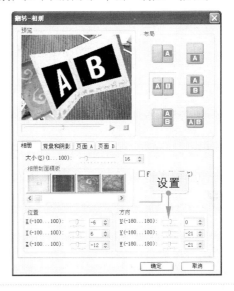

步骤17 单击导览面板中的"播放修整后的素材"按钮，即可预览视频效果，如下图所示。

17.2.3 制作边框、Flash 等覆叠效果

视频覆叠画面效果如下图所示。

💿 **视频文件** 光盘\视频文件\第 17 章\17.2.3 制作边框、Flash 等覆叠效果.mp4

制作边框、Flash 等覆叠效果的具体操作步骤如下。

步骤① 在时间轴视图面板中的覆叠轨图标上单击鼠标右键，在弹出的快捷菜单中选择"轨道管理器"选项，弹出"轨道管理器"对话框，在列表框中选中"覆叠轨#2"复选框，如下图所示。

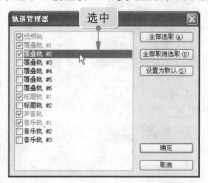

步骤② 单击"确定"按钮，时间轴视图面板中将新增一条覆叠轨，如下图所示。

步骤③ 在覆叠轨 1 中单击鼠标右键，在弹出的快捷菜单中选择"插入照片"选项，插入多幅照片素材（光盘\素材文件\第 17 章\快乐童年.png、太阳装饰.png、文字.png），如下图所示。

步骤④ 使用同样的方法，在覆叠轨 2 中单击鼠标右键，在弹出的快捷菜单中选择"插入照片"选项，插入多幅照片素材（光盘\素材文件\第 17 章\一起成长.png、边框.png、花星框.png、弯弯星.png、花形边框.png），如下图所示。

步骤⑤ 在"编辑"选项面板中，设置各素材的"照片区间"，并拖曳至合适位置，如下图所示。

步骤⑥ 选择覆叠轨 1 中的"快乐童年.jpg"素材，在预览窗口中，拖曳素材至合适位置，展开"编辑"选项面板，选中"应用摇动和缩放"复选框，并选择相应的预设效果，如下图所示。

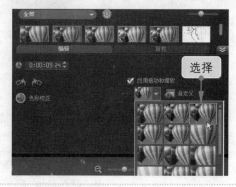

步骤07 切换至"属性"选项面板，单击"淡入动画效果"和"淡出动画效果"按钮，再单击"遮罩和色度键"按钮，在展开的选项面板中选中"应用覆叠选项"复选框，并选择需要的遮罩图形，如下图所示。

步骤08 选择覆叠轨 2 中的"一起成长.png"素材，展开"属性"选项面板，**①**单击"进入"选项组中的"从左边进入"按钮，**②**再单击"淡入动画效果"、"淡出动画效果"、"暂停区间后旋转"按钮，如下图所示。

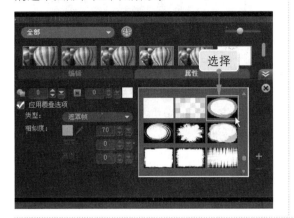

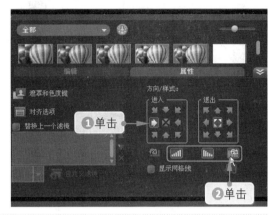

步骤09 单击导览面板中的"播放修整后的素材"按钮，即可预览视频效果，如下图所示。

步骤10 选择覆叠轨 1 中的"太阳装饰.png"素材，在预览窗口中拖曳至合适位置，单击打开"滤镜"选项卡，将"滤镜"素材库中的"自动草绘"滤镜拖曳至素材上，效果如下图所示。

步骤⑪ 选择覆叠轨 2 中的"汽车装饰.png"素材，在预览窗口中调整素材的大小及位置，并适当调整素材的"暂停区间"，如下图所示。

步骤⑫ 双击覆叠轨 2 中的"汽车装饰.png"素材，展开"属性"选项面板，单击"从左边进入"和"从右边退出"按钮，如下图所示。

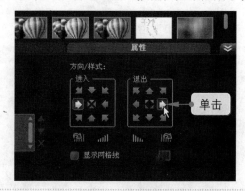

步骤⑬ 单击导览面板中的"播放修整后的素材"按钮，即可预览覆叠素材的动画效果，如下图所示。

17.2.4　制作"快乐童年"等字幕效果

视频字幕画面效果如下图所示。

> 视频文件　光盘\视频文件\第 17 章\17.2.4　制作"快乐童年"等字幕效果.mp4

制作"快乐童年"等字幕效果的具体操作步骤如下。

步骤01 将时间线移至 0:00:03:00 的位置，切换至"标题"选项卡，在预览窗口中输入相应的文字，在"编辑"选项面板中设置字幕的相应属性，如下图所示。

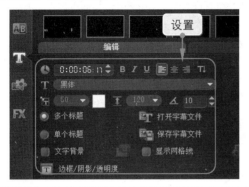

步骤02 单击"边框/阴影/透明度"按钮，弹出"边框/阴影/透明度"对话框，设置各选项参数，如下图所示。

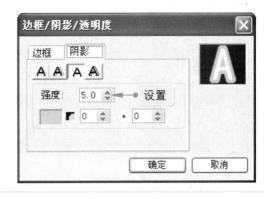

步骤03 展开"属性"选项面板，选中"动画"单选按钮和"应用"复选框，单击"选取动画类型"右侧的下三角按钮，在弹出的下拉列表中选择"飞行"选项，在下方的列表框中，选择合适的飞行动画预设类型，如下图所示。

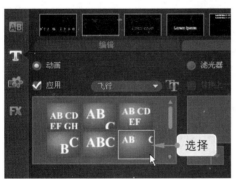

步骤04 在预览窗口中调整字幕至合适位置，效果如下图所示。

步骤05 将时间线移至 0:00:22:07 的位置，在预览窗口中输入文字，展开"属性"选项面板，选择相应的动画类型，如下图所示。

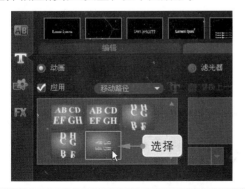

步骤06 在预览窗口中调整字幕至合适位置，效果如下图所示。

步骤07 将时间线移至 0:00:28:07 的位置，在预览窗口中输入文字，展开"属性"选项面板，选择相应的动画类型，如下图所示。

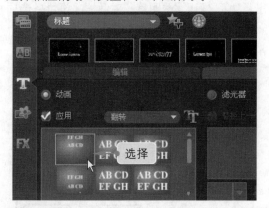

步骤08 在预览窗口中调整字幕至合适位置，效果如下图所示。

步骤09 将时间线移至 0:00:38:06 的位置，在预览窗口中输入文字，展开"属性"选项面板，选择相应的动画类型，如下图所示。

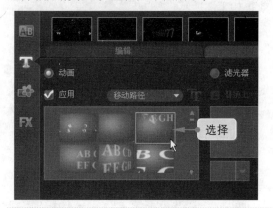

步骤10 在预览窗口中调整字幕至合适位置，效果如下图所示。

步骤11 将时间线移至 0:00:52:10 的位置，在预览窗口中输入文字，展开"编辑"选项面板，设置相应属性，再展开"属性"选项面板，选择相应的动画类型，如下图所示。

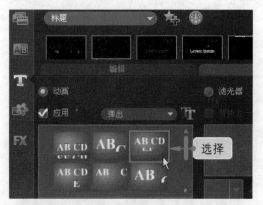

步骤12 在预览窗口中调整字幕至合适位置，效果如下图所示。

步骤13 使用同样的方法，输入文字，并设置相应的动画类型。单击导览面板中的"播放修整后的素材"按钮，即可预览添加的字幕效果，如下图所示。

17.3　后期制作阶段

本节主要介绍后期制作阶段，包括添加音频效果和输出为 DVD 等内容。

17.3.1　添加音频效果

 视频文件　光盘\视频文件\第 17 章\17.3.1　添加音频效果.mp4

添加音频效果的具体操作步骤如下。

步骤01 将视频轨中的素材均设为"静音"，单击"文件"|"将媒体文件插入到时间轴"|"插入音频"|"到音乐轨#1"命令，如下图所示。

步骤02 弹出"打开音频文件"对话框，从中选择需要导入的音频文件（光盘\素材文件\第 17 章\音乐.mp3），如下图所示。

步骤 03 单击"打开"按钮，即可将音频文件插入到音乐轨中，如下图所示。

步骤 04 将时间线移至 0:00:51:16 的位置，选择音乐轨中的音频文件，单击鼠标右键，在弹出的快捷菜单中选择"分割素材"选项，如下图所示。

步骤 05 此时素材将剪辑成两段，选择第二段音频文件，如下图所示，按【Delete】键将其删除。

步骤 06 选择剪辑后的音频文件，在"音乐和声音"选项面板中，单击"淡入"和"淡出"按钮，设置音频的淡入淡出效果，如下图所示，完成音频的添加操作。

17.3.2 输出为 DVD

效果文件	光盘\效果文件\第 17 章\儿童相册——《快乐童年》.VSP
视频文件	光盘\视频文件\第 17 章\17.3.2 输出为 DVD.mp4

输出为 DVD 的具体操作步骤如下。

步骤 01 切换至"分享"步骤面板，单击"创建视频文件"按钮，在弹出的下拉列表中选择 DVD | "DVD 视频（4:3）"选项，如下图所示。

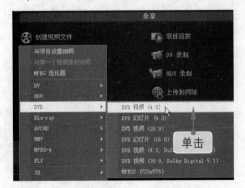

步骤 02 弹出"创建视频文件"对话框，从中设置文件的保存位置及文件名，如下图所示。

步骤03 单击"保存"按钮，即可开始渲染文件，并显示渲染进度，渲染完成后，返回会声会影
X4 编辑器。在预览窗口中，即可预览渲染后的视频效果，如下图所示。

17.4　实训小结

　　随着数码相机和扫描仪的普及，人们越来越喜欢将相片以图像文件的形式存储在计算机中。
运用会声会影，可以将存储在计算机中的相片处理成集声、影、像于一体的电子相册，并保存在
DVD 光盘中。电子相册不但具有保存时间长、储存容量大、复制简便等特点，而且可以添加说
明文字和背景音乐，制作出普通影楼难以制作的各种艺术效果。本章通过对"儿童相册——《快
乐童年》"的制作，读者可以制作出其他影片动画效果，如生活相册、生日留念以及校园艺术节相
册等。

第 **18** 章　老年相册 ——《快乐晚年》

学前提示

　　老年时期是人一生中享乐的时期，外出活动对老年人而言是一件非常快乐的事。将老年人外出活动的境况用数码相机拍摄下来，然后运用会声会影将相片制作成影片，并为影片添加模板菜单，再将影片刻录成光盘，作为赠送给老年人的礼物，是一件很有意义的事情。

　　本章将向用户介绍在会声会影中制作老年相册的具体方法。

本章内容

- 项目效果赏析
- 项目技术点睛
- 制作老年视频摇动效果
- 制作交叉淡化转场效果

- 制作覆叠淡入淡出效果
- 制作精彩字幕动画效果
- 添加音频效果
- 刻录为 DVD

通过本章的学习，您可以

- 掌握添加视频摇动的方法
- 掌握添加转场效果的方法
- 掌握添加覆叠效果的方法

- 掌握添加字幕效果的方法
- 掌握添加音频效果的方法
- 掌握刻录为 DVD 的方法

视频演示

18.1　　前期准备阶段

在制作老年相册之前，首先带领用户预览项目效果，并掌握项目技术点睛等内容。

18.1.1　项目效果赏析

本案例效果如下图所示。

18.1.2　项目技术点睛

核心技术 1：为素材添加转场效果，实现素材之间的平滑过渡。
核心技术 2：为素材添加覆叠效果，实现素材的边框装饰美感。
核心技术 3：为素材添加字幕效果，制作素材的重要视觉元素。
核心技术 4：为音频添加淡出效果，实现音频的完美音质结合。

18.2　　中期制作阶段

本节主要向用户介绍制作老年相册的主体阶段，如制作视频效果、添加黑色色块、制作转场效果、文字效果以及添加背景音乐等。

18.2.1　制作老年视频摇动效果

 视频文件　光盘\视频文件\第 18 章\18.2.1　制作老年视频摇动效果.mp4

制作老年视频摇动效果的具体操作步骤如下。

步骤01 在会声会影 X4 编辑器中，分别导入相应的视频素材与图像素材（光盘\素材文件\第 18 章\片头.wmv、老有所乐.mpg、鸟笼.jpg、健康运动.jpg、小狗.jpg、娱乐.avi、片尾.wmv），如下图所示。

步骤02 切换至故事板视图，调整素材的顺序与区间长度，如下图所示。

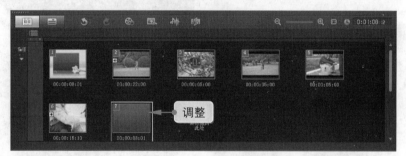

步骤03 双击"老有所乐"素材，展开"视频"选项面板，单击"淡入"和"淡出"按钮，如下图所示。

步骤04 双击"鸟笼"素材，展开"照片"选项面板，选中"摇动和缩放"单选按钮，如下图所示。

专家点拨

设置图像相应的"摇动和缩放"动画效果后，单击"图像"选项面板中的"自定义"按钮，弹出相应的摇动和缩放动画对话框，从中对动画效果进行相应的设置，可以改变动画的播放效果。

步骤05 双击"健康运动"素材，展开"照片"选项面板，选中"摇动和缩放"单选按钮，并选择合适的预设动画类型，如下图所示。

步骤06 双击"小狗"素材，展开"照片"选项面板，选中"摇动和缩放"单选按钮，如下图所示。

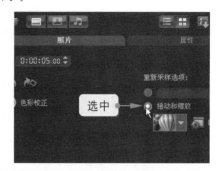

18.2.2 制作交叉淡化转场效果

视频转场画面效果如下图所示。

视频文件 光盘\视频文件\第 18 章\18.2.2 制作交叉淡化转场效果.mp4

制作交叉淡化转场的具体操作步骤如下。

步骤01 单击"转场"按钮，切换至"转场"选项卡，单击窗口上方的"画廊"按钮，在弹出的下拉列表中选择"过滤"选项，在"过滤"素材库中选择"交叉淡化"选项，按住鼠标左键不放并拖曳至第一个转场处，如下图所示。

步骤02 单击窗口上方的"画廊"按钮，在弹出的下拉列表中选择 3D 选项，在 3D 素材库中选择"对开门"选项，按住鼠标左键不放并拖曳至第 2 个转场处，如下图所示。

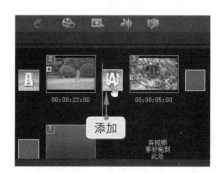

步骤 03 使用同样的方法，分别在其他转场处添加转场效果，如右图所示。

步骤 04 将时间线移至素材的开始位置，单击导览面板中的"播放修整后的素材"按钮，即可预览视频转场效果，如下图所示。

18.2.3 制作覆叠淡入淡出效果

视频覆叠画面效果如下图所示。

> 🔘 **视频文件** 光盘\视频文件\第 18 章\18.2.3 制作覆叠淡入淡出效果.mp4

制作覆叠效果的淡入淡出动画的具体操作步骤如下。

步骤 01 单击时间轴视图面板中的覆叠轨图标，单击鼠标右键，在弹出的快捷菜单中选择"插入照片"选项，插入照片素材（光盘\素材文件\第 18 章\自在.jpg），并设置"照片区间"为 0:00:07:05，选中"应用摇动和缩放"复选框，如右图所示。

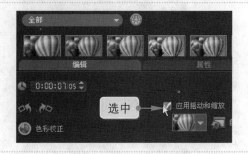

步骤02 展开"属性"选项面板，单击"淡入动画效果"和"淡出动画效果"按钮，再单击"遮罩和色度键"按钮，在展开的选项面板中设置各选项参数，如下图所示。

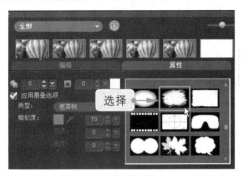

步骤03 在预览窗口中拖曳覆叠素材至合适位置，并调整素材的大小，如下图所示。

步骤04 使用同样的方法，在覆叠轨中添加素材图像（光盘\素材文件\第18章\边框.png），并设置区间时间，如右图所示，设置素材的淡入淡出效果。

步骤05 在预览窗口中调整覆叠素材的大小与位置，单击导览面板中的"播放修整后的素材"按钮，预览覆叠素材效果，如下图所示。

步骤06 使用同样的方法，在覆叠轨中添加相应的覆叠素材（光盘\素材文件\第18章\快乐.avi），并设置覆叠素材的区间与视频轨中的素材等长，如下图所示。

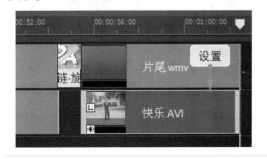

步骤07 展开"属性"选项面板，单击"遮罩和色度键"按钮，在展开的选项面板中选中"应用覆叠选项"复选框，设置各选项参数，如下图所示。

步骤 08 在预览窗口中调整素材的大小与位置，单击导览面板中的"播放修整后的素材"按钮，即可预览覆盖动画效果，效果如下图所示。

18.2.4 制作精彩字幕动画效果

视频字幕画面效果如下图所示。

视频文件　光盘\视频文件\第 18 章\18.2.4　制作精彩字幕动画效果.mp4

制作"快乐晚年"等字幕效果的具体操作步骤如下。

步骤 01 将时间线移至开始的位置，切换至"标题"选项卡，在预览窗口中的适当位置输入文字"快乐晚年"，效果如下图所示。

步骤 02 切换至"属性"选项面板，选中"动画"单选按钮和"应用"复选框，单击"类型"右侧的下拉按钮，在弹出的下拉列表中选择"淡化"选项，打开"淡化"预设动画类型，从中选择一种预设动画，如下图所示。

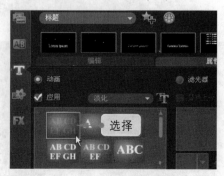

步骤 03 单击导览面板中的"播放修整后的素材"按钮，即可预览字幕动画效果，如下图所示。

步骤 04 使用同样的方法，在影片其他位置输入相应的文字，并设置相应的文字属性及动画效果，如下图所示。

步骤 05 单击导览面板中的"播放修整后的素材"按钮，即可预览片尾字幕动画效果，如下图所示。

18.3 后期制作阶段

本节主要介绍后期制作阶段，包括添加音频效果和输出为 VCD 等内容。

18.3.1 添加音频效果

> **视频文件**　光盘\视频文件\第 18 章\18.3.1　刻录为 DVD.mp4

添加音频效果的具体操作步骤如下。

步骤01 将所有视频均设置为"静音"，将时间线移至素材的开始位置，在时间轴视图面板中的空白位置单击鼠标右键，在弹出的快捷菜单中选择"插入音频"|"到音乐轨#1"选项，如下图所示。

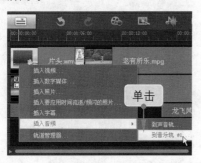

步骤02 弹出"打开音频文件"对话框，从中选择需要导入的音频文件（光盘\素材文件\第 18 章\音乐.mp3），如下图所示。

步骤03 单击"打开"按钮，即可将音频文件插入到音乐轨中，如下图所示。

步骤04 选择音乐轨中的音频文件，单击"音乐和声音"选项面板中的"速度/时间流逝"按钮，弹出"速度/时间流逝"对话框，从中设置音频的回放速度，如下图所示。

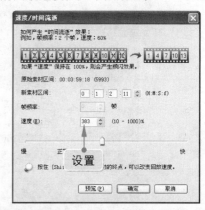

步骤05 设置完成后，单击"确定"按钮，返回会声会影 X4 编辑器，单击导览面板中的"播放修整后的素材"按钮，即可试听音频效果。

18.3.2 刻录为 DVD

> **效果文件**　光盘\效果文件\第 18 章\老年相册 ——《快乐晚年》.VSP
> **视频文件**　光盘\视频文件\第 18 章\18.3.2　刻录为 DVD.mp4

刻录为 DVD 的具体操作步骤如下。

步骤01 切换至"分享"步骤面板,单击"创建光盘"按钮,在弹出的下拉列表中选择 DVD 选项,如下图所示。

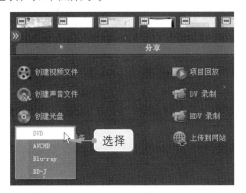

步骤02 弹出 Corel VideoStudio Pro 对话框,如下图所示。

步骤03 单击"下一步"按钮,进入"菜单和预览"步骤面板,单击"菜单模板类别"下拉按钮,在弹出的下拉列表中选择"智能场景菜单"选项,选择第一个模板,在预览窗口中输入文字"老年相册"和"快乐晚年"文字,如下图所示。

步骤04 单击"下一步"按钮,进入"输出"步骤面板,在"卷标"文本框中输入文字"老年相册——《快乐晚年》",如下图所示。

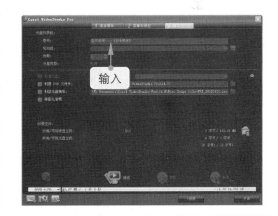

步骤05 将一张空白 DVD 光盘放入光盘驱动器中,然后单击"刻录"按钮,即可开始刻录 DVD 影片。

18.4 实训小结

　　在举行重大活动或在旅游时,人们总喜欢使用数码相机将当时的情景拍摄下来,作为日后的留念。若用户自己动手将拍摄的相片进行整理,将其合成电子相册,是一件更为完美的事情。本章通过对"老年相册——《快乐晚年》"的制作,读者在掌握本实例的基础上,可以制作出其他电子相册效果,如朋友相册、亲人相册以及个人相册等。

第 **19** 章 结婚相册——《爱情誓言》

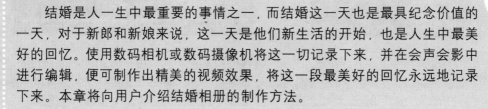

学前提示

　　结婚是人一生中最重要的事情之一，而结婚这一天也是最具纪念价值的一天，对于新郎和新娘来说，这一天是他们新生活的开始，也是人生中最美好的回忆。使用数码相机或数码摄像机将这一切记录下来，并在会声会影中进行编辑，便可制作出精美的视频效果，将这一段最美好的回忆永远地记录下来。本章将向用户介绍结婚相册的制作方法。

本章内容

- 项目效果欣赏
- 项目技术点睛
- 调整视频素材颜色与分割视频
- 制作婚礼视频动画与转场过渡

- 制作"爱情誓言"等覆叠效果
- 制作婚礼祝福语动画字幕效果
- 添加音频效果
- 刻录为 DVD

通过本章的学习，您可以

- 掌握分割视频素材的方法
- 掌握添加转场效果的方法
- 掌握制作覆叠效果的方法

- 掌握制作字幕效果的方法
- 掌握添加音频效果的方法
- 掌握刻录为 DVD 的方法

视频演示

19.1　前期准备阶段

在制作结婚相册之前，首先带领用户预览项目效果，并掌握项目技术点睛等内容。

19.1.1　项目效果赏析

本案例效果如下图所示。

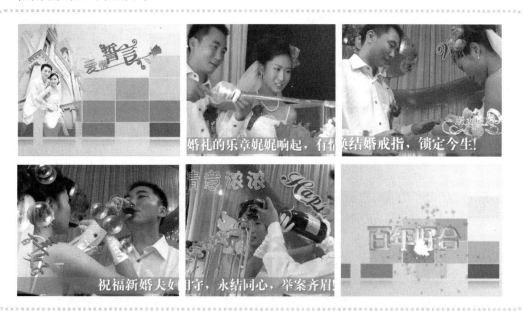

19.1.2　项目技术点睛

核心技术 1：为素材添加转场效果，实现素材之间的平滑过渡。
核心技术 2：为字幕与覆叠素材添加动画效果，实现整体效果的美观性。
核心技术 3：为音频素材添加淡入淡出效果，达到更好的听觉效果。

19.2　中期制作阶段

本节主要向用户介绍制作结婚相册的主体阶段，如制作视频效果、转场效果、覆叠效果以及动画字幕效果等。

19.2.1　调整视频素材颜色与分割视频

> 视频文件　光盘\视频文件\第 19 章\19.2.1　调整视频素材颜色与分割视频.mp4

调整视频素材颜色与分割视频的具体操作步骤如下。

步骤01 进入会声会影操作界面，单击"文件"｜"将媒体文件插入到素材库"｜"插入视频"命令，弹出"浏览视频"对话框，插入需要的视频素材（光盘\素材文件\第 19 章\片头.wmv）。按住鼠标左键不放并将其拖曳至视频轨中，适当调整视频区间，如下图所示。

步骤02 展开"视频"选项面板单击"色彩校正"按钮，在打开的相应选项面板中设置各选项参数，如下图所示。

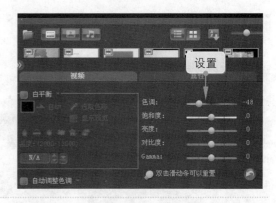

步骤03 在视频轨中单击鼠标右键，在弹出的快捷菜单中选择"插入视频"选项，弹出"打开视频文件"对话框，插入需要的视频（光盘\素材文件\第 19 章\迎新路上.mpg、点火.png、交换戒指.png、喝交杯酒.mpg），切换至故事板视图中，调整视频的播放顺序，如下图所示。

步骤04 双击最后一个视频素材，展开"视频"选项面板，单击"多重修整视频"按钮，弹出"多重修整视频"对话框，拖曳擦洗器，然后使用"开始标记"和"结束标记"按钮设置起始标记与结束标记的位置，截取第一个视频时间为 7.24s，如下图所示。

步骤05 使用同样的方法，将素材分割成 3 段，如下图所示，单击"确定"按钮关闭对话框。

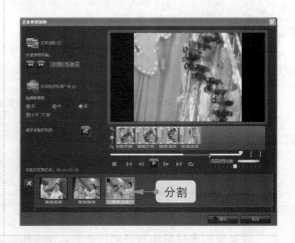

步骤06 在第一个视频素材上单击鼠标右键，在弹出的快捷菜单中选择"复制"选项，然后粘贴到最后的位置上，设置视频区间为 00:00:07:23，如下图所示。

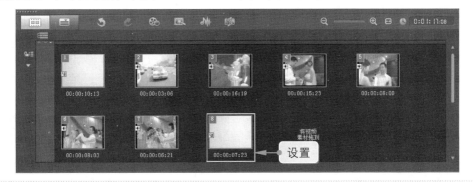

19.2.2 制作婚礼视频动画与转场过渡

视频动画效果如下图所示。

> 视频文件　光盘\视频文件\第 19 章\19.2.2　制作婚礼视频动画与转场过渡.mp4

制作婚礼视频动画与转场过渡的具体操作步骤如下。

步骤01 单击"转场"按钮，切换至"转场"选项卡，根据用户自己要求将需要的转场依次拖曳至两个视频之间，如下图所示。

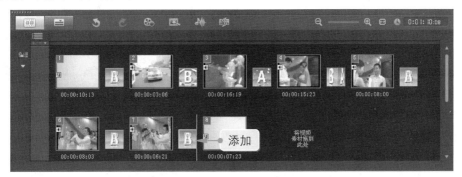

步骤 02 单击"滤镜"按钮，在"滤镜"素材库中，选择"气泡"滤镜，并将其拖曳至第 5 个视频素材上，效果如下图所示。

步骤 03 展开"属性"选项面板，单击"自定义滤镜"按钮，如下图所示。

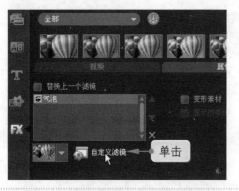

步骤 04 弹出"气泡"对话框，设置各选项参数，如下图所示，单击"确定"按钮。

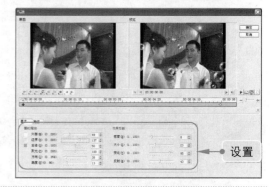

步骤 05 单击导览面板中的"播放修整后的素材"按钮，即可预览气泡滤镜效果，如下图所示。

19.2.3 制作"爱情誓言"等覆叠效果

婚礼视频覆叠效果如下页图所示。

 视频文件　光盘\视频文件\第 19 章\19.2.3　制作"爱情誓言"等覆叠效果.mp4

制作"爱情誓言"等覆叠效果的具体操作步骤如下。

步骤01 切换至时间轴视图中，单击"覆叠轨"按钮，在覆叠轨中单击鼠标右键，在弹出的快捷菜单中选择"插入照片"选项，插入照片素材（光盘\素材文件\第 19 章\幸福.jpg），将素材拖曳至 00:00:00:24 的位置，并适当调整照片区间，如下图所示。

步骤02 双击素材，展开"属性"选项面板，单击"淡入动画效果"和"淡出动画效果"按钮，再单击"遮罩和色度键"按钮，在展开的相应选项面板中设置各选项，如下图所示。

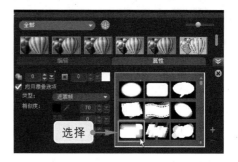

步骤03 在预览窗口中将素材拖曳至合适位置，单击导览面板中的"播放修整后的素材"按钮，效果如下图所示。

步骤 04 使用同样的方法，在覆叠轨中插入照片素材（光盘\素材文件\第 19 章\新娘.jpg），将素材拖曳至 0:00:02:16 的位置，调整照片的区间。双击素材展开"属性"选项面板，并单击"淡入动画效果"和"淡出动画效果"按钮，在预览窗口中拖曳素材至合适位置，效果如下图所示。

步骤 05 使用同样的方法，插入素材照片（光盘\素材文件\第 19 章\甜蜜.jpg），并设置相应的属性，如下图所示。

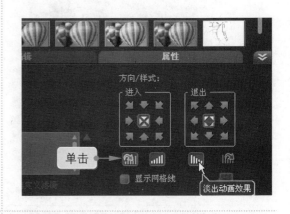

步骤 06 单击"遮罩和色度键"按钮，在展开的相应选项面板中设置各选项参数，如下图所示。

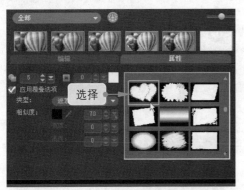

步骤 07 在预览窗口中将覆叠素材拖曳至合适位置，效果如下图所示。

步骤 08 单击时间轴视图中的"轨道管理器"按钮，弹出"轨道管理器"对话框，❶选中"覆叠轨#2"和"覆叠轨#3"复选框，❷单击"确定"按钮，如下图所示。

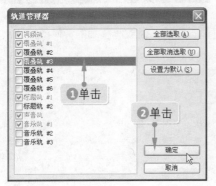

步骤 09 在覆叠轨 2 中插入两幅照片素材（光盘\素材文件\第 19 章\新郎.jpg、相拥.jpg），并设置相应属性，如下图所示。

步骤⑩ 在预览窗口中拖曳素材至合适位置，效果如右图所示。

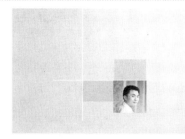

步骤⑪ 在 00:01:04:00 的位置入处插入视频素材（光盘\素材文件\第 19 章\百年好合.png），设置相应属性，并调整素材的大小与位置，效果如右图所示。

步骤⑫ 在覆叠轨 3 中插入素材照片（光盘\素材文件\第 19 章\爱情誓言.png、百年好合.png、情意浓浓.png、最真的爱.png），并设置相应属性，效果如右图所示。

19.2.4　制作婚礼祝福语动画字幕效果

视频字幕画面效果如下图所示。

视频文件　光盘\视频文件\第 19 章\19.2.4　制作婚礼祝福语动画字幕效果.mp4

制作婚礼祝福语动画字幕效果的具体操作步骤如下。

步骤01 将时间线移至 0:00:01:16 的位置,切换至"标题"选项卡,在预览窗口中的适当位置处输入文字"新郎",在"编辑"选项面板中,设置文字的相应属性及区间;在"动画"选项面板中,设置文字的动画效果,如下图所示。

步骤02 单击导览面板中的"播放修整后的素材"按钮,即可预览字幕动画效果,如下图所示。

步骤03 使用同样的方法,在标题轨中的其他位置输入相应的文字,并设置文字的属性、区间以及动画效果等。单击导览面板中的"播放修整后的素材"按钮,即可预览字幕动画效果,如下图所示。

19.3 后期制作阶段

本节主要介绍后期制作阶段,包括添加音频效果和刻录为 DVD 等内容。

19.3.1 添加音频效果

 视频文件 光盘\视频文件\第 19 章\19.3.1 添加音频效果.mp4

添加音频效果的具体操作步骤如下。

步骤01 设置所有视频为"静音",将时间线移至素材的开始位置,在时间轴视图面板中的空白位置单击鼠标右键,在弹出的快捷菜单中选择"插入音频"|"到音乐轨#1"选项,如右图所示。

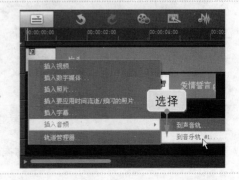

步骤02 弹出"打开音频文件"对话框，从中选择需要导入的音频文件（光盘\素材文件\第 19 章\音乐.mp3），如右图所示。

步骤03 单击"打开"按钮，即可将音频文件插入到音乐轨中，如下图所示。

步骤04 选择音乐素材，单击鼠标右键，在弹出的快捷菜单中选择"复制"选项，然后粘贴到音乐素材的后面，并将时间线移至00:01:10:11 的位置。选择音乐轨中的音频文件，单击鼠标右键，在弹出的快捷菜单中选择"分割素材"选项，如下图所示。

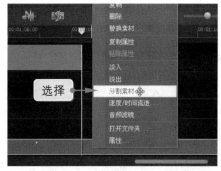

步骤05 此时，素材将剪辑成两段，选择第二段音频文件，如下图所示。

步骤06 按【Delete】键将其删除，如下图所示。

19.3.2 刻录为 DVD

效果文件	光盘\效果文件\第 19 章\结婚相册——《爱情誓言》.VSP
视频文件	光盘\视频文件\第 19 章\19.3.2 刻录为 DVD.mp4

刻录为 DVD 的具体操作步骤如下。

步骤01 切换至"分享"步骤面板，单击"创建光盘"按钮，在弹出的下拉列表中选择 DVD 选项，如下图所示。

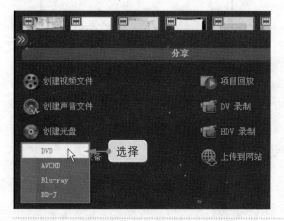

步骤02 弹出相应的对话框，单击"下一步"按钮，在"菜单模板类别"下拉列表中选择一款合适的模板，如下图所示。

步骤03 单击"下一步"按钮，在"卷标"文本框中输入"结婚相册——《爱情誓言》"，如下图所示。

步骤04 单击对话框右下角的"刻录"按钮，将一张空白 DVD 光盘放入光盘驱动器中，然后单击"刻录"按钮，即可开始刻录 DVD 影片，如下图所示。

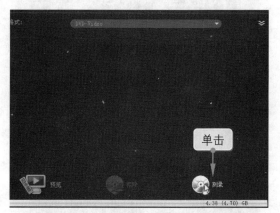

19.4　实训小结

　　在数码家庭化的今天，使用数码相机将漂亮的结婚照拍摄下来，然后使用会声会影制成精美的婚礼电子相册，记录下这美好的一切，是一件非常有意义的事情。本章通过对"结婚相册——《爱情誓言》"的制作，读者在掌握本实例的基础上，可以制作出其他影片动画效果，如生活相册、动物相册以及个人写真相册等，使人们的生活更加丰富、多彩。

第 **20** 章 旅游相册——《蝶谷漂流》

 学前提示

  蝴蝶谷的美，并不是虚构，置身于此，犹如身临仙境一般；蝴蝶谷依山傍水的自然环境，为漂流提供了一个优越的享受平台；蝴蝶谷的天然滑道、山涧激流的惊险与刺激，让游玩者体验到漂流的乐趣。

  本章将向用户介绍制作旅游相册的方法，记录下这美好的一天。

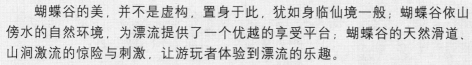

本章内容

- 项目效果欣赏
- 项目技术点睛
- 制作视频摇动动画效果
- 制作视频转场动画效果
- 制作视频覆叠画面效果
- 制作"蝶谷漂流"等字幕效果
- 添加音效效果
- 输出为 DVD

 通过本章的学习，您可以

- 掌握分割视频素材的方法
- 掌握添加转场效果的方法
- 掌握制作覆叠效果的方法
- 掌握制作字幕效果的方法
- 掌握添加音频效果的方法
- 掌握输出为 DVD 的方法

视频演示

20.1 前期准备阶段

在制作旅游相册之前，首先带领用户预览项目效果，并掌握项目技术点睛等内容。

20.1.1 项目效果赏析

本案例效果如下图所示。

20.1.2 项目技术点睛

核心技术 1：为素材添加转场效果，实现素材之间的平滑过渡。
核心技术 2：为素材添加覆叠效果，实现素材的边框装饰美感。
核心技术 3：为素材添加字幕效果，制作素材的重要视觉元素。
核心技术 4：为音频添加淡出效果，实现音频的完美音质结合。

20.2 中期制作阶段

本节主要向用户介绍制作旅游相册的主体阶段，如制作视频摇动动画效果、转场动画效果、视频覆叠画面效果以及字幕效果等。

20.2.1 制作视频摇动动画效果

 视频文件 光盘\视频文件\第 20 章\20.2.1 制作视频摇动动画效果.mp4

制作视频摇动动画效果的具体操作步骤如下。

步骤01 进入会声会影 X4 操作界面，在视频轨中单击鼠标右键，在弹出的快捷菜单中选择"插入视频"选项，如下图所示。

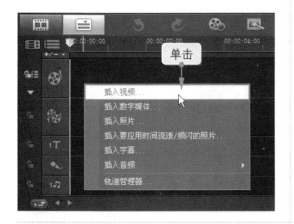

步骤02 在弹出的"打开视频文件"对话框中选择要插入的视频，插入视频素材（光盘\素材\第 20 章\片头.mpg、蝴蝶谷 1.mpg、蝴蝶谷 2.mpg、人工滑道 1.mpg、人工滑道 2.mpg），切换至故事板视图中，调整视频播放顺序，如下图所示。

步骤03 双击第 2 个视频素材，展开"视频"选项面板，单击"淡入"和"淡出"按钮，如下图所示。

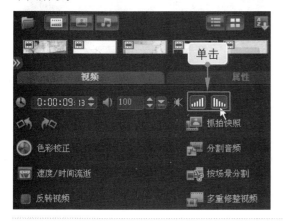

步骤04 单击打开"滤镜"选项卡，将"视频摇动和缩放"滤镜拖曳至第 2 个视频素材上，如下图所示。

步骤05 展开"属性"选项面板，单击"自定义滤镜"按钮，弹出"视频摇动和缩放"对话框，设置各选项参数，如下图所示。

步骤06 拖曳擦洗器至不同位置，添加相应关键帧，并分别设置各帧，如下图所示，单击"确定"按钮。

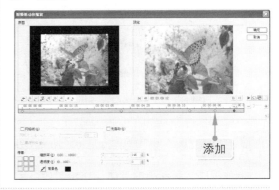

步骤07 单击导览面板中的"播放修整后的素材"按钮，即可在预览窗口中预览视频摇动效果，如下图所示。

步骤08 在故事板视图中选择第 3 个视频，如下图所示。

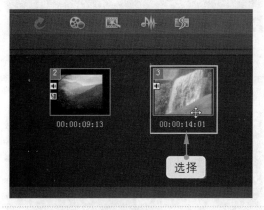

步骤09 双击视频素材，展开"视频"选项面板，单击"淡入"和"淡出"按钮，如下图所示。

20.2.2 制作视频转场动画效果

视频转场动画效果如下图所示。

视频文件 光盘\视频文件\第 20 章\20.2.2 制作视频转场动画效果.mp4

制作视频转场动画的具体操作步骤如下。

步骤01 单击打开"转场"选项卡，将"交叉淡化"转场拖曳至第 1 个与第 2 个视频之间，如下图所示。

步骤02 使用同样的方法，将"墙壁"转场拖曳至第 2 个与第 3 个视频之间，如下图所示。

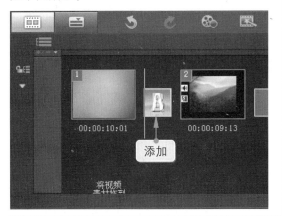 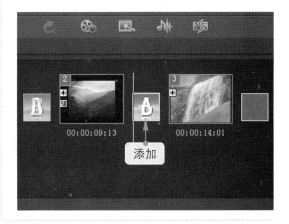

步骤03 使用同样的方法，依次添加各转场，如下图所示。

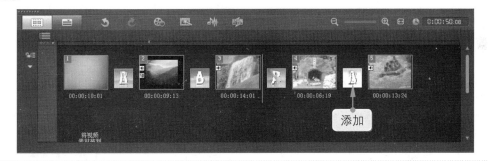

步骤04 单击导览面板中的"播放修整后的素材"按钮，预览效果如下图所示。

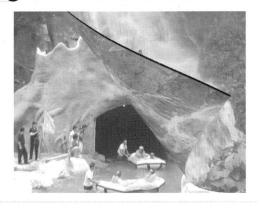 

20.2.3　制作视频覆叠画面效果

视频覆叠画面效果如下页图所示。

> 视频文件 | 光盘\视频文件\第 20 章\20.2.3　制作视频覆叠画面效果.mp4

　　制作视频覆叠画面效果的具体操作操作步骤如下。

步骤01 单击"文件"|"将媒体文件插入到素材库"|"插入视频"命令，弹出"浏览视频"对话框，从中选择需要打开的视频文件（光盘\素材文件\第 20 章\漂流直冲.mpg、水战.mpg），单击"打开"按钮，即可将其导入到素材库中，如下图所示。

步骤02 将时间线移至 0：00：05：13 的位置，将"漂流直冲.mpg"视频素材拖曳至覆叠轨上，并调整视频时间，如下图所示。

步骤03 在预览窗口中选择该视频素材，并调整其大小与位置，如下图所示。

步骤04 使用同样的方法，将素材拖曳至00：00：50：08 的位置，并在预览窗口中调整素材的大小与位置，效果如下图所示。

步骤05 双击"漂流直冲.mpg"素材，展开"属性"选项面板，单击"淡入动画效果"和"淡出动画效果"按钮，如下图所示。

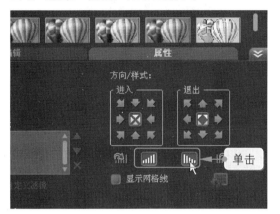

步骤06 打开"滤镜"选项卡，为该素材添加"镜头闪光"滤镜。展开"属性"选项面板单击"自定义滤镜"按钮，在弹出的"镜头闪光"对话框中设置各选项参数，如下图所示。

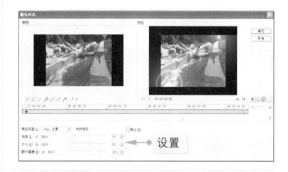

步骤07 单击导览面板中的"播放修整后的素材"按钮，即可预览添加的滤镜效果，如下图所示。

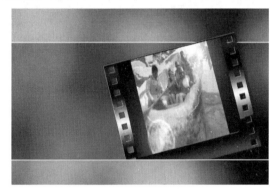

步骤08 在时间轨视图中单击"轨道管理器"按钮，❶在弹出的"轨道管理器"对话框中选中"覆叠轨#2"复选框，❷单击"确定"按钮，如下图所示。

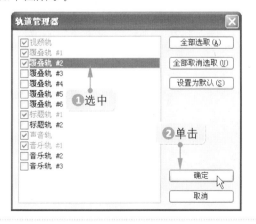

步骤09 将两幅照片素材（光盘\素材文件\第20章\山.png、边框.png）插入到覆叠轨 2 中，并调整素材的时间，如下图所示。

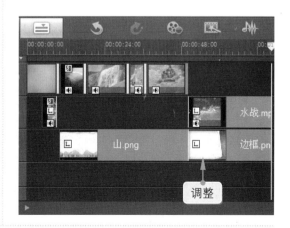

步骤⑩ 单击导览面板中的"播放修整后的素材"按钮，即可预览添加的滤镜效果，如下图所示。

步骤⑪ 在覆叠轨 2 中插入"光盘\素材文件\第 20 章\片尾.wmv"视频素材，并在预览窗口中调整其大小，效果如下图所示。

步骤⑫ 将"修剪"滤镜拖曳至"片尾"素材上，添加视频滤镜，如下图所示。

20.2.4 制作"蝶谷漂流"等字幕效果

字幕效果的视频画面效果如下图所示。

视频文件　光盘\视频文件\第 20 章\20.2.4　制作"蝶谷漂流"等字幕效果.mp4

制作"蝶谷漂流"等字幕效果的具体操作步骤如下。

步骤01 将时间线移至 00:00:01:06 位置，单击打开"标题"选项卡，在预览窗口中输入文字，并设置相应属性，效果如下图所示。

步骤02 双击"标题轨"中的文字，展开"属性"选项面板，选中"应用"复选框，在动画类型中选择一种需要的动画类型，如下图所示。

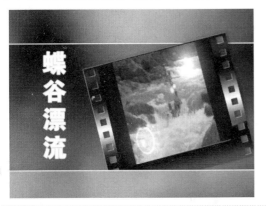

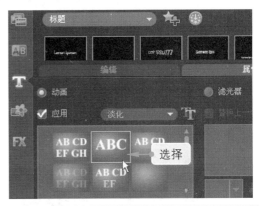

步骤03 使用同样的方法，在预览窗口中输入文字，并设置相应的动画类型，效果如下图所示。

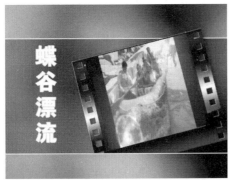

20.3　后期制作阶段

本节主要介绍后期制作阶段，包括添加音频效果和输出为 DVD 等内容。

20.3.1 添加音频效果

添加音频效果的具体操作步骤如下。

步骤01 将所有视频素材设置为"静音"，将时间线移至素材的开始位置，在时间轴视图面板的空白位置处单击鼠标右键，在弹出的快捷菜单中选择"插入音频"|"到音乐轨#1"选项，如下图所示。

步骤02 弹出"打开音频文件"对话框，从中选择需要导入的音频文件（光盘\素材文件\第 20 章\音乐.mp3），如下图所示。

步骤03 单击"打开"按钮，即可将音频文件插入到音乐轨中，将时间线移至 00:1:21:13 的位置，选择音乐轨中的音频文件，单击鼠标右键，在弹出的快捷菜单中选择"分割素材"选项，如下图所示。

步骤04 此时素材将剪辑成两段，选择第二段音频文件，按【Delete】键将其删除，如下图所示。

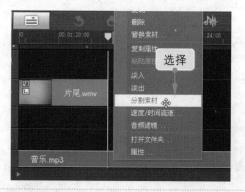

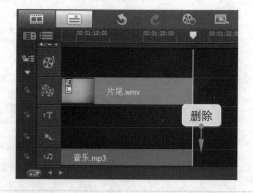

20.3.2 输出为 DVD

输出为 DVD 的具体操作步骤如下。

步骤01 切换至"分享"步骤面板，单击"创建视频文件"按钮，在弹出的下拉列表中选择 DVD｜"DVD 视频 (4:3)"选项，如下图所示。

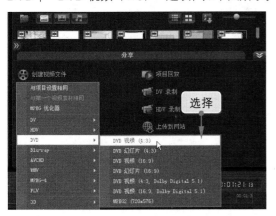

步骤02 弹出"创建视频文件"对话框，从中设置文件的保存位置及文件名，如下图所示。

步骤03 单击"保存"按钮，即可开始渲染文件，并显示渲染进度，渲染完成后，返回会声会影 X4 编辑器，在预览窗口中，即可预览渲染后的视频效果，如下图所示。

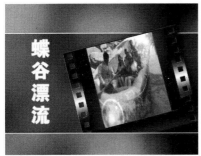

20.4　实训小结

如今的人们热爱旅游，随着 DV 摄像机的普及，便喜欢将旅游时所看到的美景拍摄下来，以留住每一个精彩的画面。通过使用会声会影 X4，可以将旅游时拍摄的照片制作成旅行风光影片，作为永久的留念，也可以让更多的亲朋好友来分享天下最美的风光。本章通过对"旅游记录——《蝶谷漂流》"的制作，读者在掌握本实例的基础上，可以制作出其他影片动画效果，如风景相册、人物相册等，使人们的生活更加丰富、多彩。

第 **21** 章 生活留念——《烟花盛宴》

学前提示

通过 DV 摄像机，可以在观看各种晚会或烟花时，将所看到的一切拍摄下来，并通过会声会影 X4 配上美丽的画面、精良的字幕效果和优美的音乐，编辑成为影片以进行保存，作为永久的珍藏，闲暇时候回味一番，将别有一番滋味。

本章将向用户介绍制作烟花影片的方法。

本章内容

- 项项目效果赏析
- 项目技术点睛
- 制作烟花视频并调整素材区间
- 制作淡化、遮罩、闪光等转场
- 输出为 DVD

- 制作各种烟花摇动和缩放动画
- 制作视频覆叠动画画面效果
- 制作"烟花盛宴"等字幕效果
- 添加音频效果

通过本章的学习，您可以

- 掌握制作视频摇动的方法
- 掌握制作视频转场的方法
- 掌握制作覆叠效果的方法

- 掌握制作字幕效果的方法
- 掌握添加音频效果的方法
- 掌握输出为 DVD 的方法

视频演示

21.1　前期准备阶段

在制作烟花盛宴之前，首先带领用户预览项目效果，并掌握项目技术点睛等内容。

21.1.1　项目效果赏析

本案例效果如下图所示。

21.1.2 项目技术点睛

核心技术 1：为素材添加转场效果，实现素材之间的平滑过渡。
核心技术 2：为素材添加覆叠效果，实现素材的边框装饰美感。
核心技术 3：为素材添加字幕效果，制作素材的重要视觉元素。
核心技术 4：为音频添加淡出效果，实现音频的完美音质结合。

21.2 中期制作阶段

本节主要向用户介绍制作美丽烟花的主体阶段，如制作视频效果、变形素材图像、添加转场效果、摇动效果以及字幕效果等。

21.2.1 制作烟花视频并调整素材区间

 视频文件 光盘\视频文件\第 21 章\21.2.1 制作烟花视频并调整素材区间.mp4

制作烟花视频并调整素材区间的具体操作步骤如下。

步骤01 启动会声会影 X4 软件，单击"设置"|"参数选择"命令，弹出"参数选择"对话框，进入"编辑"选项卡，设置"默认照片/色彩区间"为 4s，如下图所示。

步骤02 在"转场效果"选项组中设置"默认转场效果的区间"为 1s，如下图所示。

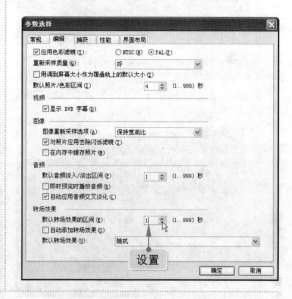

步骤 03 切换至故事板视图，分别插入相应的视频素材与图像素材（光盘\素材文件\第 21 章\
片头.wmv、烟花燃放点.jpg、炫彩.jpg、绽放.jpg、烟花 1.avi、璀璨.jpg、星空.jpg、烟花 2.mpg、
齐放.jpg、美不胜收.jpg、仙鹤群舞.jpg、片尾.wmv），如下图所示。

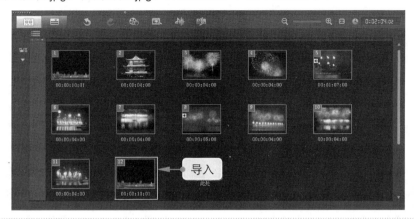

步骤 04 双击第 5 个视频素材，展开 "视频"
选项面板，单击 "多重修整视频" 按钮，如下
图所示。

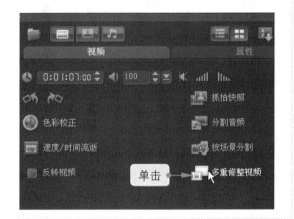

步骤 05 在弹出的 "多重修整视频" 对话框中，
拖曳擦洗器，然后使用 "开始标记" 和 "结束
标记" 按钮设置起始标记与结束标记的位置，
如下图所示。

步骤 06 单击 "确定" 按钮，视频即可被修整，
如下图所示。

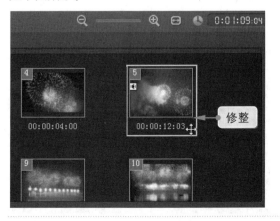

步骤 07 双击最后一个视频，展开 "视频" 选
项面板，设置 "区间" 为 8s，如下图所示。

21.2.2　制作淡化、遮罩、闪光等转场

视频转场画面效果如下图所示。

视频文件　光盘\视频文件\第 21 章\21.2.2　制作淡化、遮罩、闪光等转场.mp4

制作淡化、遮罩、闪光等转场的具体操作步骤如下。

步骤01 单击打开"图形"素材库，从中选择"黑色"色块，按住鼠标左键不放并将其拖曳至第 1 个素材后面，设置区间为 2s，如下图所示。

步骤02 使用同样的方法，在最后一个素材的后面添加黑色色块，如下图所示。

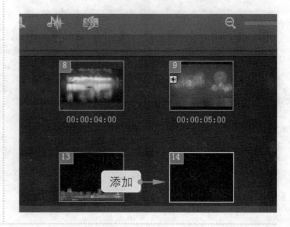

步骤 03 单击打开"转场"选项卡，依次在素材之间添加"过滤——交叉淡化"、"过滤——交叉淡化"、"三维——对开门"、"三维——飞行木板"、"三维——漩涡"、"过滤——喷出"、"过滤——打碎"、"胶片——对开门"、"遮罩——遮罩 E"、"遮罩——遮罩 A"、"胶片——翻页"、"过滤——交叉淡化"、"过滤——交叉淡化"等转场效果，如下图所示。

步骤 04 单击导览面板中的"播放修整后的素材"按钮，即可预览各素材之间的平滑过渡转场效果，如下图所示。

21.2.3　制作各种烟花摇动和缩放动画

视频摇动和缩放画面效果如下页图所示。

视频文件　光盘\视频文件\第 21 章\21.2.3　制作各种烟花摇动和缩放动画.mp4

制作各种烟花摇动和缩放动画的具体操作步骤如下。

步骤01 双击第 3 张素材图像，展开"照片"选项面板，选中"摇动和缩放"单选按钮，如下图所示。

步骤02 单击导览面板中的"播放修整后的素材"按钮，即可预览摇动和缩放效果，如下图所示。

步骤03 使用同样的方法，设置其他素材图像的摇动和缩放效果，单击导览面板中的"播放修整后的素材"按钮，即可预览设置的摇动和缩放动画效果，如下图所示。

21.2.4　制作视频覆叠动画画面效果

视频覆叠动画画面效果如下图所示。

视频文件　光盘\视频文件\第 21 章\21.2.4　制作视频覆叠动画画面效果.mp4

制作视频覆叠动画画面效果的具体操作步骤如下。

步骤01 切换至时间轴视图，单击时间轴视图面板中的覆叠轨图标，单击鼠标右键，在弹出地快捷菜单中选择"插入视频"选项，插入视频素材（光盘\素材文件\第21章\边框.mp4），如下图所示。

步骤02 将素材拖曳至合适位置，并调整素材的时间，如下图所示。

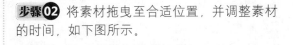

步骤03 在预览窗口中调整素材的大小与位置，如下图所示。

步骤04 选择覆叠轨中的素材，单击鼠标右键，在弹出的快捷菜单中选择"复制"选项，然后粘贴至原素材的后面，调整视频的时间，如下图所示。

步骤05 使用同样的方法，在预览窗口中调整素材的大小与位置，再次复制并粘贴素材，单击导览面板中的"播放修整后的素材"按钮，即可预览设置的覆叠动画效果，如右图所示。

21.2.5　制作"烟花盛宴"等字幕效果

字幕视频画面效果如下图所示。

> **视频文件**　光盘\视频文件\第 21 章\21.2.5　制作"烟花盛宴"等字幕效果.mp4

制作"烟花盛宴"等字幕效果的具体操作步骤如下。

步骤01 将时间线移至 00:00:02:04 的位置,单击打开"标题"选项卡,在预览窗口中的适当位置输入相应文字,在"编辑"选项面板中设置文字的属性及区间,效果如下图所示。

步骤02 单击"边框/阴影/透明度"按钮,弹出"边框/阴影/透明度"对话框,设置各选项参数,如下图所示。

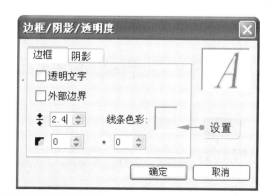

步骤 03 切换至"阴影"选项卡，设置各选项参数，如下图所示。

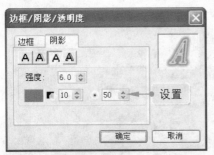

步骤 04 单击"确定"按钮，即可设置字幕的阴影效果，如下图所示。

步骤 05 展开"属性"选项面板，在动画类型下拉列表中选择一种合适的动画类型，如下图所示。

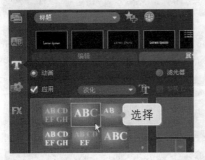

步骤 06 单击导览面板中的"播放修整后的素材"按钮，即可预览字幕动画效果，如下图所示。

步骤 07 使用同样的方法，在舞台中的其他位置输入相应的字幕，并设置字幕的属性、区间以及动画类型等，单击"播放修整后的素材"按钮，即可预览字幕动画效果，效果如右图所示。

21.3 后期制作阶段

本节主要介绍后期制作阶段，包括添加音频效果和输出为 DVD 等内容。

21.3.1 添加音频效果

 视频文件 光盘\视频文件\第 21 章\21.3.1 添加音频效果.mp4

添加音频效果的具体操作步骤如下。

步骤 01　将视频轨中的所有视频设置为"静音"，将时间线移至素材的开始位置，在时间轴面板中的空白位置处单击鼠标右键，在弹出的快捷菜单中选择"插入音频"|"到音乐轨"选项，弹出"打开音频文件"对话框，从中选择需要导入的音频文件（光盘\素材文件\第 21 章\音乐.mp3），单击"打开"按钮，将其导入到音乐轨中，如下图所示。

步骤 02　将时间线移至 0:00:58:04 的位置，选择音乐轨中的素材，单击鼠标右键，在弹出的快捷菜单中选择"分割素材"选项，将素材剪辑成两段，选择第二段音频素材，按【Delete】键将其删除，如下图所示。

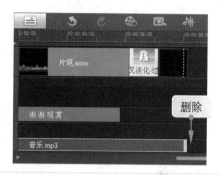

步骤 03　选择前段音频素材，在"音乐和声音"选项面板中，单击"淡入"和"淡出"按钮，设置音频的淡入和淡出特效。

21.3.2　输出为 DVD

效果文件	光盘\效果文件\第 21 章\生活留念——《烟花盛宴》.VSP
视频文件	光盘\视频文件\第 21 章\21.3.2　输出为 DVD.mp4

输出为 DVD 的具体操作步骤如下。

步骤 01　切换至"分享"步骤面板，单击"创建视频文件"按钮，在弹出的下拉列表中选择DVD|"DVD 视频（4:3）"选项，如下图所示。

步骤 02　弹出"创建视频文件"对话框，从中设置文件的保存位置及文件名称，如下图所示。

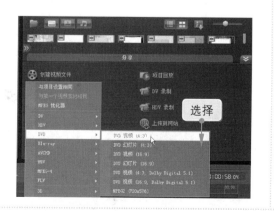

步骤03 单击"保存"按钮，即可开始渲染文件，并显示渲染进度，渲染完成后，返回会声会影 X4 编辑器。单击导览面板中的"播放修整后的素材"，即可在预览窗口中，即可预览渲染后的视频效果，如下图所示。

21.4　实训小结

　　人们在旅途中总会将好的景观进行拍摄，回来后就可以通过会声会影 X4 强大的编辑功能将相片或视频进行加工，制作成影视类短片，不仅可以随时观赏，而且起到收藏视频的功能。本章通过对"生活留念——《烟花盛宴》"的制作，读者在掌握本实例的基础上，可以制作出其他影片动画效果，如情景晚会、朋友聚会以及生日 Party 等。